◆ 湖北省第二次全国污染源普查资料文集 ◆

湖北省第二次全国污染源普查
数据审核报告

湖北省第二次全国污染源普查领导小组办公室 编

长江出版社
CHANGJIANG PRESS

湖北省第二次全国污染源普查数据审核报告

编写委员会

总　　编	吕文艳
主　　编	周水华
执行主编	汪新华　邓楚洲

编写人员　（以姓氏笔画为序）

丰光海　邓楚洲　孙亚婷　孙思瑞　朱进风

李　三　李晓斌　宋亚雄　杨安平　张　琪

张　潮　陈思恺　罗　兴　徐中品　郭　睿

唐　聪　程　怡　程远胜　程　遥　谭学梅

校　　核	李晓斌　罗　兴　毛北平
审　　核	汪新华　李　三　邓楚洲
审　　定	周水华

　　根据国务院第二次全国污染源普查办公室(以下简称"国家普查办")的统一部署,在湖北省委、省人民政府的正确领导下,湖北省第二次全国污染源普查领导小组办公室(以下简称"省普查办")积极组织全省各级普查机构细化实施方案,健全规章制度,明确工作责任,强化落实措施,加强调度督办,突破重点难点,扎实推进湖北省第二次全国污染源普查(以下简称"二污普")各项工作。

　　普查数据质量是污染源普查工作的生命线,在普查过程中,湖北省严格执行国家普查办普查质量控制技术规范和有关规定,制定《湖北省第二次全国污染源普查质量控制实施方案》和有关规则,建立健全质量管理体系和质量责任追踪溯源制度,明确了质量管理的主体责任、监督责任和相关责任,细化了质量控制总体要求、技术路线、技术方法、流程和标准,创新数据审核方法,实行质量管理全过程控制、全员控制和全层级控制,开展全过程数据审核、三个阶段(清查阶段、全面入户及数据采集阶段、产排污核算和数据汇总阶段)质量核查、第三方独立评估和全方位多方法比对,圆满完成了国家普查办安排的数据集中对接审核、数据汇交审核和多批次数据质量问题整改完善工作,实现了普查数据质量优秀的目标,确保普查数据的一致性、真实性、有效性、完整性、规范性、合理性、逻辑性及准确性。

　　在普查过程中,湖北省结合普查质量管理工作,编制了三个阶段质量核查报告、普查数据质量核查总报告、第三方独立评估报告和多批次数据审核分析报告。普查工作结束后,对普查数据质量控制工作进行了全面总结。根据国家普查办下发的技术大纲,编写了《湖北省第二次全国污染源普查数据审核报告》。报告征求了湖北省委宣传部、省发展和改革委员会、经济和信息化厅、公安厅、财政厅、自然资源厅、生态环境厅、住房和城乡建设厅、交通运输厅、水利厅、农业农村厅、商务厅、卫生健康委员会、国有资产监督管理委员会、市场监督管理局、统计局、林业局、税务局、省军区保障局、长江水利委员会、长江航务管理局、中国铁路武汉局集团有限公司、中国民用航空湖北省管理局、国家电网湖北分公司等省普查领导小组成员单位和省档案局的意见建议。同时得到蔡俊雄、李兆华、侯浩波、龚胜生、胡荣桂、李晔、张彩香、毛北平、张斌、范先鹏、黄茂等专家的指导和斧正。报告编制工作得到了长江水利委员会水文局长江中游水文水资源勘测局、武汉智汇元环保科技有限公司、湖北省环境信息中心、湖北省环境科学研究院、中南安全环境技术研究院股份有限公司、华中农业大学资源与环境学院、湖北大学资源环境学院、华中师范大学城市与环境科学学院、武汉坤达安信息安全技术有限公司等单位的大力支持和协助,在此一一表示感谢。

本书内容较多,难免出现疏漏和不足之处,敬请读者批评指正!

编者

2021 年 4 月

目录

1 普查数据审核工作背景、依据和方法

1.1 普查数据审核工作背景

根据《中华人民共和国统计法》和《中华人民共和国环境保护法》,国务院于2007年10月公布了《全国污染源普查条例》(国务院令第508号),规定全国污染源普查每10年进行1次,标准时点为普查年份的12月31日。2016年10月,发布《国务院关于开展第二次全国污染源普查的通知》(国发〔2016〕59号),决定于2017年开展第二次全国污染源普查,并确定本次普查标准时点为2017年12月31日,时期资料为2017年度资料。

全国污染源普查是重大的国情调查,是环境保护的基础性工作。开展全国污染源普查,掌握各类污染源的数量、行业和地区分布情况,了解主要污染物产生、排放和处理情况,建立健全重点污染源档案、污染源信息数据库和环境统计平台,对于准确判断我国当前环境形势,制定实施有针对性的经济社会发展和环境保护政策、规划,不断改善环境质量,加快推进生态文明建设,具有重要意义。

普查数据质量是污染源普查工作的生命线,加强普查质量控制是《全国污染源普查条例》《国务院办公厅关于印发〈第二次全国污染源普查方案〉的通知》和相关统计法律法规规定的法定职责及重点工作任务,是确保普查数据一致性、真实性、有效性、完整性、规范性、合理性、逻辑性及准确性的重要举措。《国务院办公厅关于印发〈第二次全国污染源普查方案〉的通知》要求,全国污染源普查领导小组办公室统一领导普查质量管理工作,建立覆盖普查全过程、全员的质量管理制度并负责监督实施。各级普查机构要认真执行污染源普查质量管理制度,做好污染源普查质量保证和质量管理工作。在普查过程中,国家普查办制定了一系列普查质量控制技术规范和有关规定,组织实施了全过程数据审核和全方位质量控制工作。我省严格执行国家普查办制定的普查质量控制技术规范和有关规定,结合实际进行了细化和落实,制定《湖北省第二次全国污染源普查质量控制实施方案》和有关规定,建立健全质量管理体系和质量责任追踪溯源制度,明确了质量管理的主体责任、监督责任和相关责任,细化了质量控制总体要求、技术路线、技术方法、流程和标准,创新数据审核方法,实行质量管理全过程控制、全员控制和全层级控制,开展全过程数据审核、三个阶段质量核查、第三方独立评估和全方位多方法比对,全面履行了质量管理工作职责,实现了普查数据质量优秀的目标。

1.2 普查数据审核主要依据

1.2.1 法律法规和有关政策文件

1)《中华人民共和国统计法》(中华人民共和国主席令第十五号)

2)《全国污染源普查条例》(国务院令第508号)

3)《中华人民共和国统计法实施条例》(国务院令第681号)

4)《中共中央办公厅 国务院办公厅〈关于深化统计管理体制改革 提高统计数据真实性的意见〉》(中办发〔2016〕76 号)

5)《中共中央办公厅 国务院办公厅关于印发〈统计违纪违法责任人处分处理建议办法〉的通知》(厅字〔2017〕37 号)

6)《中共中央办公厅 国务院办公厅印发〈关于深化环境监测改革提高环境监测数据质量的意见〉》

7)《中共中央办公厅 国务院办公厅关于印发〈防范和惩治统计造假、弄虚作假督察工作规定〉的通知》(厅字〔2018〕77 号)

8)《国务院关于开展第二次全国污染源普查的通知》(国发〔2016〕59 号)

9)《国务院办公厅关于印发〈第二次全国污染源普查方案〉的通知》(国办发〔2017〕82 号)

10)《湖北省人民政府关于开展第二次污染源普查的通知》(鄂政电〔2017〕8 号)

11)《湖北省人民政府办公厅关于印发〈湖北省第二次全国污染源普查实施方案〉的通知》(鄂政办函〔2018〕19 号)

1.2.2 技术规范

1)《关于开展第二次全国污染源普查生活源锅炉清查工作的通知》(环普查〔2017〕188 号)

2)《关于开展第二次全国污染源普查入河(海)排污口普查与监测工作的通知》(国污普〔2018〕4 号)

3)《关于印发〈第二次全国污染源普查数据处理方案〉的通知》(国污普〔2018〕5 号)

4)《关于印发〈第二次全国污染源普查技术规定〉的通知》(国污普〔2018〕16 号)

5)《关于印发〈第二次全国污染源普查质量控制技术指南〉的通知》(国污普〔2018〕18 号)

6)《关于印发〈第二次全国污染源普查工作总结报告提纲〉〈第二次全国污染源普查数据分析报告提纲〉的通知》(国污普〔2019〕7 号)

7)《关于印发〈湖北省第二次全国污染源普查质量控制实施方案〉的通知》(鄂污普办〔2019〕6 号)

1.2.3 管理制度和其他

1)《关于第二次全国污染源普查普查员和普查指导员选聘及管理工作的指导意见》(国污普〔2017〕10 号)

2)《关于做好第三方机构参与第二次全国污染源普查工作的通知》(国污普〔2017〕11 号)

3)《关于加强第二次全国污染源普查保密管理工作的通知》(国污普〔2018〕6 号)

4)《关于第二次全国污染源普查质量管理工作的指导意见》(国污普〔2018〕7 号)

5)《关于印发〈第二次全国污染源普查制度〉的通知》(国污普〔2018〕15 号)

6)《关于做好普查入户调查和数据审核工作的通知》(国污普〔2018〕17 号)

7)《关于进一步做好第二次全国污染源普查质量控制工作的通知》(国污普〔2018〕19 号)

8)《关于加强第二次全国污染源普查数据安全管理工作的通知》(国污普〔2019〕1 号)

9)《关于强化污染源普查数据审核和质量核查工作的通知》(国污普〔2019〕2 号)

10)《关于开展污染源基本单位名录比对核实工作的通知》(国污普〔2019〕4 号)

11)《关于进一步做好第二次全国污染源普查数据审核与汇总阶段相关工作的通知》(国污普〔2019〕5 号)

12)《关于进一步做好工业污染源排放量核算工作的通知》(国污普〔2019〕8 号)

13)《关于开展第二次全国污染源普查数据汇交工作的通知》(国污普〔2020〕1 号)

14)《第二次全国污染源普查公报审核技术规定》(国污普〔2020〕2 号)

15)《省普查办关于加快启动名录清查工作的通知》(鄂污普办〔2018〕3 号)

16)《省污普办关于印发〈关于加强和规范湖北省第二次全国污染源普查普查员和普查指导员选任及管理工作的实施细则〉的通知》（鄂污普办〔2018〕4 号）

17)《省污普办关于印发〈关于规范第三方机构参与湖北省第二次全国污染源普查工作的实施细则〉的通知》（鄂污普办〔2018〕13 号）

18)《省普查办关于开展湖北省第二次全国污染源普查入户调查和数据采集阶段质量核查的通知》（鄂污普办〔2019〕1 号）

1.3 普查数据审核技术路线

普查数据审核工作贯穿第二次污染源普查工作全过程，普查数据审核技术路线见图 1.3-1。

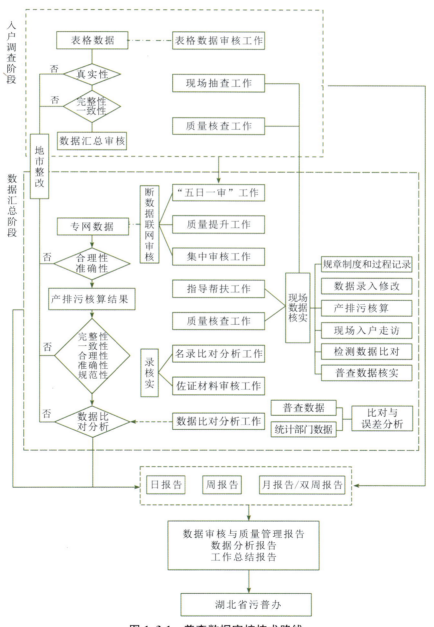

图 1.3-1 普查数据审核技术路线

1.4 普查数据审核目的与方法

1.4.1 普查数据审核目的

数据审核工作是污染源普查质量控制的重要环节,开展普查数据审核的主要目的有以下五点:①核算主要的数据质量指标(普查基本单位的遗漏率、报表数据的差错率和审核通过率),为加强普查质量管理提供依据;②核实报表是否填报全面、真实、有效、准确和一致,是否符合报表制度和有关技术规范,是否有利于排污量的核算;③分析论证普查数据与相关管理数据的一致性和逻辑性,避免逻辑性不符合的问题,为应对公众质疑和舆情提供依据;④核实工作进度,为开展普查调度和督办工作提供支撑;⑤务实提出问题整改方案,为提升普查数据质量和工作效率提供技术支持。

1.4.2 普查数据审核方法

(1)常规数据审核

通过检查所填报数据是否在规定的范围或合理限值内,判断数值是否存在问题。将数据与标准参考值(宏观数据)、经验值相比较,或者将数据与同一地区以前数据中的某个代表性数据相比较,或者将数据与相似地区、不同地区但对数据比较结果有确定的预期所采用的数值相比较,或者专家判断数据是否合理,或者比较同一地区不同类别污染排放数据。

(2)专家审核

审查计算和存档记录,通过查阅或审查文件来完成。通过审查检验核算方法、程序是否合理,是否符合特定领域专家期望,从而判断数据是否合理。根据企业规模、工艺、原辅材料及重点审核内容,制定审核要点表,将审核内容标准化、量化,以评估数据质量。

(3)部门联审

各级污普办组织召集环保、水务、农业、住建、统计等相关职能部门开展数据联审,多角度、全方位评估数据的全面性、真实性、准确性和一致性。各级普查机构在正式上报普查数据前,每一阶段的数据都必须组织成员单位数据联审,各级职能部门应对数据审核结论负责。

(4)网络软件审核

构建省级网络审核系统,对审核规则系统编程,对报表填报数据的完整性、规范性进行了系统性筛查,对报表数据逻辑关系进行了合理性分析,实现了软件线上审核对人工抽样审核进行辅助。

(5)统计方法比对

通过将普查数据与全省各市(州)2017年GDP、能源消费量水平、重点重金属污染物排放控制、常住人口数量、环境统计数据、总量控制指标、固体废物管理数据、排污许可证执行报告、机动车统计报表和湖北省农村统计年鉴等数据进行比对,分析普查报表中数据与官方公布数据的误差范围,对于误差较大的数据进行复核、再分析,保障汇总数据的真实性、合理性和一致性。

(6)样本计算

对不同行业、不同规模的工业源,选取代表性企业和典型工艺,进行样本试算。通过数据核算法、产排污系数法、物料衡算法计算污染物的产生和排放量,比较不同算法污染物产生排放量结果的差异,校正核算误差。

（7）数据库核定

开展数据库清理与整理的工作，做到污染源名录全面，各类调查对象基本信息、活动水平和排放信息全面真实准确，区域和行业活动水平指标和排放量汇总数据与经济社会发展水平大体一致，对重点区域、重点流域、重点行业污染源信息进行了全覆盖审核。

1.5 普查数据审核工作内容

湖北省普查数据审核工作内容主要包括：质量核查工作，"五日一审"数据审核工作，调研帮扶指导工作，伴生矿普查数据核查工作，农业源数据三级审核工作，国家集中审核反馈意见整改工作，"关闭、停产、其他"状态普查对象佐证材料审核工作，Access 软件审核工作，第三方评估工作，数据对接与联合审核，普查数据汇交工作，普查公报审核，普查数据汇总审核，普查基本单位名录信息比对等。

1.5.1 质量核查工作

质量核查工作是污染源普查质量管理体系重要的组成部分，质量核查水平是普查工作质量高低的重要体现，质量核查结果是普查数据质量评判的重要依据。根据《关于做好第二次全国污染源普查质量核查工作的通知》（国污普〔2018〕8 号）等文件要求，省普查办分别于 2018 年 6 月、2019 年 1 月、2019 年 8 月组织开展了清查阶段、全面入户及数据采集阶段、产排污核算和数据汇总阶段的质量核查工作，先后对普查工作的前期准备情况、清查建库情况、全面入户普查情况、数据采集情况、产排污核算和数据汇总分析情况进行了现场核查，夯实各个阶段的工作成果，有效地保证了普查数据的整体质量。

（1）清查阶段

2018 年 6 月 11 日至 22 日，省普查办组织了 3 个核查组（专家 24 人）对全省 17 个市（州）31 个县（市、区）288 个普查对象开展了清查阶段质量核查工作，发现问题数 95 个（以普查对象数量计），清查阶段质量核查五类源错误情况见表 1.5-1。至 2018 年 8 月 15 日，全省纳入普查对象的清查数据基本做到了零错误、零重复、零漏查。

表 1.5-1   清查阶段质量核查五类源错误情况

污染源类型	抽查普查对象数量/个	核查错误数量/个	错误率/%
工业污染源	148	48	32.4
规模化畜禽养殖场	40	13	32.5
生活源锅炉	18	10	55.6
入河排污口	54	18	33.3
集中式污染治理设施	28	6	21.4
总计	288	95	33.0

（2）全面入户及数据采集阶段

2018 年 12 月 26 日至 2019 年 1 月 18 日，省普查办组织了 8 个核查组（专家 392 人次）对全省 17 个市（州）32 个县（市、区）1759 个普查对象开展了全面入户及数据采集阶段质量核查工作，发现问题数 14422 个，各市（州）发现问题数见表 1.5-2，至 2019 年 2 月 18 日，反馈问题均已完成整改。

表 1.5-2　　　　　　　　　　全面入户及数据采集阶段质量核查各市(州)发现问题数

行政区域	发现问题数/个
武汉市	887
黄石市	5938
十堰市	192
宜昌市	45
襄阳市	323
鄂州市	691
荆门市	1336
孝感市	366
荆州市	239
黄冈市	2169
咸宁市	120
随州市	1511
恩施州	117
仙桃市	27
潜江市	118
天门市	301
神农架林区	42
湖北省	14422

（3）产排污核算和数据汇总阶段

2019 年 7 月 24 日至 8 月 14 日,省普查办组织了 6 个核查组(专家 612 人次)对全省 17 个市(州)30 个县(市、区)1730 个普查对象开展了产排污核算和数据汇总阶段质量核查工作,共发现问题 2768 个,各市(州)发现问题数见表 1.5-3,至 2019 年 9 月 14 日,反馈问题均已完成整改。

表 1.5-3　　　　　　　　产排污核算和数据汇总阶段质量核查各市(州)发现问题数

行政区域	工业源关键指标差错数/个	农业源关键指标差错数/个	生活源关键指标差错数/个	集中式关键指标差错数/个	移动源关键指标差错数/个	合计/个
武汉市	209	28	7	0	0	244
黄石市	206	5	1	0	1	213
十堰市	112	4	6	4	10	136
宜昌市	223	16	0	2	2	243
襄阳市	267	6	6	3	9	291
鄂州市	82	10	1	0	0	93
荆门市	260	24	19	5	8	316
孝感市	49	9	2	0	5	65
荆州市	145	32	15	0	7	199
黄冈市	76	13	2	0	9	100
咸宁市	115	30	5	1	4	155

行政区域	工业源关键指标差错数/个	农业源关键指标差错数/个	生活源关键指标差错数/个	集中式关键指标差错数/个	移动源关键指标差错数/个	合计/个
随州市	49	7	2	0	5	63
恩施州	92	10	19	2	12	135
仙桃市	218	6	0	3	2	229
潜江市	116	3	2	0	3	124
天门市	117	3	0	0	1	121
神农架林区	34	0	6	0	1	41
湖北省	2370	206	93	20	79	2768

1.5.2 "五日一审"数据审核工作

2018 年 12 月至 2019 年 12 月,湖北省持续开展专网数据的"五日一审"工作。通过组织省级专家团队,每五天分区域对各类源的报表进行人工抽样审核,对需要核实的报表或指标,要求市级督促、县级核实,并对修改、核实结果进行抽样复核,极大地提高了普查报表的成果质量。

湖北省已完成 46 批次(45 次全面普查阶段,1 次成果总结阶段)的"五日一审"和相关反馈意见的整改工作,累计审核报表 190 余万套(次),提出整改意见 270 余万条(次)。其中,2019 年 12 月 10 日,审核关键指标总数为 652144 个,错误关键指标数 425 个,关键指标差错率为 0.07%。湖北省 46 批次"五日一审"审核差错率变化情况见图 1.5-1。

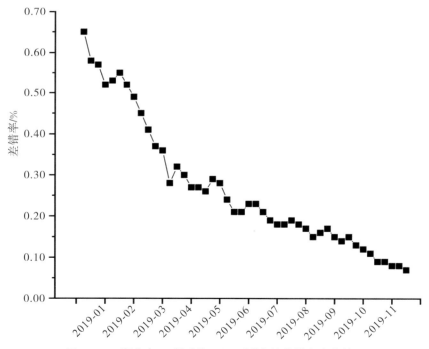

图 1.5-1 湖北省 46 批次"五日一审"审核差错率变化情况

1.5.3 调研帮扶指导工作

2018 年 10 月,省普查办组织技术团队对各市(州)基层普查工作进行了现场检查与指导,推进普查报表填报进度,提升数据质量。2019 年 2 月,对黄冈市普查数据审核和质量核查工作进行督导调研。

2019 年 6 月,对 36 个国家、省级贫困县和数据质量较差的县(市、区)进行现场帮扶,开展数据集中审核及数据汇总质量核查调研工作,解决报表数据采集和核算问题 520 余个(条)。

1.5.4 伴生矿普查数据核查工作

按照《关于做好第二次全国污染源普查伴生放射性矿普查数据审核现场检查工作方案》要求,生态环境部启动了两轮伴生矿普查数据核查工作,向湖北省反馈了详查企业在数据核查工作中发现的问题。湖北省高度重视核查工作,对发现的问题主要采用"市(州)普查办—企业"和"现场调查人员—企业"双重核实机制,逐个企业逐项问题进行整改,并分别提交了整改报告,取得了良好的成效。

1.5.5 农业源数据三级审核工作

湖北省农业污染源普查工作推进组多次组织专家对各专题的表格进行审核,对专网二污普进行交叉审核和集中审核,形成了三级数据审核制度。县级农业源普查机构对所有填报表格 100% 自查,对普查报表和种植业县级统计表采用会审形式,多部门联合填报并审核,填写审核单,形成审核报告。市级农业源普查机构对各县所有普查报表和种植业县级统计表采用会审形式,多部门联合审核,对每一个审核的表格填报审核单,并形成审核报告;对典型地块调查表和畜禽农户调查表 100% 审核,填写审核单,并形成审核报告。省级农业源普查机构对全省的普查报表和种植业县级统计表 100% 审核,采取集中会审与交叉审核形式进行;典型地块和畜禽入户调查表按 7% 比例抽样审核,填写审核单,形成审核报告和质控评估报告。对水产养殖业、秸秆、地膜每个表格分专题进行审核,重点核查数据的真实性、合理性,核查佐证材料是否齐全。

1.5.6 国家集中审核反馈意见整改工作

2019 年 6 月起,湖北省对国家集中审核反馈的 31 批次 57688 个意见进行了全面梳理,部署市、县快速整改,组织专家跟踪审核,对数据质量依然存在问题和国家集中审核反馈意见整改速度较慢的 16 个县进行了现场调研指导。2019 年 11 月 18 日,国家普查办审核交办问题整改率为 100%,普查专网审核通过率基本达到 100%。

1.5.7 "关闭、停产、其他"佐证材料审核工作

根据生态环境部下发的《关于普查数据库内各类普查对象状态问题的处理意见》,湖北省对"关闭、停产、其他"的普查对象进行了归类,组织技术人员对各级普查机构上报的佐证材料进行了审核。2019 年 11 月,湖北省已基本完成"关闭、停产、其他"佐证材料的审核工作,三种状态普查对象"五项佐证材料"合格率基本达到 100%,普查对象名录备注率达到 100%。对清查建库到"关闭、停产、其他"佐证材料的审核以及普查对象过程增减进行详细记录,文字翔实,数据可靠。

1.5.8 Access 软件审核工作

2019 年 7 月至 12 月,湖北省通过 Access 软件审核与人工抽样审核相结合的方式,在 Access 软件审核的基础上进行抽样复核,累计开展了 19 轮次的审核工作,将存在的问题及时反馈给各市(州)普查办。通过整改,Access 软件审核结果差错率最终下降至 0.05%,进一步保障了湖北省报表数据的完整性、准确性和逻辑性。

1.5.9 第三方评估工作

2019 年 10 月 7 日至 12 日,国家普查办第三方评估组对湖北省孝感市汉川市污染源普查工作开展了第三方评估,评估组认为:湖北省"普查组织实施""经费保障""普查质量管理"三大指标的 16 个评分项基

本满分,普查管理工作落实到位。在普查数据质量方面,整体排查结果相对优秀。为全面了解其他普查区域工作开展情况,湖北省举一反三,于 2019 年 11 月 25 日至 12 月 6 日对 16 个普查区域进行了第三方评估。评估结果表明,湖北省各级普查机构严格按照《国务院办公厅关于印发〈第二次全国污染源普查方案〉的通知》中规定的各项任务完成了相关工作。

1.5.10　数据对接与联合审核工作

湖北省全面完成了国家普查办对市(州)数据质量核查和对接审核交办问题的整改工作,对全省污染源普查数据库进行了优化完善。为进一步严格明确数据质量的要求,湖北省开展了部门数据联审和专家论证工作,论证结果表明,报表数据质量整体优秀,与统计年鉴、农业统计数据和相关管理数据基本一致。

1.5.11　普查数据汇交工作

2020 年 2 月,根据《关于开展第二次全国污染源普查数据汇交工作的通知》(国污普〔2020〕1 号)要求,湖北省完成了污染源普查成果汇交工作。汇交成果包括经省级第二次全国污染源普查领导小组审定后的省级污染源普查汇总结果(纸质文件)、第二次全国污染源普查数据采集系统数据库备份文件、通过污染源普查数据采集系统导出的所有电子表格、第二次全国污染源普查空间信息采集系统的数据库备份文件和省级数据处理环境服务器(互联网区和专网区)中存储的附件图片文件。汇交成果数据储存于离线储存介质,在规定时间内通过机要渠道寄送至全国污染源普查工作办公室。提交后湖北省共收到一条反馈意见,已组织人员完成修改工作。

1.5.12　普查公报审核工作

根据《国务院办公厅关于印发〈第二次全国污染源普查方案〉的通知》(国办发〔2017〕82 号)、《湖北省人民政府办公厅关于印发湖北省〈第二次全国污染源普查实施方案〉的通知》(鄂政办函〔2018〕19 号)和国家普查办的统筹安排,在成果总结发布阶段,湖北省普查办印发了《湖北省第二次全国污染源普查成果总结、公报发布及舆情应对工作方案》(鄂污普办〔2020〕2 号)。根据部普查办下发的普查公报编制模板和《第二次全国污染源普查公报审核技术规定》(国污普〔2020〕2 号)文件要求,湖北省普查办组织编制了湖北省普查公报。通过内部审核、专家论证、部门联审和厅长办公会审议等多种审核方式,2020 年 5 月 31 日,向部普查办提交了普查公报送审稿。6 月 29 日,部普查办提出了初步审核意见,对湖北省的公报内容给予充分肯定,同时提出了 3 条修改和完善建议。湖北省普查办对审核意见进行了认真研究,对有关问题进行了分析,再次与国家普查办信息数据库数据进行了比对复核,进一步完善后,形成报批稿报送部普查办。部普查办于 2020 年 7 月 30 日正式下达了审核意见,认为湖北省公报涵盖了全省普查的关键成果,结构清晰完整,内容真实准确,格式规范简洁,建议报省人民政府审议批准后,再向社会公开发布。经省人民政府审议批准后,由湖北省生态环境厅、统计局和农业农村厅于 2020 年 11 月 11 日联合发布。

1.5.13　普查数据汇总审核情况

1.5.13.1　报表数据专网审核情况

湖北省普查对象(不包括"其他"状态普查对象)强制性审核通过率、提示性审核通过率、同时通过率、普查对象地理空间信息采集率和关联率均为 100%。

1.5.13.2　普查数据主要指标质量评估结果

国家普查办对普查数据进行汇交审核后,关闭了普查数据专网系统的数据修改和更新功能,固化了普查数据库。确定湖北省录入普查报表 11 万余套、49 万余份,报表关键指标总数 2672063 个,采用

Access 软件审核模块进行审核,发现关键指标疑似问题数 1420 个,差错率 0.05％。采用省级审核软件审核,发现错误记录数 1301 个,差错率 1.18％。采用专网系统内置审核功能模块审核,发现错误指标总数 438 个,计算差错率 0.01％。湖北省及各市(州)普查报表采用 Access 软件审核模块、专网系统内置审核功能模块、省级审核软件审核结果见表 1.5-4。

表 1.5-4　　　　　　Access 软件审核模块、专网系统内置审核功能模块、省级审核软件审核结果

行政区域	Access 软件审核结果			专网系统内置审核功能模块审核结果			省级审核软件审核结果		
	关键指标疑似问题数/个	关键指标总数/个	差错率/％	错误指标总数/个	关键指标总数/个	差错率/％	错误记录数/个	企业总数/个	差错率/％
武汉市	489	495507	0.10	153	1158869	0.01	165	17369	0.95
黄石市	203	140498	0.14	0	328221	0.00	56	5023	1.11
十堰市	22	165894	0.01	0	457605	0.00	82	6892	1.19
宜昌市	112	261742	0.04	105	693109	0.02	136	9035	1.51
襄阳市	176	236858	0.07	0	613071	0.00	126	10038	1.26
鄂州市	33	64709	0.05	0	166265	0.00	28	2238	1.25
荆门市	85	166632	0.05	0	400585	0.00	107	7281	1.47
孝感市	36	177147	0.02	69	495660	0.01	136	9029	1.51
荆州市	89	195136	0.05	0	530056	0.00	84	9135	0.92
黄冈市	42	276753	0.02	0	711414	0.00	142	13435	1.06
咸宁市	50	134325	0.04	0	349461	0.00	47	5158	0.91
随州市	3	88052	0.00	97	196745	0.05	41	3819	1.07
恩施州	44	140896	0.03	0	427729	0.00	43	6130	0.70
仙桃市	6	47274	0.01	12	133151	0.00	24	1628	1.47
潜江市	2	39518	0.01	0	108288	0.00	2	202	0.99
天门市	27	36993	0.07	0	111511	0.00	12	1941	0.62
神农架林区	1	4389	0.02	2	11869	0.02	70	2303	3.04
湖北省	1420	2672063	0.05	438	6893609	0.01	1301	110656	1.18

1.5.13.3　人工抽样审核结果

2019 年 12 月 10 日,通过人工抽样的方式共审核湖北省关键指标总数 652144 个,发现关键指标疑似问题数 425 个,差错率为 0.07％。湖北省各市(州)2019 年 12 月 10 日"五日一审"人工抽样审核结果见表 1.5-5。

表 1.5-5　　　　　　2019 年 12 月 10 日"五日一审"人工抽样审核结果

行政区域	关键指标疑似问题数/个	关键指标总数/个	差错率/％
武汉市	99	105242	0.09
黄石市	33	30253	0.11
十堰市	8	44127	0.02
宜昌市	57	65205	0.09
襄阳市	35	60143	0.06

行政区域	关键指标疑似问题数/个	关键指标总数/个	差错率/%
鄂州市	13	15201	0.09
荆门市	25	35872	0.07
孝感市	20	42413	0.05
荆州市	25	51021	0.05
黄冈市	20	68747	0.03
咸宁市	24	22012	0.11
随州市	20	27509	0.07
恩施州	26	40122	0.06
仙桃市	2	12542	0.02
潜江市	2	10755	0.02
天门市	11	11876	0.09
神农架林区	5	9104	0.05
湖北省	425	652144	0.07

通过对国家专网定库数据进行 Access 软件审核、专网系统内置审核功能以及省级审核软件审核,得到湖北省各市(州)的各项审核结果的差错率,结合人工抽样审核结果,将 4 类审核按平均权重进行综合分析,得到的湖北省综合差错率为 0.33%。湖北省各市(州)普查报表综合差错率见表 1.5-6。

表 1.5-6 　　　　　　　　　　　湖北省各市(州)普查报表综合差错率

行政区域	Access 软件审核结果差错率/%	专网审核结果差错率/%	省级软件审核结果差错率/%	五日一审审核结果差错率/%	综合差错率/%
武汉市	0.10	0.01	0.95	0.09	0.29
黄石市	0.14	0.00	1.11	0.11	0.34
十堰市	0.01	0.00	1.19	0.02	0.31
宜昌市	0.04	0.02	1.51	0.09	0.41
襄阳市	0.07	0.00	1.26	0.06	0.35
鄂州市	0.05	0.00	1.25	0.09	0.35
荆门市	0.05	0.00	1.47	0.07	0.40
孝感市	0.02	0.01	1.51	0.05	0.40
荆州市	0.05	0.00	0.92	0.05	0.25
黄冈市	0.02	0.00	1.06	0.03	0.28
咸宁市	0.04	0.00	0.91	0.11	0.26
随州市	0.00	0.05	1.07	0.07	0.30
恩施州	0.03	0.00	0.70	0.06	0.20
仙桃市	0.01	0.01	1.47	0.02	0.38
潜江市	0.01	0.00	0.99	0.02	0.25
天门市	0.07	0.00	0.62	0.09	0.20
神农架林区	0.02	0.02	3.04	0.05	0.78
湖北省	0.05	0.01	1.18	0.07	0.33

1.5.13.4 国家普查办反馈问题整改情况

（1）国家质量核查反馈问题整改情况

2019年8月，国家普查办开展质量核查工作，抽取了武汉市、宜昌市作为核查区域。其中武汉市收到反馈错误指标数118个，宜昌市收到反馈错误指标数92个，两市均全面进行了整改。湖北省通过比对国家核查问题举一反三进行自查，共发现问题11532个，市（州）普查机构进行了全面核实和整改，对有关数据进行了修改完善。

（2）国家下发集中审核问题整改情况

2019年6月下旬至7月下旬，根据《第二次全国污染源普查2019年及后续工作要点》要求，国家普查办组织行业专家和技术骨干开展数据集中审核工作，并将集中审核结果下发给各省进行整改落实。国家共下发工业源集中审核意见26442条，种植业集中审核意见166条，水产业集中审核意见1670条，畜禽养殖业集中审核意见41234条，生活源集中审核意见28442条，集中式审核意见150条。湖北省普查办根据各市（州）提交的整改明细，按污染源类型、行政区域对问题进行分类，组织省级审核评估团队进行复核，统计分析核实整改落实情况。下发问题已于2019年7月17日整改到位，反馈意见整改完成率达100%。

2019年8月至9月，湖北省共收到国家下发集中审核问题总数32300个（生活源24447个、工业源7703个、集中式150个），其中鄂州市552个、恩施州1723个、黄冈市4163个、黄石市1339个、荆门市1905个、荆州市3165个、潜江市225个、神农架109个、十堰市1958个、随州市1543个、天门市787个、武汉市4627个、仙桃市789个、咸宁市1722个、襄阳市2377个、孝感市2976个、宜昌市2340个，均已整改完成。

1.5.13.5 省普查办审核评估和问题整改情况

（1）"五日一审"审核整改

为加快推进湖北省全面普查阶段数据质量控制工作，全面提高污普数据质量，强化报表数据审核和质量评估，2018年7月省普查办提出开展"五日一审"工作。根据审核结果每周进行调度，对专网报表数据实行"五日一周期"的多轮次审核和质量评估。至2019年12月，湖北省已完成46批次的"五日一审"和相关反馈意见的整改工作，共审核报表190余万套（次），提出整改意见270余万条（次），问题反馈后均进行了核实和整改。

（2）集中审核整改

2019年3月28日至5月8日，省普查办共组织污普专业技术人员630人次，进行2轮次集中专网审核和质量提升，共完成91个县（市、区）2400多个重点工业污染源、900多个农业污染源、全部生活源、集中式污染治理设施、移动源的数据审核和质量提升，提出整改意见6220余条，核实后整改3890余条。各市（州）举一反三，不断提升数据质量。

（3）质量核查工作审核整改

清查阶段质量核查中，省普查办对全省清查数据进行全面审核，全省纳入普查对象的清查数据基本做到了零错误、零重复、零漏查。全面入户及数据采集阶段质量核查中，通过开展市、县两级现场复核工作，全省共发现问题14422个，县级普查机构组织整改问题14422个，全省整改率为100%。产排污核算和数据汇总阶段质量核查中，全省关键指标差错率为1.59%，整改后全省关键指标差错率为0.24%。

其中,工业源差错率为 0.22%,农业源差错率为 0.55%,生活源差错率为 0.44%,集中式差错率为 0.83%,移动源差错率为 0.08%,五类源的差错率均小于 1%。

1.5.14 普查基本单位名录信息比对工作

为确保普查对象应查尽查、不重不漏,湖北省通过对各市(州)工业污染源中 2017 年排污许可证发布名录、重污染天气应急预案名单、重点排污单位名单、农业直连直报、中央环保督察、"三磷"企业(磷矿、磷化工企业、磷石膏库)、"四经普"(第四次全国经济普查)、环境统计、污染防治攻坚、重点监管污染源、在线监测单位、2017 年和 2018 年工业信访、2017 年和 2018 年集中式信访、2017 年和 2018 年畜禽信访等信息进行全覆盖比对复核,计算遗漏率。经比对核实,对存疑企业与各市(州)污普办沟通确认,确保全省各市(州)普查对象不重不漏。经过反复审核和多方位比对,湖北省普查对象基本无遗漏,符合国家规定的质量指标要求。湖北省无强化监督定点帮扶检查名录,未开展此项比对复核工作。

1.5.14.1 环境统计数据比对

将环境统计工业源 3834 个普查对象进行比对分析,结果表明,可直接查询普查对象 3541 个,已关闭、拆除普查对象 43 个,2017 年 12 月以后新建普查对象 40 个,不在普查范围普查对象 80 个、不属于 BCD 类制造业 2017 年 12 月以后新建普查对象 57 个,2017 年未生产普查对象 73 个。

1.5.14.2 排污许可名录比对

将湖北省工业源持有排污许可证的 685 个普查对象进行比对分析,结果表明,已纳入普查的可直接查询普查对象 606 个,已纳入普查但名称发生变化普查对象 37 个,2017 年已经关停取缔普查对象 6 个,2017 年 12 月以后新建普查对象 24 个,不在辖区普查范围的普查对象为 8 个,"其他"状态普查对象 1 个〔为葛洲坝中材洁新(武汉)科技有限公司松滋分公司,该公司使用葛洲坝松滋水泥有限公司的水泥窑进行协同处置,产排污量已纳入葛洲坝松滋水泥有限公司〕,已核实并增补的普查对象 3 个。湖北省排污许可名录比对情况见表 1.5-7。

表 1.5-7　　　　　　　　　　　　　　湖北省排污许可名录比对情况

行政区域	总数量/个	已纳入普查的可直接查询普查对象/个	已纳入普查但名称发生变化普查对象/个	2017 年已经关停取缔普查对象/个	2017 年 12 月以后新建普查对象/个	不在辖区普查范围的普查对象/个	"其他"状态普查对象/个	已核实并增补的普查对象/个
黄石市	10	4	4	0	2	0	0	0
武汉市	114	106	6	0	2	0	0	0
恩施州	60	54	0	2	2	2	0	0
荆门市	66	54	6	0	6	0	0	0
黄冈市	8	4	4	0	0	0	0	0
仙桃市	62	56	0	0	0	4	0	2
宜昌市	86	76	6	0	2	2	0	0
孝感市	91	87	0	1	2	0	0	1
神农架	1	1	0	0	0	0	0	0
十堰市	48	47	0	0	0	1	0	0
天门市	9	8	0	0	1	0	0	0

续表

行政区域	总数量/个	已纳入普查的可直接查询普查对象/个	已纳入普查但名称发生变化普查对象/个	2017年已经关停取缔普查对象/个	2017年12月以后新建普查对象/个	不在辖区普查范围的普查对象/个	"其他"状态普查对象/个	已核实并增补的普查对象/个
潜江市	1	0	1	0	0	0	0	0
荆州市	71	63	3	1	3	0	1	0
咸宁市	13	4	4	2	3	0	0	0
襄阳市	45	42	3	0	0	0	0	0
湖北省	685	606	37	6	24	8	1	3

1.5.14.3 重污染天气应急重点单位名单比对

将湖北省重污染天气应急重点单位566个名单进行比对分析,结果表明,已纳入普查的可直接查询普查对象430个,已纳入普查但名称发生变化普查对象90个,2017年已经关停取缔普查对象10个,查无此普查对象1个,2017年12月以后新建普查对象2个,不在辖区普查范围的普查对象5个,"其他"状态的有3个,已核实并增补的普查对象25个,详见表1.5-8。

表1.5-8　　　　　　　　　湖北省重污染天气应急重点单位名单比对情况

行政区域	总数量/个	已纳入普查的可直接查询普查对象/个	已纳入普查但名称发生变化普查对象/个	2017年已经关停取缔普查对象/个	查无此普查对象/个	2017年12月以后新建的普查对象/个	不在辖区普查范围的普查对象/个	"其他"状态的普查对象/个	已核实并增补的普查对象/个
黄石市	58	39	19	0	0	0	0	0	0
鄂州市	23	23	0	0	0	0	0	0	0
武汉市	5	0	0	0	0	0	0	0	5
恩施州	16	3	10	3	0	0	0	0	0
荆门市	80	50	27	2	0	0	1	0	0
仙桃市	70	66	2	0	0	0	0	0	2
宜昌市	17	16	1	0	0	0	0	0	0
孝感市	66	51	5	0	0	0	0	0	10
十堰市	4	0	2	0	0	1	0	1	0
随州市	58	57	1	0	0	0	0	0	0
天门市	52	50	2	0	0	0	0	0	0
襄阳市	19	0	4	4	1	1	1	0	8
潜江市	3	1	0	0	0	0	1	1	0
荆州市	11	0	8	1	0	0	1	1	0
咸宁市	84	74	9	0	0	0	1	0	0
湖北省	566	430	90	10	1	2	5	3	25

1.5.14.4 中央环保督察企业、"乱散污"企业名录信息比对

将湖北省中央环保督察 747 个企业进行比对分析,结果表明,已纳入普查的可直接查询普查对象 298 个,已纳入普查但名称发生变化普查对象 146 个,2017 年已经关停取缔普查对象 109 个,查无此普查对象 11 个,2017 年 12 月以后新建普查对象 6 个,不在辖区普查范围的普查对象 133 个,为"其他"状态的普查对象 20 个,已核实并增补的普查对象 6 个。湖北省中央环保督察企业名录比对情况见表 1.5-9。

表 1.5-9　　　　　　　　　　　　　　湖北省中央环保督察企业名录比对情况

行政区域	总数量/个	已纳入普查的可直接查询普查对象/个	已纳入普查但名称发生变化普查对象/个	2017年已经关停取缔普查对象/个	查无此普查对象/个	2017年12月以后新建普查对象/个	不在辖区普查范围的普查对象/个	"其他"状态的普查对象/个	已核实并增补普查对象/个
黄石市	17	5	9	1	0	0	2	0	0
鄂州市	17	1	8	5	0	0	2	1	0
武汉市	65	9	30	9	1	0	15	0	1
恩施州	36	18	4	10	1	1	1	1	0
荆门市	72	52	4	13	1	2	0	0	0
黄冈市	109	2	38	10	3	2	54	0	0
仙桃市	34	13	8	12	0	0	1	0	0
宜昌市	32	1	5	7	0	0	19	0	0
孝感市	97	68	1	10	0	0	0	0	0
神农架	3	2	0	0	0	0	1	0	0
十堰市	47	24	3	2	0	0	16	2	0
天门市	10	1	5	0	0	0	2	2	0
襄阳市	95	50	9	12	5	1	16	2	0
潜江市	2	1	1	0	0	0	0	0	0
荆州市	34	19	12	3	0	0	0	0	0
咸宁市	32	8	5	10	0	0	2	3	4
随州市	45	24	4	5	0	0	2	9	1
湖北省	747	298	146	109	11	6	133	20	6

注:本表按核实过程进行排序。

将湖北省"乱散污"企业名录 1241 个普查对象进行比对分析,结果表明,已纳入普查的可直接查询普查对象 265 个,已纳入普查但名称发生变化普查对象 48 个,2017 年已经关停取缔普查对象 607 个,查无此普查对象 2 个,2017 年 12 月以后新建普查对象 28 个,不在辖区普查范围的普查对象 252 个,为"其他"状态的普查对象 56 个,已核实并增补的普查对象 45 个。湖北省"乱散污"企业名录比对情况见表 1.5-10。

表 1.5-10　湖北省"乱散污"企业名录比对情况

行政区域	总数量/个	已纳入普查的可直接查询普查对象/个	已纳入普查但名称发生变化的普查对象/个	2017年已经关停取缔普查对象/个	查无此普查对象/个	2017年12月以后新建普查对象/个	不在辖区普查范围的普查对象/个	"其他"状态的普查对象/个	已核实非增补的普查对象/个
黄石市	268	53	27	131	0	7	33	12	5
武汉市	140	0	7	44	0	5	66	16	2
恩施州	98	80	0	56	0	0	23	0	1
荆门市	168	0	1	128	0	0	15	16	8
黄冈市	71	0	3	52	0	5	9	0	2
仙桃市	40	0	1	11	1	2	11	12	2
宜昌市	68	30	4	14	0	4	12	0	4
孝感市	2	0	0	1	0	0	1	0	0
十堰市	44	0	4	6	1	0	33	0	0
随州市	52	0	1	34	0	1	16	0	0
襄阳市	160	102	0	29	0	0	8	0	21
潜江市	9	0	0	1	0	2	6	0	0
荆州市	112	0	0	99	0	0	13	0	0
咸宁市	0	0	0	0	0	0	0	0	0
潜江市	9	0	0	1	0	2	6	0	0
湖北省	1241	265	48	607	2	28	252	56	45

1.5.14.5 农业直联直报数据系统名录信息比对

将湖北省农业直联直报 13388 个名录数据进行比对分析,结果表明,已纳入普查的可直接查询普查对象 2223 个,已纳入普查但名称发生变化普查对象 3496 个,2017 年已经关停取缔普查对象 1264 个,查无此普查对象 86 个,2017 年 12 月以后新建普查对象 425 个,不在辖区普查范围的普查对象 4793 个,为"其他"状态的普查对象 826 个,已核实并增补的普查对象 448 个。湖北省农业直联直报名录比对情况见表 1.5-11。

表 1.5-11 湖北省农业直联直报名录比对情况

行政区域	总数量/个	已纳入普查的可直接查询普查对象/个	已纳入普查但名称发生变化普查对象/个	2017 年已经关停取缔普查对象/个	查无此普查对象/个	2017 年 12 月以后新建普查对象/个	不在辖区普查范围的普查对象/个	"其他"状态的普查对象/个	已核实并增补的普查对象/个
黄石市	351	3	75	10	2	11	109	3	138
鄂州市	248	128	7	28	0	0	66	0	9
武汉市	248	0	82	69	16	1	71	0	9
恩施州	593	360	23	2	0	0	300	25	10
荆门市	1487	0	644	107	35	4	587	23	87
黄冈市	3061	0	1469	380	13	3	1139	57	60
仙桃市	237	0	65	34	2	1	62	63	10
宜昌市	74	20	33	0	0	0	17	0	0
孝感市	1822	0	222	329	3	104	1068	63	33
十堰市	625	0	29	102	8	1	482	1	2
随州市	17	0	10	0	0	2	0	3	2
天门市	5	0	0	0	0	0	0	0	5
襄阳市	3475	1491	527	105	3	109	599	584	57
潜江市	410	221	0	0	0	138	49	0	2
荆州市	56	0	32	1	0	2	16	2	3
咸宁市	674	0	278	96	2	49	227	2	20
神农架	5	0	0	1	2	0	1	0	1
湖北省	13388	2223	3496	1264	86	425	4793	826	448

1.5.14.6 "四经普"名录比对

将湖北省"四经普"共计 55954 个普查对象进行比对分析,结果表明,已纳入普查的可直接查询普查对象 374 个,已纳入普查但名称发生变化普查对象 895 个,2017 年已关停取缔普查对象 5703 个,查无此普查对象 2041 个,2017 年 12 月以后新建普查对象 6505 个,不在辖区普查范围的普查对象 35556 个,为"其他"状态的普查对象 3164 个,已核实并增补的普查对象 815 个。湖北省"四经普"名录比对情况详见表 1.5-12。

表 1.5-12 　　　　　　　　　　　　　湖北省"四经普"名录比对情况

行政区域 /个	总数量 /个	已纳入普查的可直接查询普查对象/个	已纳入普查但名称发生变化普查对象/个	2017年已经关停取缔普查对象/个	查无此企业数量/个	2017年12月以后新建普查对象/个	不在辖区普查范围的普查对象/个	"其他"状态普查对象/个	已核实并增补的普查对象/个
武汉市	4662	15	14	201	131	240	3602	350	142
恩施州	2408	5	15	103	19	242	1541	442	40
荆门市	2438	7	48	226	95	679	1140	225	18
黄冈市	2859	40	69	334	224	721	1199	248	24
仙桃市	146	0	10	25	1	6	23	3	78
宜昌市	2645	14	142	166	65	342	1760	116	40
孝感市	2608	34	40	322	55	335	1720	20	82
十堰市	3645	7	180	591	194	542	1849	258	18
随州市	1221	3	12	263	18	391	462	56	16
襄阳市	5447	55	60	958	336	837	2566	528	107
潜江市	372	0	8	34	21	159	142	4	4
荆州市	4220	34	40	801	142	870	1960	280	93
咸宁市	17613	119	36	771	1	322	15990	304	70
鄂州市	281	0	21	19	64	3	104	9	36
黄石市	3859	41	180	359	609	382	1037	320	28
天门市	1368	0	18	521	43	422	350	1	14
神农架林区	162	0	2	9	23	12	111	0	5
湖北省	55954	374	895	5703	2041	6505	35556	3164	815

1.6　普查数据基本情况

1.6.1　普查对象数据情况

湖北省下发普查基本单位清查底册名录 399958 个,经过清查和全面普查,入库普查对象总数 112743 个(不含移动源机动车、工程机械、船舶保有量)。其中,工业源 54417 个,国家及省级工业(产业)园区 103 个,畜禽规模化养殖场 22309 个,生活源 33232 个(含行政村 24144 个、非工业企业锅炉 1358 个、加油站 3779 个、储油库 30 个、入河排污口 3921 个),集中式污染治理设施 2480 个,以行政区为单位的普查对象 115 个,移动源油品运输单位 87 个。进行产排污核算的普查对象总数 94679 个,其中,工业源 46101 个,畜禽规模养殖场 20841 个,生活源 25160 个(含非工业企业锅炉 1358 个、储油库 30 个、加油站 3774 个和行政村 19998 个),集中式 2462 个(含集中式污水处理单位 2247 个、生活垃圾集中处理处置单位 174 个、危险废物集中处置单位 41 个),以行政区为单位的普查对象 115 个。机动车保有量 8666745 辆,工程机械保有 14.8 万台,农机柴油总动力 3005.65 万千瓦。

1.6.2 污染物排放量

（1）水污染物排放量

2017年，湖北省水污染物排放量分别为：化学需氧量1286573.80吨，氨氮58131.28吨，总氮181094.99吨，总磷21398.74吨，动植物油16012.49吨，石油类235.45吨，挥发酚8.60吨，氰化物3.83吨，重金属（铅、汞、镉、铬和类金属砷，下同）9.45吨。

（2）大气污染物排放量

2017年，湖北省大气污染物排放量分别为：二氧化硫180664.50吨，氮氧化物489985.28吨，颗粒物483480.17吨。本次普查对部分行业和领域挥发性有机物进行了尝试性调查，排放量294067.95吨。

1.6.3 重点流域水污染物排放量[①]

湖北省境内长江干流沿线15千米范围内水污染物排放量分别为：化学需氧量409068.59吨，氨氮19177.14吨，总氮55474.81吨，总磷5420.07吨，石油类132.69吨，挥发酚7.91吨，氰化物3.20吨，重金属6.75吨。

汉江流域水污染物排放量分别为：化学需氧量324401.97吨，氨氮9758.64吨，总氮45195.09吨，总磷6324.07吨，动植物油1061.18吨，石油类57.93吨，挥发酚0.34吨，氰化物0.78吨，重金属0.67吨。

清江流域水污染物排放量分别为：化学需氧量36825.28吨，氨氮1031.88吨，总氮8502.34吨，总磷1188.03吨，石油类2.28吨，挥发酚0.03吨，氰化物0.01吨，重金属0.02吨。

四湖流域水污染物排放量分别为：化学需氧量183486.10吨，氨氮7247.98吨，总氮24027.21吨，总磷3539.01吨，动植物油1390.38吨，石油类12.59吨，挥发酚6.27千克，氰化物0.07吨，重金属6.42千克。

东荆河流域水污染物排放量分别为：化学需氧量44068.79吨，氨氮1814.40吨，总氮5402.38吨，总磷654.27吨，动植物油412.87吨，石油类3.16吨，挥发酚0.79吨，氰化物0.47吨，重金属1.25吨。

通顺河流域水污染物排放量分别为：化学需氧量39182.71吨，氨氮1493.42吨，总氮5430.54吨，总磷506.66吨，动植物油554.73吨，石油类6.52吨，挥发酚0.23吨，氰化物0.22吨，重金属0.31吨。

1.6.4 重点区域污染物排放量

根据《关于部分重点城市执行大气污染物特别排放限值的公告》（湖北省环保厅公告2018年第2号）要求，确定湖北省执行大气污染物特别排放限值重点区域（以下简称"重点区域"）范围为武汉市、黄石市、襄阳市、宜昌市、荆州市、荆门市、鄂州市等7个市（州）。

经统计分析，重点区域二氧化硫排放量占全省工业源的71.01%，氮氧化物排放量占全省工业源的66.00%，颗粒物排放量占全省工业源的63.15%，挥发性有机物排放量占全省工业源的61.75%。重点区域主要大气污染物排放量见表1.6-1。

①重点流域水污染物产生排放情况引自湖北省污染源普查应用的专题报告。

表 1.6-1 重点区域主要大气污染物排放量

行政 区域	二氧化硫		氮氧化物		颗粒物		挥发性有机物	
	排放量/万吨	占比/%	排放量/万吨	占比/%	排放量/万吨	占比/%	排放量/万吨	占比/%
湖北省	18.066	100	48.999	100	48.348	100	29.407	100
重点区域	12.829	71.01	32.337	66.00	30.531	63.15	18.159	61.75
其他区域	5.237	28.99	16.662	34.00	17.817	36.85	11.248	38.25

1.6.5 重点行业污染物排放量

1.6.5.1 重点行业废水污染物排放量

（1）化学需氧量

湖北省工业源重点行业普查对象，化学需氧量排放量占比排前4位的分别是：农副食品加工业，化学原料和化学制品制造业，造纸和纸制品业，酒、饮料和精制茶制造业。农副食品加工业化学需氧量排放量为0.4303万吨，产生量为4.7059万吨，排放量在全省工业源化学需氧量排放量中占比为20.21%；化学原料和化学制品制造业化学需氧量排放量为0.2501万吨，产生量为9.2368万吨，排放量在全省工业源化学需氧量排放量中占比为11.74%；造纸和纸制品业化学需氧量排放量为0.1993万吨，产生量9.0101万吨，排放量在全省工业源化学需氧量排放量中占比为9.36%；酒、饮料和精制茶制造业化学需氧量排放量0.1945万吨，产生量为4.4338万吨，排放量在全省工业源化学需氧量排放量中占比为9.13%。上述4个工业源行业化学需氧量排放量合计占全省工业源化学需氧量排放量的50.44%。工业源重点行业普查对象化学需氧量排放量见表1.6-2。

表 1.6-2 工业源重点行业普查对象化学需氧量排放量

序号	化学需氧量			
	行业	产生量/万吨	排放量/万吨	排放量占比/%
1	13|农副食品加工业	4.7059	0.4303	20.21
2	26|化学原料和化学制品制造业	9.2368	0.2501	11.74
3	22|造纸和纸制品业	9.0101	0.1993	9.36
4	15|酒、饮料和精制茶制造业	4.4338	0.1945	9.13

（2）氨氮

湖北省工业源重点行业普查对象，化学原料和化学制品制造业产生量为2.2399万吨，排放量为0.0282万吨，排放量占全省工业源氨氮排放量的23.97%；非金属矿采选业氨氮产生量0.0271万吨，排放量0.0163万吨，排放量占全省工业源氨氮排放量的13.80%；农副食品加工业氨氮产生量0.0791万吨，排放量0.0155万吨，排放量占全省工业源氨氮排放量的13.20%；黑色金属冶炼和压延加工业氨氮产生量为0.1131万吨，排放量0.0080万吨，排放量占全省工业源氨氮排放量的6.79%。工业源重点行业普查对象氨氮排放量见表1.6-3。

表 1.6-3 工业源重点行业普查对象氨氮排放量

序号	氨氮			
	行业	产生量/万吨	排放量/万吨	排放量占比/%
1	26|化学原料和化学制品制造业	2.2399	0.0282	23.97
2	10|非金属矿采选业	0.0271	0.0163	13.80
3	13|农副食品加工业	0.0791	0.0155	13.20
4	31|黑色金属冶炼和压延加工业	0.1131	0.0080	6.79

（3）总氮

湖北省工业源重点行业普查对象，化学原料和化学制品制造业总氮产生量为 6.2716 万吨，排放量为 0.1618 万吨，排放量在全省总氮排放量中占比为 29.69%；医药制造业总氮产生量 2.2735 万吨，排放量 0.0872 万吨，排放量在全省总氮排放量中占比为 15.99%；农副食品加工业总氮产生量 0.1990 万吨，排放量 0.0524 万吨，排放量在全省总氮排放量中占比为 9.62%；水的生产和供应业总氮产生量为 0.0721 万吨，排放量 0.0491 万吨，排放量在全省总氮排放量中占比为 9.01%。工业源重点行业普查对象总氮排放量见表 1.6-4。

表 1.6-4 工业源重点行业普查对象总氮排放量

序号	总氮			
	行业	产生量/万吨	排放量/万吨	排放量占比/%
1	26|化学原料和化学制品制造业	6.2716	0.1618	29.69
2	27|医药制造业	2.2735	0.0872	15.99
3	13|农副食品加工业	0.1990	0.0524	9.62
4	46|水的生产和供应业	0.0721	0.0491	9.01

（4）总磷

湖北省工业源重点行业普查对象，农副食品加工业总磷产生量为 0.0357 万吨，排放量为 0.0073 万吨，排放量在全省总磷排放量中占比为 26.84%；水的生产和供应业总磷产生量 0.0045 万吨，排放量 0.0026 万吨，排放量在全省总磷排放量中占比为 9.59%；非金属矿采选业总磷产生量 0.0155 万吨，排放量 0.0025 万吨，排放量在全省总磷排放量中占比为 9.34%；化学原料和化学制品制造业总磷产生量为 0.6784 万吨，排放量 0.0024 万吨，排放量在全省总磷排放量中占比为 8.90%。工业源重点行业普查对象总磷排放量见表 1.6-5。

表 1.6-5 工业源重点行业普查对象总磷排放量

序号	总磷			
	行业	产生量/万吨	排放量/万吨	排放量占比/%
1	13|农副食品加工业	0.0357	0.0073	26.84
2	46|水的生产和供应业	0.0045	0.0026	9.59
3	10|非金属矿采选业	0.0155	0.0025	9.34
4	26|化学原料和化学制品制造业	0.6784	0.0024	8.90

（5）石油类

湖北省工业源重点行业普查对象，汽车制造业石油类产生量为 0.0328 万吨，排放量为 0.0063 万吨，排放量在全省石油类排放量中占比为 26.67％；黑色金属冶炼和压延加工业石油类产生量 0.0676 万吨，排放量 0.0044 万吨，排放量在全省石油类排放量中占比为 18.68％；金属制品业石油类产生量 0.0070 万吨，排放量 0.0027 万吨，排放量在全省石油类排放量中占比为 11.46％；石油、煤炭及其他燃料加工业石油类产生量为 0.1526 万吨，排放量 0.0016 万吨，排放量在全省石油类排放量中占比为 6.68％。工业源重点行业普查对象石油类排放量见表 1.6-6。

表 1.6-6　　　　　　　　　　工业源重点行业普查对象石油类排放量

序号	石油类			
	行业	产生量/万吨	排放量/万吨	排放量占比/％
1	36｜汽车制造业	0.0328	0.0063	26.67
2	31｜黑色金属冶炼和压延加工业	0.0676	0.0044	18.68
3	33｜金属制品业	0.0070	0.0027	11.46
4	25｜石油、煤炭及其他燃料加工业	0.1526	0.0016	6.68

（6）挥发酚

湖北省工业源重点行业普查对象，石油、煤炭及其他燃料加工业挥发酚产生量为 2072.5690 吨，排放量为 4.5698 吨，排放量在全省挥发酚排放量中占比为 53.15％；黑色金属冶炼和压延加工业挥发酚产生量 296.2764 吨，排放量 3.1713 吨，排放量在全省挥发酚排放量中占比为 36.88％；化学原料和化学制品制造业挥发酚产生量 2.6798 吨，排放量 0.8562 吨，排放量在全省挥发酚排放量中占比为 9.96％。工业源重点行业普查对象挥发酚排放量见表 1.6-7。

表 1.6-7　　　　　　　　　　工业源重点行业普查对象挥发酚排放量

序号	挥发酚			
	行业	产生量/吨	排放量/吨	排放量占比/％
1	25｜石油、煤炭及其他燃料加工业	2072.5690	4.5698	53.15
2	31｜黑色金属冶炼和压延加工业	296.2764	3.1713	36.88
3	26｜化学原料和化学制品制造业	2.6798	0.8562	9.96

（7）氰化物

湖北省工业源重点行业普查对象，石油、煤炭及其他燃料加工业氰化物产生量为 31.2568 吨，排放量为 1.3116 吨，排放量在全省氰化物排放量中占比为 34.23％；化学原料和化学制品制造业氰化物产生量 3.9092 吨，排放量 1.0783 吨，排放量在全省氰化物排放量中占比为 28.15％；黑色金属冶炼和压延加工业氰化物产生量 11.4362 吨，排放量 0.9199 吨，排放量在全省氰化物排放量中占比为 24.01％；计算机、通信和其他电子设备制造业氰化物产生量为 0.6311 吨，排放量 0.4449 吨，排放量在全省氰化物排放量中占比为 11.61％。工业源重点行业普查对象氰化物排放量见表 1.6-8。

表 1.6-8　　　　　　　　　　　工业源重点行业普查对象氰化物排放量

序号	氰化物			
	行业	产生量/吨	排放量/吨	排放量占比/%
1	25|石油、煤炭及其他燃料加工业	31.2568	1.3116	34.23
2	26|化学原料和化学制品制造业	3.9092	1.0783	28.15
3	31|黑色金属冶炼和压延加工业	11.4362	0.9199	24.01
4	39|计算机、通信和其他电子设备制造业	0.6311	0.4449	11.61

（8）类金属砷

湖北省工业源重点行业普查对象，化学原料和化学制品制造业类金属砷产生量为 123.4948 吨，排放量为 2.4392 吨，排放量在全省类金属砷排放量中占比为 71.45%；计算机、通信和其他电子设备制造业类金属砷产生量 2.0264 吨，排放量 0.3250 吨，排放量在全省类金属砷排放量中占比为 9.52%；有色金属矿采选业类金属砷产生量 0.6916 吨，排放量 0.2013 吨，排放量在全省类金属砷排放量中占比为 5.90%；有色金属冶炼和压延加工业类金属砷产生量为 1.0605 吨，排放量 0.1760 吨，排放量在全省类金属砷排放量中占比为 5.16%。工业源重点行业普查对象类金属砷排放量见表 1.6-9。

表 1.6-9　　　　　　　　　　　工业源重点行业普查对象类金属砷排放量

序号	类金属砷			
	行业	产生量/吨	排放量/吨	排放量占比/%
1	26|化学原料和化学制品制造业	123.4948	2.4392	71.45
2	39|计算机、通信和其他电子设备制造业	2.0264	0.3250	9.52
3	09|有色金属矿采选业	0.6916	0.2013	5.90
4	32|有色金属冶炼和压延加工业	1.0605	0.1760	5.16

（9）铅

湖北省工业源重点行业普查对象，黑色金属冶炼和压延加工业铅产生量为 19.9788 吨，排放量为 3.9132 吨，排放量在全省铅排放量中占比为 81.50%；电气机械和器材制造业铅产生量 5.9202 吨，排放量 0.4853 吨，排放量在全省铅排放量中占比为 10.11%；有色金属矿采选业铅产生量 0.5637 吨，排放量 0.1591 吨，排放量在全省铅排放量中占比为 3.31%；计算机、通信和其他电子设备制造业铅产生量为 3.5474 吨，排放量 0.100 吨，排放量在全省铅排放量中占比为 2.09%。工业源重点行业普查对象铅排放量见表 1.6-10。

表 1.6-10　　　　　　　　　　　工业源重点行业普查对象铅排放量

序号	铅			
	行业	产生量/吨	排放量/吨	排放量占比/%
1	31|黑色金属冶炼和压延加工业	19.9788	3.9132	81.50
2	38|电气机械和器材制造业	5.9202	0.4853	10.11
3	09|有色金属矿采选业	0.5637	0.1591	3.31
4	39|计算机、通信和其他电子设备制造业	3.5474	0.1003	2.09

（10）镉

湖北省工业源重点行业普查对象，黑色金属冶炼和压延加工业镉产生量为 1.0300 吨，排放量为 0.0635 吨，排放量在全省镉排放量中占比为 48.35％；有色金属矿采选业镉产生量 0.1655 吨，排放量 0.0479 吨，排放量在全省镉排放量中占比为 36.44％；有色金属冶炼和压延加工业镉产生量 0.0792 吨，排放量 0.0147 吨，排放量在全省镉排放量中占比为 11.21％；计算机、通信和其他电子设备制造业镉产生量为 0.1267 吨，排放量 0.0023 吨，排放量在全省镉排放量中占比为 1.78％。工业源重点行业普查对象镉排放量见表 1.6-11。

表 1.6-11　　　　　　　　　　　工业源重点行业普查对象镉排放量

序号	镉			
	行业	产生量/吨	排放量/吨	排放量占比/%
1	31|黑色金属冶炼和压延加工业	1.0300	0.0635	48.35
2	09|有色金属矿采选业	0.1655	0.0479	36.44
3	32|有色金属冶炼和压延加工业	0.0792	0.0147	11.21
4	39|计算机、通信和其他电子设备制造业	0.1267	0.0023	1.78

（11）铬

湖北省工业源重点行业普查对象，黑色金属冶炼和压延加工业铬产生量为 7.1865 吨，排放量为 0.5734 吨，排放量在全省铬排放量中占比为 62.76％；皮革、毛皮、羽毛及其制品和制鞋业铬产生量 1.5110 吨，排放量 0.1859 吨，排放量在全省铬排放量中占比为 20.35％；计算机、通信和其他电子设备制造业铬产生量 1.2309 吨，排放量 0.0591 吨，排放量在全省铬排放量中占比为 6.47％；有色金属冶炼和压延加工业铬产生量为 0.2178 吨，排放量 0.0544 吨，排放量在全省铬排放量中占比为 5.96％。工业源重点行业普查对象铬排放量见表 1.6-12。

表 1.6-12　　　　　　　　　　　工业源重点行业普查对象铬排放量

序号	铬			
	行业	产生量/吨	排放量/吨	排放量占比/%
1	31|黑色金属冶炼和压延加工业	7.1865	0.5734	62.76
2	19|皮革、毛皮、羽毛及其制品和制鞋业	1.5110	0.1859	20.35
3	39|计算机、通信和其他电子设备制造业	1.2309	0.0591	6.47
4	32|有色金属冶炼和压延加工业	0.2178	0.0544	5.96

（12）汞

湖北省工业源重点行业普查对象，黑色金属冶炼和压延加工业汞产生量为 0.0546 吨，排放量为 0.0118 吨，排放量在全省汞排放量中占比为 50.13％；石油、煤炭及其他燃料加工业汞产生量 0.0254 吨，排放量 0.0096 吨，排放量在全省汞排放量中占比为 41.04％；有色金属矿采选业汞产生量 0.0048 吨，排放量 0.0014 吨，排放量在全省汞排放量中占比为 6.04％；煤炭开采和洗选业汞产生量为 0.0004 吨，排放量 0.0002 吨，排放量在全省汞排放量中占比为 1.04。工业源重点行业普查对象汞排放量见表 1.6-13。

表 1.6-13 工业源重点行业普查对象汞排放量

序号	汞			
	行业	产生量/吨	排放量/吨	排放量占比/％
1	31|黑色金属冶炼和压延加工业	0.0546	0.0118	50.13
2	25|石油、煤炭及其他燃料加工业	0.0254	0.0096	41.04
3	09|有色金属矿采选业	0.0048	0.0014	6.04
4	06|煤炭开采和洗选业	0.0004	0.0002	1.04

1.6.5.2 重点行业废气污染物排放量

（1）二氧化硫

湖北省工业源重点行业普查对象，非金属矿物制品业二氧化硫产生量为 76657.3231 吨，排放量为 30917.2412 吨，排放量在全省二氧化硫排放量中占比为 28.36％；化学原料和化学制品制造业二氧化硫产生量 107514.1975 吨，排放量 24778.2277 吨，排放量在全省二氧化硫排放量中占比为 22.73％；黑色金属冶炼和压延加工业二氧化硫产生量 63113.5933 吨，排放量 15290.0261 吨，排放量在全省二氧化硫排放量中占比为 14.03％；电力、热力生产和供应业二氧化硫产生量为 1214046.4985 吨，排放量 14922.0442 吨，排放量在全省二氧化硫排放量中占比为 13.69％。工业源重点行业普查对象二氧化硫排放量见表 1.6-14。

表 1.6-14 工业源重点行业普查对象二氧化硫排放量

序号	二氧化硫			
	行业	产生量/吨	排放量/吨	排放量占比/％
1	30|非金属矿物制品业	76657.3231	30917.2412	28.36
2	26|化学原料和化学制品制造业	107514.1975	24778.2277	22.73
3	31|黑色金属冶炼和压延加工业	63113.5933	15290.0261	14.03
4	44|电力、热力生产和供应业	1214046.4985	14922.0442	13.69

（2）氮氧化物

湖北省工业源重点行业普查对象，非金属矿物制品业氮氧化物产生量为 143909.9447 吨，排放量为 59868.9666 吨，排放量在全省氮氧化物排放量中占比为 37.86％；黑色金属冶炼和压延加工业氮氧化物产生量 40233.3202 吨，排放量 39286.6852 吨，排放量在全省氮氧化物排放量中占比为 24.82％；电力、热力生产和供应业氮氧化物产生量 781805.9753 吨，排放量 21261.3445 吨，排放量在全省氮氧化物排放量中占比为 13.43％；化学原料和化学制品制造业氮氧化物产生量为 30189.5942 吨，排放量 15664.6238 吨，排放量在全省氮氧化物排放量中占比为 9.90％。工业源重点行业普查对象氮氧化物排放量见表 1.6-15。

表 1.6-15　　　　　　　　　　　　　工业源重点行业普查对象氮氧化物排放量

序号	氮氧化物			
	行业	产生量/吨	排放量/吨	排放量占比/%
1	30|非金属矿物制品业	143909.9447	59868.9666	37.86
2	31|黑色金属冶炼和压延加工业	40233.3202	39286.6852	24.82
3	44|电力、热力生产和供应业	781805.9753	21261.3445	13.43
4	26|化学原料和化学制品制造业	30189.5942	15664.6238	9.90

（3）颗粒物或烟气

湖北省工业源重点行业普查对象，非金属矿物制品业颗粒物或烟气产生量为11920150.3253吨，排放量为135901.2142吨，排放量在全省颗粒物或烟气排放量中占比为39.90%；化学原料和化学制品制造业颗粒物或烟气产生量1244841.3579吨，排放量41210.3576吨，排放量在全省颗粒物或烟气排放量中占比为12.10%；非金属矿采选业颗粒物或烟气产生量523061.2325吨，排放量36451.8529吨，排放量在全省颗粒物或烟气排放量中占比为10.70%；黑色金属冶炼和压延加工业颗粒物或烟气产生量为1428903.6069吨，排放量22725.0197吨，排放量在全省颗粒物或烟气排放量中占比为6.67%。工业源重点行业普查对象颗粒物或烟气排放量见表1.6-16。

表 1.6-16　　　　　　　　　　　　　工业源重点行业普查对象颗粒物或烟气排放量

序号	颗粒物或烟气			
	行业	产生量/吨	排放量/吨	排放量占比/%
1	30|非金属矿物制品业	11920150.3253	135901.2142	39.90
2	26|化学原料和化学制品制造业	1244841.3579	41210.3576	12.10
3	10|非金属矿采选业	523061.2325	36451.8529	10.70
4	31|黑色金属冶炼和压延加工业	1428903.6069	22725.0197	6.67

（4）挥发性有机物

湖北省工业源重点行业普查对象，化学原料和化学制品制造业挥发性有机物产生量为52207.0624吨，排放量为35362.8293吨，排放量在全省挥发性有机物排放量中占比为28.80%；医药制造业挥发性有机物产生量26060.3443吨，排放量17022.7003吨，排放量在全省挥发性有机物排放量中占比为13.86%；石油、煤炭及其他燃料加工业挥发性有机物产生量17624.6384吨，排放量16302.8560吨，排放量在全省挥发性有机物排放量中占比为13.28%；汽车制造业挥发性有机物产生量为16879.1448吨，排放量12089.6754吨，排放量在全省挥发性有机物排放量中占比为9.85%。工业源重点行业普查对象挥发性有机物排放量见表1.6-17。

（5）氨

湖北省工业源重点行业普查对象，化学原料和化学制品制造业氨产生量为168243.2107吨，排放量为3611.0375吨，排放量在全省氨排放量中占比为92.45%；金属制品业氨产生量157.4162吨，排放量109.0923吨，排放量在全省氨排放量中占比为2.79%；有色金属冶炼和压延加工业氨产生量2869.8196吨，排放量59.7215吨，排放量在全省氨排放量中占比为1.53%；汽车制造业氨产生量为27.5367吨，排放量52.5317吨，排放量在全省氨排放量中占比为1.34%。工业源重点行业普查对象氨排放量见表1.6-18。

表 1.6-17 　　　　　　　　　工业源重点行业普查对象挥发性有机物排放量

序号	挥发性有机物			
	行业	产生量/吨	排放量/吨	排放量占比/%
1	26│化学原料和化学制品制造业	52207.0624	35362.8293	28.80
2	27│医药制造业	26060.3443	17022.7003	13.86
3	25│石油、煤炭及其他燃料加工业	17624.6384	16302.8560	13.28
4	36│汽车制造业	16879.1448	12089.6754	9.85

表 1.6-18 　　　　　　　　　工业源重点行业普查对象氨排放量

序号	氨			
	行业	产生量/吨	排放量/吨	排放量占比/%
1	26│化学原料和化学制品制造业	168243.2107	3611.0375	92.45
2	33│金属制品业	157.4162	109.0923	2.79
3	32│有色金属冶炼和压延加工业	2869.8196	59.7215	1.53
4	36│汽车制造业	27.5367	52.5317	1.34

（6）砷

湖北省工业源重点行业普查对象,有色金属冶炼和压延加工业砷产生量为 25.6311 吨,排放量为 2.4913 吨,排放量在全省砷排放量中占比为 69.36%;非金属矿物制品业砷产生量 2.4318 吨,排放量 0.4399 吨,排放量在全省砷排放量中占比为 12.24%;化学原料和化学制品制造业砷产生量 17.3373 吨,排放量 0.2789 吨,排放量在全省砷排放量中占比为 7.76%;酒、饮料和精制茶制造业砷产生量为 0.3729 吨,排放量 0.0610 吨,排放量在全省砷排放量中占比为 1.70%。工业源重点行业普查对象砷排放量见表 1.6-19。

表 1.6-19 　　　　　　　　　工业源重点行业普查对象砷排放量

序号	砷			
	行业	产生量/吨	排放量/吨	排放量占比/%
1	32│有色金属冶炼和压延加工业	25.6311	2.4913	69.36
2	30│非金属矿物制品业	2.4318	0.4399	12.24
3	26│化学原料和化学制品制造业	17.3373	0.2789	7.76
4	15│酒、饮料和精制茶制造业	0.3729	0.0610	1.70

（7）铅

湖北省工业源重点行业普查对象,电气机械和器材制造业铅产生量为 253.2807 吨,排放量为 5.4418 吨,排放量在全省铅排放量中占比为 33.57%;有色金属冶炼和压延加工业铅产生量 95.9628 吨,排放量 5.0092 吨,排放量在全省铅排放量中占比为 30.91%;非金属矿物制品业铅产生量 11.6662 吨,排放量 1.7099 吨,排放量在全省铅排放量中占比为 10.55%;化学原料和化学制品制造业铅产生量为 84.2768 吨,排放量 1.3788 吨,排放量在全省铅排放量中占比为 8.51%。工业源重点行业普查对象铅排放量见表 1.6-20。

表 1.6-20 　　　　　　　　　　　　工业源重点行业普查对象铅排放量

序号	铅			
	行业	产生量/吨	排放量/吨	排放量占比/%
1	38|电气机械和器材制造业	253.2807	5.4418	33.57
2	32|有色金属冶炼和压延加工业	95.9628	5.0092	30.91
3	30|非金属矿物制品业	11.6662	1.7099	10.55
4	26|化学原料和化学制品制造业	84.2768	1.3788	8.51

（8）镉

湖北省工业源重点行业普查对象,有色金属冶炼和压延加工业镉产生量为 2.3110 吨,排放量为 0.0896 吨,排放量在全省镉排放量中占比为 38.74%;非金属矿物制品业镉产生量 0.2580 吨,排放量 0.0411 吨,排放量在全省镉排放量中占比为 17.74%;化学原料和化学制品制造业镉产生量 1.8043 吨,排放量 0.0301 吨,排放量在全省镉排放量中占比为 13.01%;废弃资源综合利用业镉产生量为 0.2786 吨,排放量 0.0152 吨,排放量在全省镉排放量中占比为 6.55%。工业源重点行业普查对象镉排放量见表 1.6-21。

表 1.6-21 　　　　　　　　　　　　工业源重点行业普查对象镉排放量

序号	镉			
	行业	产生量/吨	排放量/吨	排放量占比/%
1	32|有色金属冶炼和压延加工业	2.3110	0.0896	38.74
2	30|非金属矿物制品业	0.2580	0.0411	17.74
3	26|化学原料和化学制品制造业	1.8043	0.0301	13.01
4	42|废弃资源综合利用业	0.2786	0.0152	6.55

（9）铬

湖北省工业源重点行业普查对象,非金属矿物制品业铬产生量为 7.7544 吨,排放量为 1.3599 吨,排放量在全省铬排放量中占比为 28.50%;化学原料和化学制品制造业铬产生量 69.8760 吨,排放量 1.1082 吨,排放量在全省铬排放量中占比为 23.20%;造纸和纸制品业铬产生量 11.5300 吨,排放量 0.5017 吨,排放量在全省铬排放量中占比为 10.50%;食品制造业铬产生量为 13.0425 吨,排放量 0.2526 吨,排放量在全省铬排放量中占比为 5.29%。工业源重点行业普查对象铬排放量见表 1.6-22。

表 1.6-22 　　　　　　　　　　　　工业源重点行业普查对象铬排放量

序号	铬			
	行业	产生量/吨	排放量/吨	排放量占比/%
1	30|非金属矿物制品业	7.7544	1.3599	28.50
2	26|化学原料和化学制品制造业	69.8760	1.1082	23.20
3	22|造纸和纸制品业	11.5300	0.5017	10.50
4	14|食品制造业	13.0425	0.2526	5.29

（10）汞

湖北省工业源重点行业普查对象,非金属矿物制品业汞产生量为 4.1440 吨,排放量为 3.3717 吨,排放量在全省汞排放量中占比为 67.20%;电力、热力生产和供应业汞产生量 9.5771 吨,排放量 1.1223 吨,排放量在全省汞排放量中占比为 22.37%;化学原料和化学制品制造业汞产生量 3.2593 吨,排放量 0.2656 吨,排放量在全省汞排放量中占比为 5.29%;非金属矿采选业汞产生量为 0.0823 吨,排放量 0.0635 吨,排放量在全省汞排放量中占比为 1.27%。工业源重点行业普查对象汞排放量见表 1.6-23。

表 1.6-23 工业源重点行业普查对象汞排放量

序号	汞			
	行业	产生量/吨	排放量/吨	排放量占比/%
1	30|非金属矿物制品业	4.1440	3.3717	67.20
2	44|电力、热力生产和供应业	9.5771	1.1223	22.37
3	26|化学原料和化学制品制造业	3.2593	0.2656	5.29
4	10|非金属矿采选业	0.0823	0.0635	1.27

1.7 普查数据质量总体结论

通过反复核算和论证,湖北省普查数据质量主要指标综合差错率低于 0.33%,普查对象基本无遗漏,达到普查质量优秀目标。同时,普查质量管理相关指标三种状态五项佐证材料合格率、普查报表数据国家普查数据专网系统审核通过率(含提示性审核通过率和强制性审核通过率)、普查对象地理空间信息与报表数据关联率均达到 100%。通过全方位和多方法比对分析,普查数据与统计年鉴及其他相关管理数据的偏差值均符合统计法规的有关要求,具有很好的一致性和逻辑性。

2 工业源数据审核结果

2.1 与环境统计数据比对

2.1.1 污染物排放量比对分析

将二污普工业源普查对象名录与湖北省 2017 年环境统计数据工业源名录库进行比对分析,有 3658 家工业源普查对象一致,具体比对分析结果如下:

(1)废水及其主要污染物排放量比对分析

废水及其主要污染物排放量比对分析结果:二污普工业废水排放量偏低 12.23%,化学需氧量排放量偏低 49.36%,氨氮排放量偏低 63.89%,总氮排放量偏低 59.02%,总磷排放量偏低 40.89%,石油类排放量偏高 12.05%,挥发酚排放量偏高 56.08%,氰化物排放量偏低 65.71%,重金属排放量偏低 32.59%。

(2)废气及其主要污染物排放量比对分析[①]

废气及其主要污染物排放量比对分析结果:二污普工业废气排放量偏高 2.40%,二氧化硫排放量偏低 17.12%,氮氧化物排放量偏低 12.87%,颗粒物排放量偏高 10.54%,挥发性有机物排放量偏高 117.22%。

(3)一般工业固体废物产生及综合利用量比对分析

一般工业固体废物产生及综合利用量比对分析结果:二污普一般工业固体废物产生量偏高 6.27%,一般工业固体废物综合利用量偏高 17.21%。

(4)危险废物产生及自行处置量比对分析

危险废物产生及自行处置量比对分析结果:二污普危险废物产生量偏低 13.38%,危险废物贮存量偏高 383.75%。

2.1.2 重点行业基本活动水平与污染物排放量比对分析

2.1.2.1 农、林、牧、渔专业及辅助性活动

湖北省农、林、牧、渔专业及辅助性活动行业企业数量共计 991 个,煤炭消耗量共计 20347.88 吨,天然气消耗量共计 13.40 万立方米,取水量共计 6.06 万立方米;含有废水治理设施 22 套,设计日处理能力 0.04 万立方米,年实际处理水量 4.20 万立方米;工业锅炉 23 个,工业炉窑 920 个,含有废气处理设施 2237 套。

湖北省农、林、牧、渔专业及辅助性活动行业企业废水及其主要污染物排放量比对结果见图 2.1-1 和

---

① 湖北省 2017 年环境统计数据 3658 家工业源普查对象的重金属排放量数据不完整,未进行比对分析。

表 2.1-1,其中,二污普废水排放量减少了 37.73%、化学需氧量减少了 98.88%、氨氮减少了 99.48%、总氮减少了 99.51%。

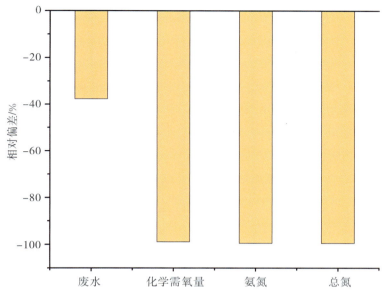

图 2.1-1 农、林、牧、渔专业及辅助性活动行业企业废水及其主要污染物排放量相对偏差分析

表 2.1-1   农、林、牧、渔专业及辅助性活动行业企业废水及其主要污染物排放量比对分析①

废水及其主要污染物			
项目	二污普	2017 年环境统计数据库	相对偏差/%
废水/万立方米	5315	8535	−37.73
化学需氧量/吨	0.0178	1.595	−98.88
氨氮/吨	0.0017	0.3318	−99.48
总氮/吨	0.0046	0.9529	−99.51
总磷/吨	0.0003	0	—
石油类/吨	0	0	—
挥发酚/吨	0	0	—
氰化物/吨	0	0	—
重金属/吨	0	0	—

湖北省农、林、牧、渔专业及辅助性活动行业企业废气及其主要污染物排放量比对结果见图 2.1-2 和表 2.1-2,其中,二污普废气排放量增加了 55947.00%、二氧化硫增加了 1429.38%、氮氧化物增加了 3720.79%、颗粒物增加了 262.93%。

①本节对 2017 年环境统计数据为 0 的污染物未画偏差分析图,下同。

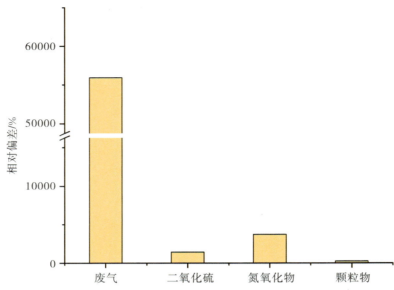

图 2.1-2　农、林、牧、渔专业及辅助性活动行业企业废气及其主要污染物排放量相对偏差分析

表 2.1-2　　　　　农、林、牧、渔专业及辅助性活动行业企业废气及其主要污染物排放量比对分析

废气及其主要污染物			
项目	二污普	2017 年环境统计数据库	相对偏差/%
废气/吨	1120.94	2.00	55947.00
二氧化硫/吨	1.2495	0.0817	1429.38
氮氧化物/吨	0.8711	0.0228	3720.79
颗粒物/吨	0.1161	0.032	262.93
挥发性有机物/吨	21.35	0	—

2.1.2.2　煤炭开采和洗选业

　　湖北省煤炭开采和洗选业企业数量共计 101 个,煤炭消耗量共计 25 吨,天然气消耗量共计 0 万立方米,取水量共计 69.58 万立方米;含有废水治理设施 49 套,设计日处理能力 15.76 万立方米,年实际处理水量 76.73 万立方米,工业锅炉 2 个,工业炉窑 0 个;含有废气处理设施 111 套。

　　湖北省煤炭开采和洗选业企业废水及其主要污染物排放量比对结果见图 2.1-3 和表 2.1-3。其中,二污普废水排放量减少了 77.61%、化学需氧量减少了 28.90%、氨氮减少了 100.00%、总氮减少了 100.00%、石油类增加了 47.21%。

　　湖北省煤炭开采和洗选业企业废气及其主要污染物排放量比对结果见图 2.1-4 和表 2.1-4。其中,二污普废气排放量减少了 100.00%、二氧化硫减少了 100.00%、氮氧化物增加了 239.27%、颗粒物增加了 9117.99%。

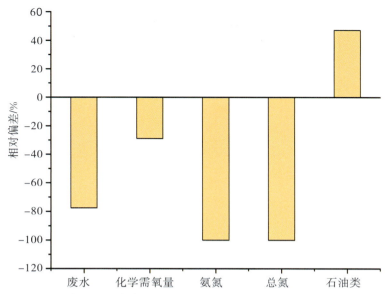

图 2.1-3 煤炭开采和洗选业企业废水及其主要污染物排放量相对偏差分析

表 2.1-3　　　　　　　　煤炭开采和洗选业企业废水及其主要污染物排放量比对分析

废水及其主要污染物			
项目	二污普	2017 年环境统计数据库	相对偏差/%
废水/万立方米	70830	316342.5	−77.61
化学需氧量/吨	22.1601	31.169	−28.90
氨氮/吨	0	0.6	−100.00
总氮/吨	0	2.6079	−100.00
总磷/吨	0	0	—
石油类/吨	0.5874	0.399	47.21
挥发酚/吨	0	0	—
氰化物/吨	0	0	—
重金属/吨	2.7409	0	—

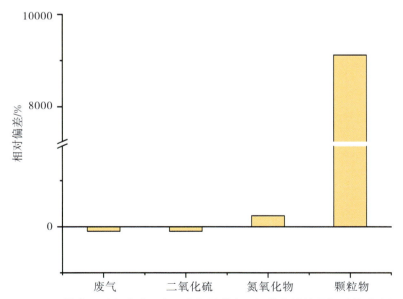

图 2.1-4 煤炭开采和洗选业企业废气及其主要污染物排放量相对偏差分析

表 2.1-4　　　　　　　　煤炭开采和洗选业企业废气及其主要污染物排放量比对分析

废气及其主要污染物			
项目	二污普	2017 年环境统计数据库	相对偏差/%
废气/吨	0	716	−100.00
二氧化硫/吨	0	7.4545	−100.00
氮氧化物/吨	10.1667	2.9966	239.27
颗粒物/吨	457.7560	4.9659	9117.99
挥发性有机物/吨	0.8664	0	—

2.1.2.3　石油和天然气开采业

　　湖北省石油和天然气开采业企业数量共计 4 个,煤炭消耗量共计 0 吨,天然气消耗量共计 350 万立方米,取水量共计 475.01 万立方米;含有废水治理设施 3 套,设计日处理能力 0.28 万立方米,年实际处理水量 16.45 万立方米,工业锅炉 1 个,工业炉窑 0 个;含有废气处理设施 9 套。

　　湖北省石油和天然气开采业企业废气及其主要污染物排放量比对结果见图 2.1-5 和表 2.1-5。其中,二污普废气排放量减少了 4.47%、二氧化硫增加了 13812.64%、挥发性有机物减少了 100.00%。

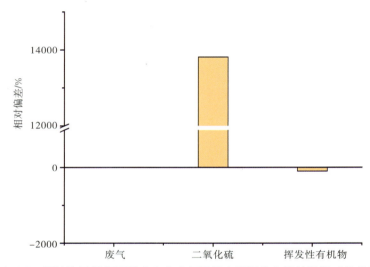

图 2.1-5　　石油和天然气开采业企业废气及其主要污染物排放量相对偏差分析

表 2.1-5　　　　　　　　石油和天然气开采业企业废气及其主要污染物排放量比对分析

废气及其主要污染物			
项目	二污普	2017 年环境统计数据库	相对偏差/%
废气/吨	303.06	317.229	−4.47
二氧化硫/吨	42.3779	0.3046	13812.64
氮氧化物/吨	0	0	—
颗粒物/吨	0	0	—
挥发性有机物/吨	0	85.2284	−100.00

2.1.2.4　黑色金属矿采选业

　　湖北省黑色金属矿采选业企业数量共计 102 个,煤炭消耗量共计 44852.30 吨,天然气消耗量共计

22.64万立方米,取水量共计2832.44万立方米;含有废水治理设施38套,设计日处理能力10.07万立方米,年实际处理水量3286.09万立方米,工业锅炉1个,工业炉窑2个;含有废气处理设施52套,其中脱硫治理设施2套,脱硝治理设施数50套。

湖北省黑色金属矿采选业企业废水及其主要污染物排放量比对结果见图2.1-6和表2.1-6。其中,二污普废水排放量增加了32.28%、化学需氧量减少了0.26%、氨氮增加了56.51%、总氮增加了44.14%、石油类减少了4.61%。

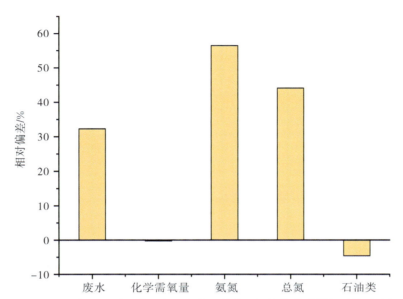

图2.1-6　黑色金属矿采选业企业废水及其主要污染物排放量相对偏差分析

表2.1-6　　　　　　　　　黑色金属矿采选业企业废水及其主要污染物排放量比对分析

废水及其主要污染物			
项目	二污普	2017年环境统计数据库	相对偏差/%
废水/万立方米	4229185	3197174.89	32.28
化学需氧量/吨	93.3399	93.5825	−0.26
氨氮/吨	9.1311	5.8342	56.51
总氮/吨	9.1311	6.3348	44.14
总磷/吨	0	0	—
石油类/吨	1.4044	1.4722	−4.61
挥发酚/吨	0	0	—
氰化物/吨	0	0	—
重金属/吨	0	0	—

湖北省黑色金属矿采选业企业废气及其主要污染物排放量比对结果见图2.1-7和表2.1-7。其中,二污普废气排放量减少了60.27%,二氧化硫增加了299.80%,氮氧化物增加了7.91%,颗粒物增加了2273.42%,挥发性有机物明显增加。

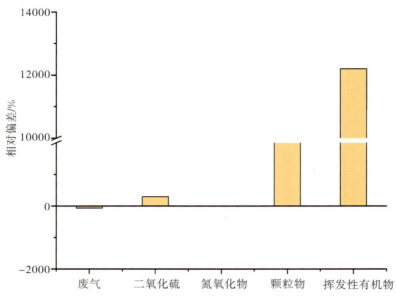

图 2.1-7   黑色金属矿采选业企业废气及其主要污染物排放量相对偏差分析

表 2.1-7   黑色金属矿采选业企业废气及其主要污染物排放量比对分析

废气及其主要污染物			
项目	二污普	2017 年环境统计数据库	相对偏差/%
废气/吨	292457.1528	736202.27	−60.27
二氧化硫/吨	1267.3331	316.9922	299.8
氮氧化物/吨	346.4481	321.0438	7.91
颗粒物/吨	12618.6533	531.6664	2273.42
挥发性有机物/吨	2.5938	0.0211	12193.10

2.1.2.5　有色金属矿采选业

湖北省有色金属矿采选业企业数量共计 86 个,煤炭消耗量共计 0 吨,天然气消耗量共计 0 万立方米,取水量共计 779.40 万立方米;含有废水治理设施 27 套,设计日处理能力 12.20 万立方米,年实际处理水量 2471.97 万立方米,工业锅炉 2 个,工业炉窑 0 个;含有废气处理设施 31 套。

湖北省有色金属矿采选业企业废水及其主要污染物排放量比对结果见图 2.1-8 和表 2.1-8。其中,二污普废水排放量增加了 41.49%、化学需氧量增加了 33.94%、氨氮减少了 96.69%、总氮减少了 97.20%、总磷减少了 100.00%、石油类增加了 2166.80%、挥发酚减少了 100.00%、氰化物增加了 139.21%、重金属减少了 60.22%。

湖北省有色金属矿采选业企业废气及其主要污染物排放量比对结果见图 2.1-9 和表 2.1-9。其中,二污普废气排放量减少了 99.91%、二氧化硫增加了 8.56%、氮氧化物增加了 313.59%、颗粒物增加了 1352.50%。

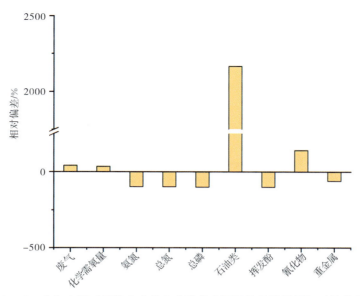

图 2.1-8　有色金属矿采选业企业废水及其主要污染物排放量相对偏差分析

表 2.1-8　　　　　　　　　　有色金属矿采选业企业废水及其主要污染物排放量比对分析

废水及其主要污染物			
项目	二污普	2017 年环境统计数据库	相对偏差/%
废水/万立方米	10072401	7118899.791	41.49
化学需氧量/吨	458.2762	342.1567	33.94
氨氮/吨	0.9558	28.8443	−96.69
总氮/吨	0.9628	34.347	−97.20
总磷/吨	0	0.3459	−100.00
石油类/吨	2.3733	0.1047	2166.80
挥发酚/吨	0	3.3	−100.00
氰化物/吨	37.4189	15.643	139.21
重金属/吨	407.7973	1025.015	−60.22

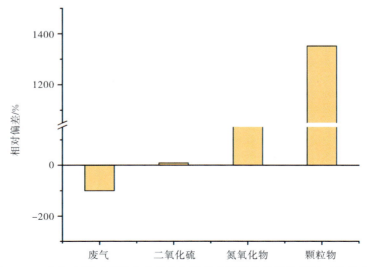

图 2.1-9　有色金属矿采选业企业废气及其主要污染物排放量相对偏差分析

表 2.1-9　　　　　　　　　有色金属矿采选业企业废气及其主要污染物排放量比对分析

废气及其主要污染物			
项目	二污普	2017 年环境统计数据库	相对偏差/%
废气/吨	482.8	554361.9837	−99.91
二氧化硫/吨	1.5248	1.4046	8.56
氮氧化物/吨	25.482	6.1612	313.59
颗粒物/吨	378.1731	26.036	1352.50
挥发性有机物/吨	2.2249	0	/

2.1.2.6　非金属矿采选业

　　湖北省非金属矿采选业企业数量共计 1126 个,煤炭消耗量共计 228187.52 吨,天然气消耗量共计 0.01 万立方米,取水量共计 7139.60 万立方米;含有废水治理设施 196 套,设计日处理能力 39.93 万立方米,年实际处理水量 7415.21 万立方米,工业锅炉 3 个,工业炉窑 19 个;含有废气处理设施 951 套。

　　湖北省非金属矿采选业企业废水及其主要污染物排放量比对结果见图 2.1-10 和表 2.1-10。其中,二污普废水排放量增加了 100.49%、化学需氧量减少了 98.63%、氨氮减少了 83.66%、总氮减少了 85.64%、总磷减少了 89.35%、石油类减少了 99.99%、重金属减少了 100.00%。

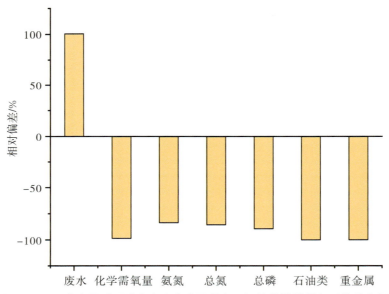

图 2.1-10　非金属矿采选业企业废水及其主要污染物排放量相对偏差分析

表 2.1-10　　　　　　　　非金属矿采选业企业废水及其主要污染物排放量比对分析

废水及其主要污染物			
项目	二污普	2017 年环境统计数据库	相对偏差/%
废水/万立方米	964358	480994.55	100.49
化学需氧量/吨	0.5029	36.6572	−98.63
氨氮/吨	0.1049	0.6423	−83.66

续表

废水及其主要污染物			
项目	二污普数据	环境统计数据	相对偏差/%
总氮/吨	0.1049	0.7305	−85.64
总磷/吨	0.1752	1.6455	−89.35
石油类/吨	0.0001	0.9123	−99.99
挥发酚/吨	0	0	—
氰化物/吨	0	0	—
重金属/吨	0	7.152	−100.00

湖北省非金属矿采选业企业废气及其主要污染物排放量比对结果见图 2.1-11 和表 2.1-11。其中，二污普废气排放量减少了 68.83%、二氧化硫增加了 63.79%、氮氧化物减少了 73.87%、颗粒物减少了 36.17%、挥发性有机物减少了 90.08%。

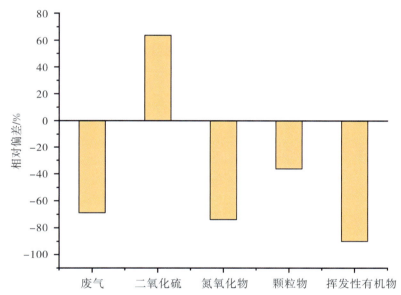

图 2.1-11　非金属矿采选业企业废气及其主要污染物排放量相对偏差分析

表 2.1-11　　　　　非金属矿采选业企业废气及其主要污染物排放量比对分析

废气及其主要污染物			
项目	二污普	2017 年环境统计数据库	相对偏差/%
废气/吨	1031351.19	3308829.562	−68.83
二氧化硫/吨	1467.8607	896.1882	63.79
氮氧化物/吨	903.3031	3456.5562	−73.87
颗粒物/吨	1748.2295	2738.987	−36.17
挥发性有机物/吨	49.0034	494.0075	−90.08

2.1.2.7　农副食品加工业

湖北省农副食品加工业企业数量共计 3926 个,煤炭消耗量共计 146454.05 吨,天然气消耗量共计

28890.82 万立方米,取水量共计 12952.37 万立方米;含有废水治理设施 1145 套,设计日处理能力 32.79 万立方米,年实际处理水量 1469.63 万立方米,工业锅炉 912 个,工业炉窑 349 个;含有废气处理设施 1922 套。

湖北省农副食品加工业企业废水及其主要污染物排放量比对结果见图 2.1-12 和表 2.1-12。其中,二污普废水排放量减少了 11.92%、化学需氧量减少了 37.47%、氨氮减少了 63.88%、总氮减少了 46.51%、总磷减少了 10.34%。

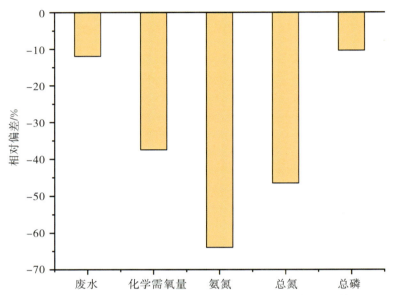

图 2.1-12　农副食品加工业企业废水及其主要污染物排放量相对偏差分析

表 2.1-12　　　　　　　　　农副食品加工业企业废水及其主要污染物排放量比对分析

废水及其主要污染物			
项目	二污普	2017 年环境统计数据库	相对偏差/%
废水/万立方米	10013513	11368739.3	−11.92
化学需氧量/吨	1162.796	1859.5591	−37.47
氨氮/吨	51.6136	142.901	−63.88
总氮/吨	176.665	330.2847	−46.51
总磷/吨	31.8488	35.5218	−10.34
石油类/吨	2.7439	0	—
挥发酚/吨	0	0	—
氰化物/吨	0	0	—
重金属/吨	0	0	—

湖北省农副食品加工业企业废气及其主要污染物排放量比对结果见图 2.1-13 和表 2.1-13。其中,二污普废气排放量增加了 2.32%、二氧化硫减少了 36.07%、氮氧化物增加了 71.57%、颗粒物减少了 25.73%、挥发性有机物增加了 3543.52%。

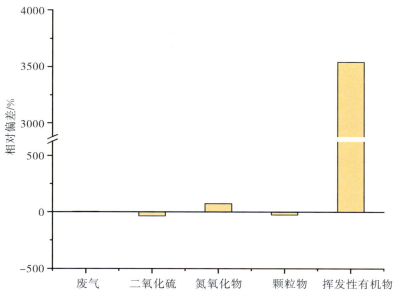

图 2.1-13 农副食品加工业企业废气及其主要污染物排放量相对偏差分析

表 2.1-13　　　　　　　　　农副食品加工业企业废气及其主要污染物排放量比对分析

废气及其主要污染物			
项目	二污普	2017 年环境统计数据库	相对偏差/%
废气/吨	540248.6528	527998.8198	2.32
二氧化硫/吨	742.4712	1161.3686	−36.07
氮氧化物/吨	815.1993	475.1425	71.57
颗粒物/吨	692.4298	932.3473	−25.73
挥发性有机物/吨	1800.06376	49.4045	3543.52

2.1.2.8　食品制造业

湖北省食品制造业企业数量共计 1311 个,煤炭消耗量共计 538488.64 吨,天然气消耗量共计 227855.63 万立方米,取水量共计 2531.68 万立方米;含有废水治理设施 506 套,设计日处理能力 17.34 万立方米,年实际处理水量 1510.50 万立方米,工业锅炉 391 个,工业炉窑 68 个;含有废气处理设施 684 套。

湖北省食品制造业企业废水及其主要污染物排放量比对结果见图 2.1-14 和表 2.1-14。其中,二污普废水排放量减少了 14.31%、化学需氧量减少了 30.16%、氨氮减少了 64.35%、总氮增加了 9.87%、总磷增加了 788.49%、石油类增加了 2198.41%。

湖北省食品制造业企业废气及其主要污染物排放量比对结果见图 2.1-15 和表 2.1-15。其中,二污普废气排放量增加了 289.97%、二氧化硫减少了 44.43%、氮氧化物减少了 37.75%、颗粒物增加了 2.07%、挥发性有机物增加了 78.42%。

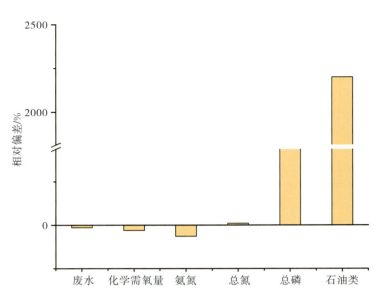

图 2.1-14 食品制造业企业废水及其主要污染物排放量相对偏差分析

表 2.1-14　　　　　　食品制造业企业废水及其主要污染物排放量比对分析

废水及其主要污染物			
项目	二污普	2017 年环境统计数据库	相对偏差/%
废水/万立方米	13126695.0000	15318443.5960	−14.31
化学需氧量/吨	602.0263	862.0071	−30.16
氨氮/吨	40.0073	112.2245	−64.35
总氮/吨	222.5569	202.5631	9.87
总磷/吨	13.8782	1.5620	788.49
石油类/吨	3.0017	0.1306	2198.41
挥发酚/吨	0.0000	0	—
氰化物/吨	0.0003	0	—
重金属/吨	0.0003	0	—

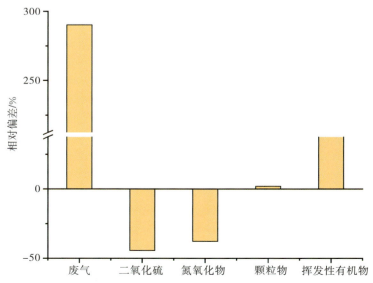

图 2.1-15 食品制造业企业废气及其主要污染物排放量相对偏差分析

表 2.1-15　　　　　　　　　食品制造业企业废气及其主要污染物排放量比对分析

废气及其主要污染物			
项目	二污普	2017 年环境统计数据库	相对偏差/%
废气/吨	1864765.4820	478179.9153	289.97
二氧化硫/吨	492.3510	885.9924	−44.43
氮氧化物/吨	550.5139	884.3412	−37.75
颗粒物/吨	398.1251	390.0334	2.07
挥发性有机物/吨	55.2437	30.9626	78.42

2.1.2.9　酒、饮料和精制茶制造业

湖北省酒、饮料和精制茶制造业企业数量共计 2730 个,煤炭消耗量共计 130505.18 吨,天然气消耗量共计 7998.25 万立方米,取水量共计 3291.44 万立方米;含有废水治理设施 918 套,设计日处理能力 15.44 万立方米,年实际处理水量 1282.45 万立方米,工业锅炉 1217 个,工业炉窑 762 个;含有废气处理设施 4004 套。

湖北省酒、饮料和精制茶制造业企业废水及其主要污染物排放量比对结果见图 2.1-16 和表 2.1-16。其中,二污普废水排放量减少了 21.06%、化学需氧量减少了 8.34%、氨氮减少了 56.00%、总氮增加了 61.21%、总磷增加了 101.86%、石油类减少了 25.63%。

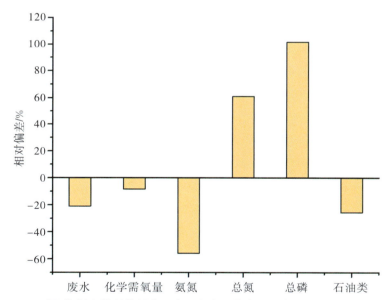

图 2.1-16　酒、饮料和精制茶制造业企业废水及其主要污染物排放量相对偏差分析

表 2.1-16　　　　　　　酒、饮料和精制茶制造业企业废水及其主要污染物排放量比对分析

废水及其主要污染物			
项目	二污普	2017 年环境统计数据库	相对偏差/%
废水/万立方米	10899408	13807310.69	−21.06
化学需氧量/吨	1218.2145	1329.0768	−8.34
氨氮/吨	38.5427	87.5994	−56.00
总氮/吨	261.9994	162.5208	61.21

废水及其主要污染物			
项目	二污普	2017年环境统计数据库	相对偏差/%
总磷/吨	16.1314	7.9912	101.86
石油类/吨	0.0128	0.0172	−25.63
挥发酚/吨	0	0	—
氰化物/吨	0	0	—
重金属/吨	0	0	—

　　湖北省酒、饮料和精制茶制造业企业废气及其主要污染物排放量比对结果见图 2.1-17 和表 2.1-17。其中,二污普废气排放量增加了 229.72%、二氧化硫减少了 68.21%、氮氧化物减少了 76.37%、颗粒物增加了 2.75%、挥发性有机物减少了 89.52%。

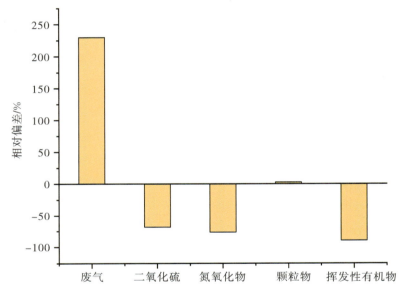

图 2.1-17　酒、饮料和精制茶制造业企业废气及其主要污染物排放量相对偏差分析

表 2.1-17　　　　　　　　酒、饮料和精制茶制造业企业废气及其主要污染物排放量比对分析

废气及其主要污染物			
项目	二污普	2017年环境统计数据库	相对偏差/%
废气/吨	1295696.436	392970.3478	229.72
二氧化硫/吨	437.8168	1377.1018	−68.21
氮氧化物/吨	354.9522	1502.0107	−76.37
颗粒物/吨	358.6921	349.0937	2.75
挥发性有机物/吨	111.5487	1064.0224	−89.52

2.1.2.10　烟草制品业

　　湖北省烟草制品业企业数量共计 42 个,煤炭消耗量共计 10809.22 吨,天然气消耗量共计 1957.78 万立方米,取水量共计 130.22 万立方米;含有废水治理设施 9 套,设计日处理能力 0.96 万立方米,年实际处理水量 80.10 万立方米,工业锅炉 32 个,工业炉窑 27 个;含有废气处理设施 100 套。

湖北省烟草制品业企业废水及其主要污染物排放量比对结果见图 2.1-18 和表 2.1-18。其中,二污普废水排放量减少了 18.95%、化学需氧量减少了 36.54%、氨氮减少了 37.34%、总氮减少了 70.43%、总磷减少了 100.00%、石油类减少了 100.00%、挥发酚减少了 100.00%。

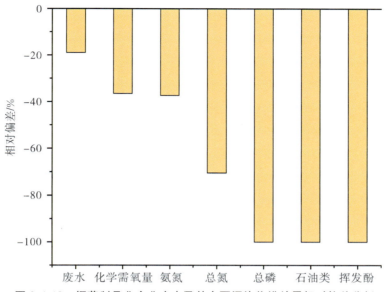

图 2.1-18　烟草制品业企业废水及其主要污染物排放量相对偏差分析

表 2.1-18 　　　　　　　　烟草制品业企业废水及其主要污染物排放量比对分析

废水及其主要污染物			
项目	二污普	2017 年环境统计数据库	相对偏差/%
废水/万立方米	765533	944526.2	−18.95
化学需氧量/吨	21.1463	33.3207	−36.54
氨氮/吨	1.1754	1.8759	−37.34
总氮/吨	2	6.7648	−70.43
总磷/吨	0	0.2994	−100.00
石油类/吨	0	0.1022	−100.00
挥发酚/吨	0	3.469	−100.00
氰化物/吨	0	0	
重金属/吨	0	0	

湖北省烟草制品业企业废气及其主要污染物排放量比对结果见图 2.1-19 和表 2.1-19。其中,二污普废气排放量增加了 117.05%、二氧化硫减少了 70.77%、氮氧化物增加了 18.41%、颗粒物增加了 223.41%、挥发性有机物增加了 730.75%。

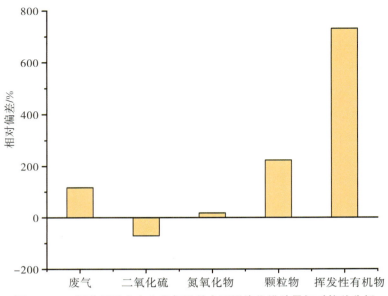

图 2.1-19　烟草制品业企业废气及其主要污染物排放量相对偏差分析

表 2.1-19　　　　　　　　　烟草制品业企业废气及其主要污染物排放量比对分析

废气及其主要污染物			
项目	二污普	2017 年环境统计数据库	相对偏差/%
废气/吨	274580.2881	126506.3518	117.05
二氧化硫/吨	72.022	246.4147	−70.77
氮氧化物/吨	55.2759	46.6826	18.41
颗粒物/吨	148.7888	46.0058	223.41
挥发性有机物/吨	3.049695	0.3671	730.75

2.1.2.11　纺织业

　　湖北省纺织业企业数量共计 1624 个,煤炭消耗量共计 106293.58 吨,天然气消耗量共计 14341.78 万立方米,取水量共计 3216.87 万立方米;含有废水治理设施 214 套,设计日处理能力 19.10 万立方米,年实际处理水量 1778.63 万立方米,工业锅炉 207 个,工业炉窑 14 个;含有废气处理设施 349 套。

　　湖北省纺织业企业废水及其主要污染物排放量比对结果见图 2.1-20 和表 2.1-20。其中,二污普废水排放量减少了 45.07%、化学需氧量减少了 67.61%、氨氮减少了 86.92%、总氮减少了 43.26%、总磷减少了 84.82%。

　　湖北省纺织业企业废气及其主要污染物排放量比对结果见图 2.1-21 和表 2.1-21。其中,二污普废气排放量增加了 210.82%、二氧化硫减少了 7.97%、氮氧化物增加了 27.08%、颗粒物减少了 21.72%、挥发性有机物增加了 140.30%。

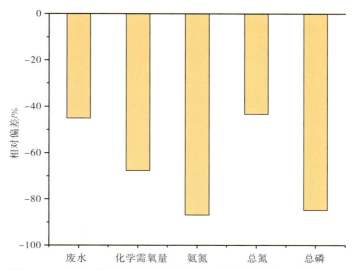

图 2.1-20　纺织业企业废水及其主要污染物排放量相对偏差分析

表 2.1-20　　　　　　　　　纺织业企业废水及其主要污染物排放量比对分析

废水及其主要污染物			
项目	二污普	2017 年环境统计数据库	相对偏差/%
废水/万立方米	15511435	28240720.98	−45.07
化学需氧量/吨	737.1066	2275.531	−67.61
氨氮/吨	25.7707	197.0767	−86.92
总氮/吨	205.5672	362.3074	−43.26
总磷/吨	10.1797	67.0575	−84.82
石油类/吨	0	0	—
挥发酚/吨	0	0	—
氰化物/吨	0	0	—
重金属/吨	0.0812	0	—
铬/吨	8.4157	0	—

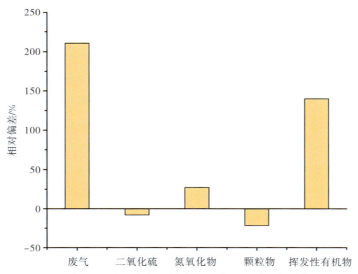

图 2.1-21　纺织业企业废气及其主要污染物排放量相对偏差分析

表 2.1-21　　　　　　　　　纺织业企业废气及其主要污染物排放量比对分析

废气及其主要污染物			
项目	二污普	2017 年环境统计数据库	相对偏差/%
废气/吨	837901.7453	269575.699	210.82
二氧化硫/吨	679.1943	738.0462	−7.97
氮氧化物/吨	465.4736	366.2901	27.08
颗粒物/吨	452.0359	577.4873	−21.72
挥发性有机物/吨	117.2946	48.8108	140.30

2.1.2.12　纺织服装、服饰业

湖北省纺织服装、服饰业企业数量共计 2185 个,煤炭消耗量共计 4757.00 吨,天然气消耗量共计 890.708 万立方米,取水量共计 131.78 万立方米;含有废水治理设施 58 套,设计日处理能力 1.03 万立方米,年实际处理水量 82.90 万立方米,工业锅炉 201 个,工业炉窑 0 个;含有废气处理设施 212 套。

湖北省纺织服装、服饰业企业废水及其主要污染物排放量比对结果见图 2.1-22 和表 2.1-22。其中,二污普废水排放量减少了 60.47%、化学需氧量减少了 82.11%、氨氮减少了 92.86%、总氮减少了 83.25%、总磷减少了 83.00%。

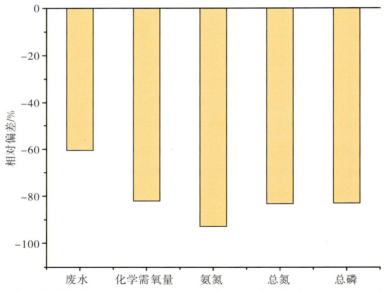

图 2.1-22　纺织服装、服饰业企业废水及其主要污染物排放量相对偏差分析

表 2.1-22　　　　　　纺织服装、服饰业企业废水及其主要污染物排放量比对分析

废水及其主要污染物			
项目	二污普	2017 年环境统计数据库	相对偏差/%
废水/万立方米	337211	853052.823	−60.47
化学需氧量/吨	7.0228	39.2641	−82.11
氨氮/吨	0.3055	4.279	−92.86
总氮/吨	1.455	8.6872	−83.25
总磷/吨	0.1002	0.5893	−83.00

续表

废水及其主要污染物			
项目	二污普	2017 年环境统计数据库	相对偏差/%
石油类/吨	0	0	—
挥发酚/吨	0	0	—
氰化物/吨	0	0	—
重金属/吨	0	0	—

湖北省纺织服装、服饰业企业废气及其主要污染物排放量比对结果见图 2.1-23 和表 2.1-23。其中，二污普废气排放量减少了 62.34%、二氧化硫减少了 59.96%、氮氧化物减少了 41.72%、颗粒物减少了 90.22%、挥发性有机物减少了 45.84%。

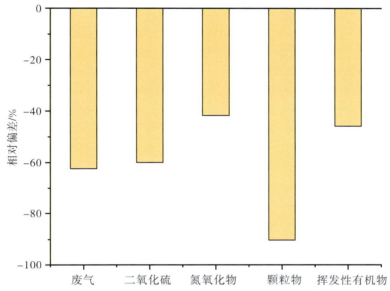

图 2.1-23 纺织服装、服饰业企业废气及其主要污染物排放量相对偏差分析

表 2.1-23 纺织服装、服饰业企业废气及其主要污染物排放量比对分析

废气及其主要污染物			
项目	二污普	2017 年环境统计数据库	相对偏差/%
废气/吨	7203.6283	19129.4985	−62.34
二氧化硫/吨	46.1078	115.1592	−59.96
氮氧化物/吨	15.8393	27.1765	−41.72
颗粒物/吨	35.6221	364.1402	−90.22
挥发性有机物/吨	0.6509	1.2019	−45.84

2.1.2.13 皮革、毛皮、羽毛及其制品和制鞋业

湖北省皮革、毛皮、羽毛及其制品和制鞋业企业数量共计 361 个,煤炭消耗量共计 2226 吨,天然气消耗量共计 195.73 万立方米,取水量共计 77.47 万立方米;含有废水治理设施 20 套,设计日处理能力 0.82 万立方米,年实际处理水量 60.97 万立方米,工业锅炉 15 个,工业炉窑 0 个;含有废气处理设施 19 套。

湖北省皮革、毛皮、羽毛及其制品和制鞋业企业废水及其主要污染物排放量比对结果见图 2.1-24 和

表2.1-24。其中,二污普废水排放量减少了38.82%、化学需氧量减少了45.43%、氨氮减少了40.61%、总氮减少了79.38%、总磷增加了129.95%、石油类减少了89.16%、挥发酚减少了100.00%、氰化物减少了100.00%、重金属增加了116.57%。

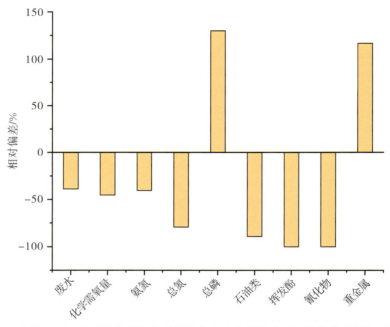

图2.1-24 皮革、毛皮、羽毛及其制品和制鞋业企业废水及其主要污染物排放量相对偏差分析

表 2.1-24   皮革、毛皮、羽毛及其制品和制鞋业企业废水及其主要污染物排放量比对分析

废水及其主要污染物			
项目	二污普	2017年环境统计数据库	相对偏差/%
废水/万立方米	359724	587950.5	−38.82
化学需氧量/吨	40.9075	74.9619	−45.43
氨氮/吨	3.1623	5.3249	−40.61
总氮/吨	5.8828	28.5289	−79.38
总磷/吨	0.1014	0.0441	129.95
石油类/吨	0.3045	2.8092	−89.16
挥发酚/吨	0	0.139	−100.00
氰化物/吨	0	0.003	−100.00
重金属/吨	184.9518	85.402	116.57

　　湖北省皮革、毛皮、羽毛及其制品和制鞋业企业废气及其主要污染物排放量比对结果见图2.1-25和表2.1-25。其中,二污普废气排放量减少了87.68%、二氧化硫增加了80.47%、氮氧化物增加了180.03%、颗粒物增加了381.70%、挥发性有机物增加了681.82%。

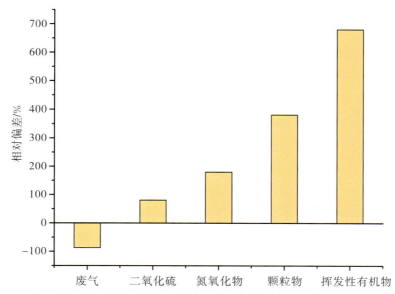

图 2.1-25　皮革、毛皮、羽毛及其制品和制鞋业企业废气及其主要污染物排放量相对偏差分析

表 2.1-25　　　皮革、毛皮、羽毛及其制品和制鞋业企业废气及其主要污染物排放量比对分析

废气及其主要污染物			
项目	二污普	2017 年环境统计数据库	相对偏差/%
废气/吨	3914.6943	31775.3954	−87.68
二氧化硫/吨	42.6152	23.6132	80.47
氮氧化物/吨	11.6177	4.1488	180.03
颗粒物/吨	357.3394	74.1836	381.70
挥发性有机物/吨	645.6949	82.5888	681.82

2.1.2.14　木材加工和木、竹、藤、棕、草制品业

湖北省木材加工和木、竹、藤、棕、草制品业企业数量共计 1622 个,煤炭消耗量共计 1047.00 吨,天然气消耗量共计 170.29 万立方米,取水量共计 209.29 万立方米;含有废水治理设施 126 套,设计日处理能力 0.49 万立方米,年实际处理水量 52.04 万立方米,工业锅炉 261 个,工业炉窑 25 个;含有废气处理设施 385 套。

湖北省木材加工和木、竹、藤、棕、草制品业企业废水及其主要污染物排放量比对结果见表 2.1-26 和图 2.1-26。其中,二污普废水排放量减少了 17.82%、化学需氧量减少了 47.66%、氨氮减少了 99.17%、总氮减少了 99.50%、总磷减少了 100.00%。

表 2.1-26　　　木材加工和木、竹、藤、棕、草制品业企业废水及其主要污染物排放量比对分析

废水及其主要污染物			
项目	二污普	2017 年环境统计数据库	相对偏差/%
废水/万立方米	387627	471706.965	−17.82
化学需氧量/吨	34.5629	66.041	−47.66
氨氮/吨	0.0373	4.5003	−99.17
总氮/吨	0.0373	7.439	−99.50

续表

废水及其主要污染物			
项目	二污普数据	环境统计数据	相对偏差/%
总磷/吨	0	0.0147	−100.00
石油类/吨	0	0	—
挥发酚/吨	0	0	—
氰化物/吨	0	0	—
重金属/吨	0	0	—

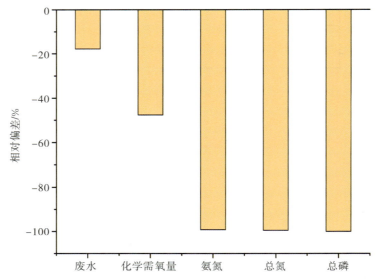

图 2.1-26 木材加工和木、竹、藤、棕、草制品业企业废水及其主要污染物排放量相对偏差分析

　　湖北省木材加工和木、竹、藤、棕、草制品业企业废气及其主要污染物排放量比对结果见图 2.1-27 和表 2.1-27。其中,二污普废气排放量减少了 80.23%、二氧化硫减少了 4.41%、氮氧化物增加了 9.12%、颗粒物增加了 27.63%、挥发性有机物减少了 82.50%。

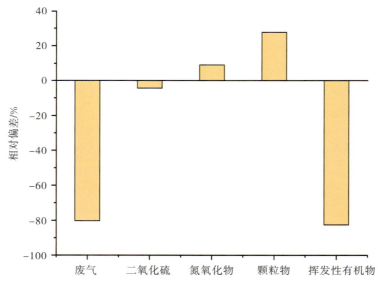

图 2.1-27 木材加工和木、竹、藤、棕、草制品业企业废气及其主要污染物排放量相对偏差分析

表 2.1-27 　　　　木材加工和木、竹、藤、棕、草制品业企业废气及其主要污染物排放量比对分析

废气及其主要污染物			
项目	二污普	2017 年环境统计数据库	相对偏差/%
废气/吨	266711.0707	1349264.654	−80.23
二氧化硫/吨	324.9817	339.97	−4.41
氮氧化物/吨	320.2203	293.4593	9.12
颗粒物/吨	2300.2649	1802.2739	27.63
挥发性有机物/吨	294.6919	1684.0354	−82.50

2.1.2.15　家具制造业

湖北省家具制造业企业数量共计 1187 个,煤炭消耗量共计 209.00 吨,天然气消耗量共计 919.57 万立方米,取水量共计 33.96 万立方米;含有废水治理设施 45 套,设计日处理能力 0.15 万立方米,年实际处理水量 12.58 万立方米,工业锅炉 19 个,工业炉窑 12 个;含有废气处理设施 56 套。

湖北省家具制造业企业废水及其主要污染物排放量比对结果见图 2.1-28 和表 2.1-28。其中,二污普废水排放量减少了 52.50%、化学需氧量减少了 70.61%、氨氮减少了 97.52%、总氮减少了 98.44%、总磷减少了 92.66%。

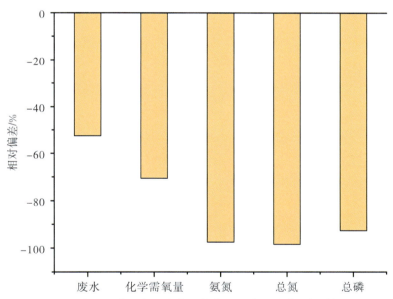

图 2.1-28　家具制造业企业废水及其主要污染物排放量相对偏差分析

表 2.1-28 　　　　家具制造业企业废水及其主要污染物排放量比对分析

废水及其主要污染物			
项目	二污普	2017 年环境统计数据库	相对偏差/%
废水/万立方米	22300	46949.1	−52.50
化学需氧量/吨	1.0188	3.466	−70.61
氨氮/吨	0.0085	0.341	−97.52
总氮/吨	0.0089	0.5751	−98.44
总磷/吨	0.0009	0.0124	−92.66

续表

废水及其主要污染物			
项目	二污普数据	环境统计数据	相对偏差/%
石油类/吨	0	0	—
挥发酚/吨	0.0312	0	—
氰化物/吨	0.0169	0	—
重金属/吨	0.0026	0	—

  湖北省家具制造业企业废气及其主要污染物排放量比对结果见图2.1-29和表2.1-29。其中,二污普废气排放量增加了4250.10%、二氧化硫减少了91.67%、氮氧化物增加了629.39%、颗粒物增加了786.52%、挥发性有机物增加了198.17%。

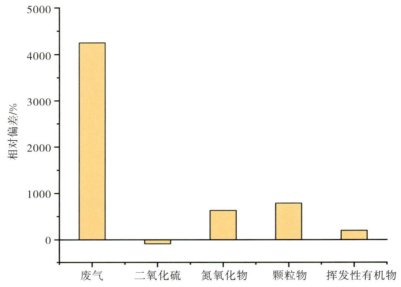

图2.1-29 家具制造业企业废气及其主要污染物排放量相对偏差分析

表2.1-29   家具制造业废气企业及其主要污染物排放量比对分析

废气及其主要污染物			
项目	二污普	2017年环境统计数据库	相对偏差/%
废气/吨	66618.02	1531.415	4250.10
二氧化硫/吨	0.0291	0.349	−91.67
氮氧化物/吨	1.423	0.1951	629.39
颗粒物/吨	21.3801	2.4117	786.52
挥发性有机物/吨	27.9929	9.3883	198.17

2.1.2.16 造纸和纸制品业

  湖北省造纸和纸制品业企业数量共计863个,煤炭消耗量共计908007.92吨,天然气消耗量共计6532.73万立方米,取水量共计3818.51万立方米;含有废水治理设施181套,设计日处理能力44.00万立方米,年实际处理水量3759.24万立方米,工业锅炉143个,工业炉窑22个;含有废气处理设施316套。

　　湖北省造纸和纸制品业企业废水及其主要污染物排放量比对结果见图 2.1-30 和表 2.1-30。其中，二污普废水排放量减少了 22.70％、化学需氧量减少了 54.16％、氨氮减少了 83.80％、总氮减少了 81.82％、总磷增加了 75.73％。

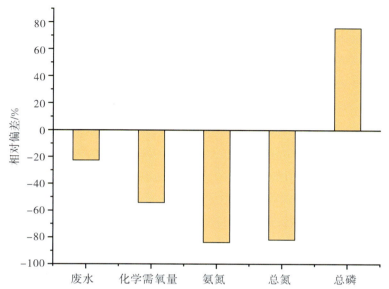

图 2.1-30　造纸和纸制品业企业废水及其主要污染物排放量相对偏差分析

表 2.1-30　　　　　　　　　　造纸和纸制品业企业废水及其主要污染物排放量比对分析

废水及其主要污染物			
项目	二污普	2017 年环境统计数据库	相对偏差/％
废水/万立方米	31816416	41157319.02	−22.70
化学需氧量/吨	1899.8344	4144.194	−54.16
氨氮/吨	32.8177	202.5749	−83.80
总氮/吨	50.62	278.503	−81.82
总磷/吨	1.4414	0.8202	75.73
石油类/吨	1.3113	0	—
挥发酚/吨	0	0	—
氰化物/吨	0	0	—
重金属/吨	0	0	—

　　湖北省造纸和纸制品业企业废气及其主要污染物排放量比对结果见图 2.1-31 和表 2.1-31。其中，二污普废气排放量增加了 20.65％、二氧化硫减少了 21.91％、氮氧化物增加了 11.21％、颗粒物减少了 25.06％、挥发性有机物增加了 1425.81％。

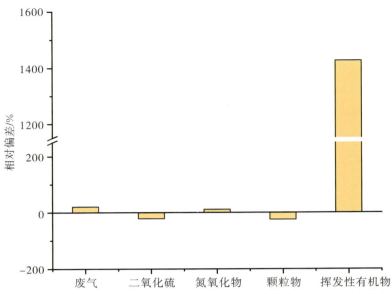

图 2.1-31 造纸和纸制品业企业废气及其主要污染物排放量相对偏差分析

表 2.1-31 造纸和纸制品业企业废气及其主要污染物排放量比对分析

废气及其主要污染物			
项目	二污普	2017 年环境统计数据库	相对偏差/%
废气/吨	1049973.698	870251.0582	20.65
二氧化硫/吨	1506.5371	1929.1115	−21.91
氮氧化物/吨	1574.0845	1415.4181	11.21
颗粒物/吨	1092.4339	1457.732	−25.06
挥发性有机物/吨	1444.5489	94.6745	1425.81

2.1.2.17 印刷和记录媒介复制业

湖北省印刷和记录媒介复制业企业数量共计 1152 个,煤炭消耗量共计 5401.16 吨,天然气消耗量共计 1243.53 万立方米,取水量共计 84.78 万立方米;含有废水治理设施 89 套,设计日处理能力 0.64 万立方米,年实际处理水量 28.46 万立方米,工业锅炉 42 个,工业炉窑 9 个;含有废气处理设施 69 套。

湖北省印刷和记录媒介复制业企业废水及其主要污染物排放量比对结果见表 2.1-32 和图 2.1-32。其中,二污普废水排放量减少了 76.30%、化学需氧量减少了 94.67%、氨氮减少了 98.06%、总氮减少了 98.85%、总磷减少了 99.84%、石油类增加了 14113.03%。

表 2.1-32 印刷和记录媒介复制业企业废水及其主要污染物排放量比对分析

废水及其主要污染物			
项目	二污普	2017 年环境统计数据库	相对偏差/%
废水/万立方米	205826	868412.142	−76.30
化学需氧量/吨	4.2709	80.1688	−94.67
氨氮/吨	0.1735	8.9634	−98.06
总氮/吨	0.1745	15.1408	−98.85
总磷/吨	0.0001	0.0929	−99.84

废水及其主要污染物			
项目	二污普	2017 年环境统计数据库	相对偏差/%
石油类/吨	0.4406	0.0031	14113.03
挥发酚/吨	0	0	—
氰化物/吨	0	0	—
重金属/吨	0	0	—

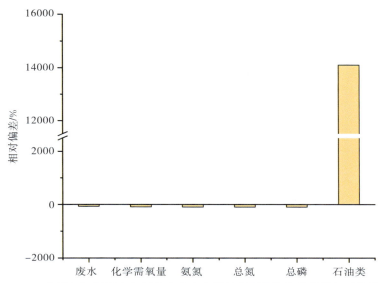

图 2 1-32 印刷和记录媒介复制业企业废水及其主要污染物排放量相对偏差分析

湖北省印刷和记录媒介复制业企业废气及其主要污染物排放量比对结果见图 2.1-33 和表 2.1-33。其中,二污普废气排放量减少了 73.87%、二氧化硫增加了 9.52%、氮氧化物增加了 36.45%、颗粒物增加了 214.53%、挥发性有机物增加了 442.43%。

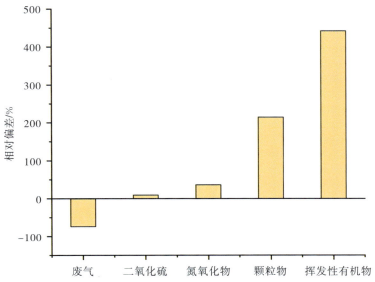

图 2.1-33 印刷和记录媒介复制业企业废气及其主要污染物排放量相对偏差分析

表 2.1-33　　　　　　　印刷和记录媒介复制业企业废气及其主要污染物排放量比对分析

废气及其主要污染物			
项目	二污普	2017 年环境统计数据库	相对偏差/%
废气/吨	23301.9076	89171.5701	−73.87
二氧化硫/吨	169.789	155.0332	9.52
氮氧化物/吨	56.3123	41.2702	36.45
颗粒物/吨	72.2748	22.9787	214.53
挥发性有机物/吨	2253.4274	415.4309	442.43

2.1.2.18　文教、工美、体育和娱乐用品制造业

湖北省文教、工美、体育和娱乐用品制造业企业数量共计 388 个，煤炭消耗量共计 36.70 吨，天然气消耗量共计 130.42 万立方米，取水量共计 14.99 万立方米；含有废水治理设施 25 套，设计日处理能力 0.12 万立方米，年实际处理水量 9.35 万立方米，工业锅炉 4 个，工业炉窑 23 个；含有废气处理设施 63 套。

湖北省文教、工美、体育和娱乐用品制造业企业废水及其主要污染物排放量比对结果见图 2.1-34 和表 2.1-34。其中，二污普废水排放量减少了 98.46%、化学需氧量增加了 136.37%、氨氮减少了 94.42%、总氮减少了 80.78%、总磷减少了 36.87%、石油类增加了 7845.95%。

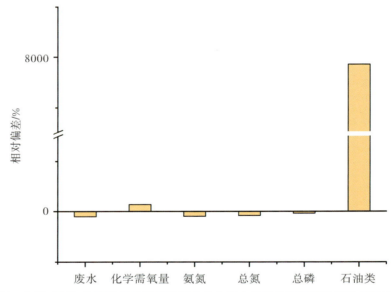

图 2.1-34　文教、工美、体育和娱乐用品制造业企业废水及其主要污染物排放量相对偏差分析

表 2.1-34　　　　　文教、工美、体育和娱乐用品制造业企业废水及其主要污染物排放量比对分析

废水及其主要污染物			
项目	二污普	2017 年环境统计数据库	相对偏差/%
废水/万立方米	2090	136118.346	−98.46
化学需氧量/吨	14.1488	5.9859	136.37
氨氮/吨	0.047	0.842	−94.42
总氮/吨	0.2906	1.5116	−80.78
总磷/吨	0.055	0.0871	−36.87

废水及其主要污染物			
项目	二污普数据	环境统计数据	相对偏差/%
石油类/吨	0.2940	0.0037	7845.95
挥发酚/吨	0	0	—
氰化物/吨	0	0	—
重金属/吨	0	0	—

湖北省文教、工美、体育和娱乐用品制造业企业废气及其主要污染物排放量比对结果见图2.1-35和表2.1-35。其中,二污普废气排放量减少了99.09%、二氧化硫减少了94.56%、氮氧化物增加了284.75%、颗粒物减少了39.63%、挥发性有机物增加了1152.13%。

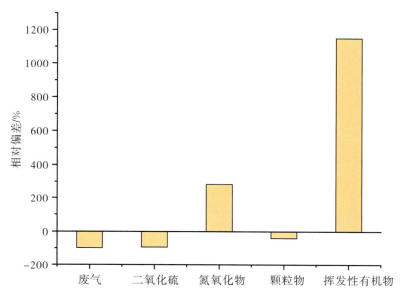

图2.1-35　文教、工美、体育和娱乐用品制造业企业废气及其主要污染物排放量相对偏差分析

表2.1-35　　文教、工美、体育和娱乐用品制造业企业废气及其主要污染物排放量比对分析

废气及其主要污染物			
项目	二污普	2017年环境统计数据库	相对偏差/%
废气/吨	326.506	36022.341	−99.09
二氧化硫/吨	0.6385	11.7442	−94.56
氮氧化物/吨	3.5101	0.9123	284.75
颗粒物/吨	4.9945	8.2733	−39.63
挥发性有机物/吨	216.3293	17.2769	1152.13

2.1.2.19　石油、煤炭及其他燃料加工业

湖北省石油、煤炭及其他燃料加工业企业数量共计300个,煤炭消耗量共计12639919.98吨,天然气消耗量共计15590.99万立方米,取水量共计3886.25万立方米;含有废水治理设施35套,设计日处理能力9.39万立方米,年实际处理水量2617.03万立方米,工业锅炉46个,工业炉窑55个;含有废气处理设施619套。

湖北省石油、煤炭及其他燃料加工业企业废水及其主要污染物排放量比对结果见图2.1-36和表2.1-36。其中,二污普废水排放量增加了14.06%、化学需氧量减少了2.96%、氨氮减少了53.87%、总氮增加了7.98%、总磷增加了354.59%、石油类增加了32.80%、挥发酚增加了663.14%、氰化物减少了4.32%、重金属增加了189.56%。

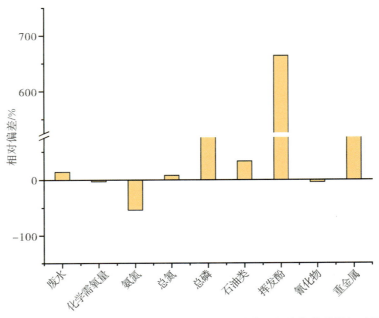

图2.1-36　石油、煤炭及其他燃料加工业企业废水及其主要污染物排放量相对偏差分析

表2.1-36　　　　　　　　　石油、煤炭及其他燃料加工业企业废水及其主要污染物排放量比对分析

废水及其主要污染物			
项目	二污普	2017年环境统计数据库	相对偏差/%
废水/万立方米	19028871	16682548.24	14.06
化学需氧量/吨	651.5136	671.409	−2.96
氨氮/吨	41.8317	90.6917	−53.87
总氮/吨	218.6352	202.475	7.98
总磷/吨	4.6182	1.0159	354.59
石油类/吨	15.4298	11.6188	32.80
挥发酚/吨	4534.6984	594.218	663.14
氰化物/吨	1311.5237	1370.793	−4.32
重金属/吨	46.0956	15.919	189.56

湖北省石油、煤炭及其他燃料加工业企业废气及其主要污染物排放量比对结果见图2.1-37和表2.1-37。其中,二污普废气排放量增加了121.60%、二氧化硫增加了14.77%、氮氧化物增加了34.12%、颗粒物增加了157.20%、挥发性有机物增加了291.68%。

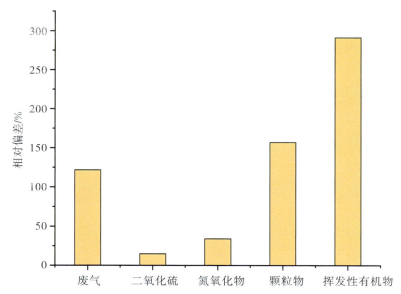

图 2.1-37　石油、煤炭及其他燃料加工业企业废气及其主要污染物排放量相对偏差分析

表 2.1-37　　　　　石油、煤炭及其他燃料加工业企业废气及其主要污染物排放量比对分析

废气及其主要污染物			
项目	二污普	2017 年环境统计数据库	相对偏差/%
废气/吨	6871199.38	3100790.293	121.60
二氧化硫/吨	2919.9218	2544.0999	14.77
氮氧化物/吨	5634.0757	4200.7938	34.12
颗粒物/吨	6024.8921	2342.476	157.20
挥发性有机物/吨	13952.8620	3562.3250	291.68

2.1.2.20　化学原料和化学制品制造业

湖北省化学原料和化学制品制造业企业数量共计 1871 个,煤炭消耗量共计 10124755.38 吨,天然气消耗量共计 77426.15 万立方米,取水量共计 24496.66 万立方米;含有废水治理设施 691 套,设计日处理能力 85.76 万立方米,年实际处理水量 10213.21 万立方米,工业锅炉 603 个,工业炉窑 371 个;含有废气处理设施 2483 套。

湖北省化学原料和化学制品制造业企业废水及其主要污染物排放量比对结果见表 2.1-38 和图 2.1-38。其中,二污普废水排放量减少了 17.66%、化学需氧量减少了 50.55%、氨氮减少了 48.23%、总氮减少了 77.71%、总磷减少了 68.43%、石油类减少了 39.14%、挥发酚减少了 65.81%、氰化物减少了 58.01%、重金属增加了 990.21%。

表 2.1-38　　　　　化学原料和化学制品制造业企业废水及其主要污染物排放量比对分析

废水及其主要污染物			
项目	二污普	2017 年环境统计数据库	相对偏差/%
废水/万立方米	58760812	71361487.39	−17.66
化学需氧量/吨	1826.9454	3694.732	−50.55
氨氮/吨	223.5504	431.7749	−48.23

续表

废水及其主要污染物			
项目	二污普	2017 年环境统计数据库	相对偏差/%
总氮/吨	1347.7081	6046.484	−77.71
总磷/吨	20.3492	64.4605	−68.43
石油类/吨	10.6327	17.4698	−39.14
挥发酚/吨	651.0798	1904.05	−65.81
氰化物/吨	747.9767	1781.347	−58.01
重金属/吨	2430.7014	222.958	990.21

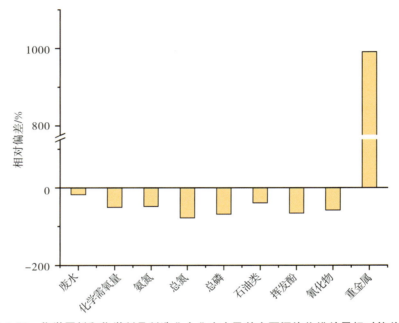

图 2.1-38　化学原料和化学制品制造业企业废水及其主要污染物排放量相对偏差分析

湖北省化学原料和化学制品制造业企业废气及其主要污染物排放量比对结果见表 2.1-39 和图 2.1-39。其中，二污普废气排放量减少了 11.68%、二氧化硫增加了 20.89%、氮氧化物增加了 29.31%、颗粒物增加了 147.63%、挥发性有机物增加了 219.38%。

表 2.1-39　　　　　　化学原料和化学制品制造业企业废气及其主要污染物排放量比对分析

废气及其主要污染物			
项目	二污普	2017 年环境统计数据库	相对偏差/%
废气/吨	15811811.22	17902978.22	−11.68
二氧化硫/吨	19901.9267	16463.3657	20.89
氮氧化物/吨	12777.837	9881.5958	29.31
颗粒物/吨	23065.5896	9314.5625	147.63
挥发性有机物/吨	27724.9082	8680.7761	219.38

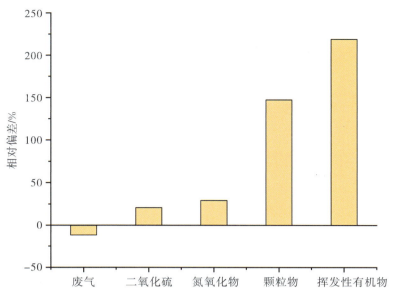

图 2.1-39 化学原料和化学制品制造业企业废气及其主要污染物排放量相对偏差分析

2.1.2.21 医药制造业

湖北省医药制造业企业数量共计 544 个,煤炭消耗量共计 358605.93 吨,天然气消耗量共计 207009.92 万立方米,取水量共计 4102.36 万立方米;含有废水治理设施 356 套,设计日处理能力 18.74 万立方米,年实际处理水量 2126.89 万立方米,工业锅炉 310 个,工业炉窑 12 个;含有废气处理设施 624 套。

湖北省医药制造业企业废水及其主要污染物排放量比对结果见图 2.1-40 和表 2.1-40。其中,二污普废水排放量减少了 24.60%、化学需氧量减少了 62.26%、氨氮减少了 68.82%、总氮增加了 138.57%、总磷增加了 181.17%、石油类减少了 100.00%、挥发酚减少了 99.96%。

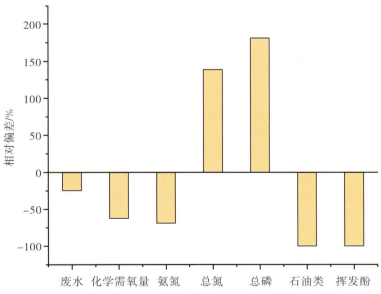

图 2.1-40 医药制造业企业废水及其主要污染物排放量相对偏差分析

表 2.1-40 医药制造业企业废水及其主要污染物排放量比对分析

废水及其主要污染物			
项目	二污普	2017 年环境统计数据库	相对偏差/%
废水/万立方米	18525312	24568877.41	−24.60
化学需氧量/吨	896.394	2375.3337	−62.26
氨氮/吨	60.8541	195.1664	−68.82
总氮/吨	629.8453	264.0117	138.57
总磷/吨	12.2898	4.371	181.17
石油类/吨	0	6.4929	−100.00
挥发酚/吨	0.0855	197.874	−99.96
氰化物/吨	0.2665	0	
重金属/吨	76.172	0	

湖北省医药制造业企业废气及其主要污染物排放量比对结果见图 2.1-41 和表 2.1-41。其中,二污普废气排放量减少了 10.91%、二氧化硫增加了 39.57%、氮氧化物增加了 2.14%、颗粒物增加了 55.37%、挥发性有机物增加了 801.93%。

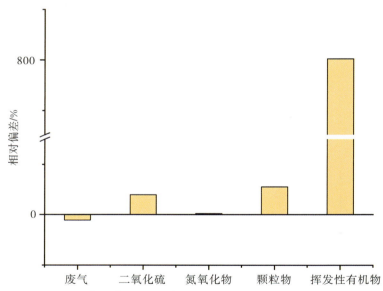

图 2.1-41 医药制造业企业废气及其主要污染物排放量相对偏差分析

表 2.1-41 医药制造业企业废气及其主要污染物排放量比对分析

废气及其主要污染物			
项目	二污普	2017 年环境统计数据库	相对偏差/%
废气/吨	1666895.384	1870949.269	−10.91
二氧化硫/吨	1841.9012	1319.6731	39.57
氮氧化物/吨	891.0569	872.3795	2.14
颗粒物/吨	933.4016	600.7491	55.37
挥发性有机物/吨	15833.9093	1755.5577	801.93

2.1.2.22 化学纤维制造业

湖北省化学纤维制造业企业数量共计 34 个,煤炭消耗量共计 212795.82 吨,天然气消耗量共计 288.30 万立方米,取水量共计 2822.90 万立方米;含有废水治理设施 14 套,设计日处理能力 7.50 万立方米,年实际处理水量 1828.29 万立方米,工业锅炉 13 个,工业炉窑 2 个;含有废气处理设施 36 套。

湖北省化学纤维制造业企业废水及其主要污染物排放量比对结果见图 2.1-42 和表 2.1-42。其中,二污普废水排放量减少了 2.32%、化学需氧量减少了 67.98%、氨氮减少了 71.06%、总氮减少了 93.43%、总磷减少了 48.95%。

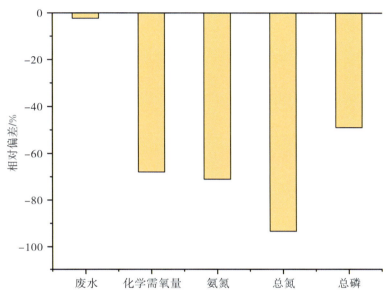

图 2.1-42　化学纤维制造业企业废水及其主要污染物排放量相对偏差分析

表 2.1-42　　　　　　　化学纤维制造业企业废水及其主要污染物排放量比对分析

废水及其主要污染物			
项目	二污普	2017 年环境统计数据库	相对偏差/%
废水/万立方米	14184642	14521193.12	−2.32
化学需氧量/吨	521.6217	1628.805	−67.98
氨氮/吨	29.4215	101.6612	−71.06
总氮/吨	13.6694	208.1257	−93.43
总磷/吨	2.6376	5.1667	−48.95
石油类/吨	1.6629	0	
挥发酚/吨	0	0	—
氰化物/吨	0	0	
重金属/吨	0	0	

湖北省化学纤维制造业企业废气及其主要污染物排放量比对结果见图 2.1-43 和表 2.1-43。其中,二污普废气排放量减少了 51.95%、二氧化硫减少了 65.47%、氮氧化物减少了 37.77%、颗粒物减少了 11.18%、挥发性有机物减少了 95.82%。

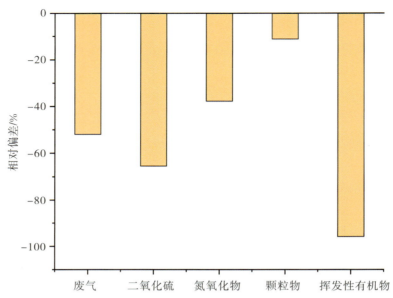

图 2.1-43　化学纤维制造业企业废气及其主要污染物排放量相对偏差分析

表 2.1-43　　　　　　　　化学纤维制造业企业废气及其主要污染物排放量比对分析

废气及其主要污染物			
项目	二污普	2017 年环境统计数据库	相对偏差/%
废气/吨	171402.1427	356752.23	—51.95
二氧化硫/吨	278.7107	807.2081	—65.47
氮氧化物/吨	282.6858	454.2306	—37.77
颗粒物/吨	171.8628	193.4854	—11.18
挥发性有机物/吨	11.4296	273.3230	—95.82

2.1.2.23　橡胶和塑料制品业

　　湖北省橡胶和塑料制品业企业数量共计 2201 个,煤炭消耗量共计 52024.80 吨,天然气消耗量共计 1810.01 万立方米,取水量共计 405.37 万立方米;含有废水治理设施 141 套,设计日处理能力 1.64 万立方米,年实际处理水量 146.59 万立方米,工业锅炉 117 个,工业炉窑 20 个;含有废气处理设施 197 套。

　　湖北省橡胶和塑料制品业企业废水及其主要污染物排放量比对结果见表 2.1-44 和图 2.1-44。其中,二污普废水排放量减少了 62.00%、化学需氧量减少了 82.66%、氨氮减少了 90.25%、总氮减少了 68.54%、总磷减少了 43.43%、石油类增加了 333.58%、重金属减少了 100.00%。

表 2.1-44　　　　　　　橡胶和塑料制品业企业废水及其主要污染物排放量比对分析

废水及其主要污染物			
项目	二污普	2017 年环境统计数据库	相对偏差/%
废水/万立方米	655659	1725628.106	—62.00
化学需氧量/吨	17.3403	100.015	—82.66
氨氮/吨	0.8334	8.5488	—90.25
总氮/吨	5.5749	17.7217	—68.54
总磷/吨	0.4684	0.8281	—43.43

废水及其主要污染物			
项目	二污普	2017 年环境统计数据库	相对偏差/%
石油类/吨	7.1241	1.6431	333.58
挥发酚/吨	0	0	
氰化物/吨	0	0	
重金属/吨	0	4.616	−100.00

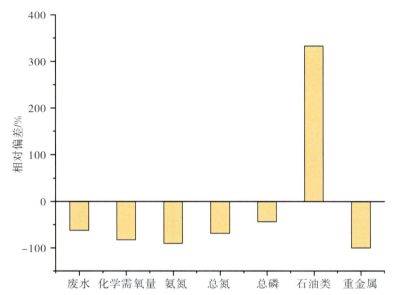

图 2.1-44　橡胶和塑料制品业企业废水及其主要污染物排放量相对偏差分析

　　湖北省橡胶和塑料制品业企业废气及其主要污染物排放量比对结果见图 2.1-45 和表 2.1-45。其中,二污普废气排放量增加了 278.21%、二氧化硫增加了 31.21%、氮氧化物增加了 7.98%、颗粒物增加了 1030.74%、挥发性有机物减少了 72.14%。

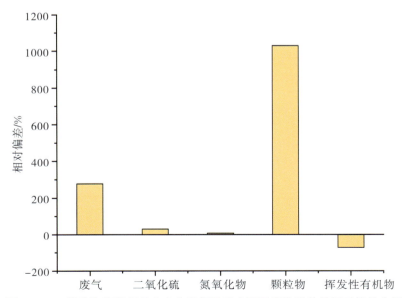

图 2.1-45　橡胶和塑料制品业企业废气及其主要污染物排放量相对偏差分析

表 2.1-45 　　　　　　橡胶和塑料制品业企业废气及其主要污染物排放量比对分析

项目	二污普	2017 年环境统计数据库	相对偏差/%
废气/吨	480684.6768	127094.8118	278.21
二氧化硫/吨	273.1842	208.2115	31.21
氮氧化物/吨	161.111	149.2002	7.98
颗粒物/吨	1356.2755	119.9459	1030.74
挥发性有机物/吨	2480.6921	8905.1744	—72.14

2.1.2.24 非金属矿物制品业

湖北省非金属矿物制品业企业数量共计 8685 个,煤炭消耗量共计 10524894.46 吨,天然气消耗量共计 33525.44 万立方米,取水量共计 4856.42 万立方米;含有废水治理设施 2065 套,设计日处理能力 43.42 万立方米,年实际处理水量 5080.75 万立方米,工业锅炉 699 个,工业炉窑 1248 个;含有废气处理设施 8854 套。

湖北省非金属矿物制品业企业废水及其主要污染物排放量比对结果见图 2.1-46 和表 2.1-46。其中,二污普废水排放量减少了 54.91%、化学需氧量减少了 88.77%、氨氮减少了 97.53%、总氮减少了 95.63%、总磷减少了 98.43%、石油类减少了 96.07%。

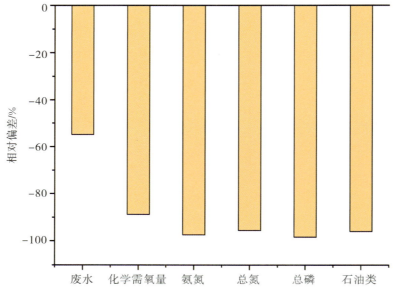

图 2.1-46 非金属矿物制品业企业废水及其主要污染物排放量相对偏差分析

表 2.1-46 　　　　　　非金属矿物制品业企业废水及其主要污染物排放量比对分析

废水及其主要污染物			
项目	二污普	2017 年环境统计数据库	相对偏差/%
废水/万立方米	2634175	5842224.012	—54.91
化学需氧量/吨	42.2177	375.8222	—88.77
氨氮/吨	0.8867	35.8809	—97.53
总氮/吨	2.0268	46.3591	—95.63

废水及其主要污染物			
项目	二污普	2017年环境统计数据库	相对偏差/%
总磷/吨	0.0422	2.6864	−98.43
石油类/吨	0.4005	10.1876	−96.07
挥发酚/吨	0.6989	0	—
氰化物/吨	0.077	0	—
重金属/吨	0	0	—

湖北省非金属矿物制品业企业废气及其主要污染物排放量比对结果见图 2.1-47 和表 2.1-47。其中,二污普废气排放量增加了 5.63%、二氧化硫减少了 13.42%、氮氧化物减少了 18.10%、颗粒物减少了 0.12%、挥发性有机物减少了 3.71%。

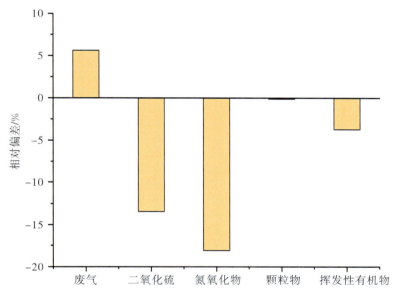

图 2.1-47　非金属矿物制品业企业废气及其主要污染物排放量相对偏差分析

表 2.1-47　　　　　　　　非金属矿物制品业企业废气及其主要污染物排放量比对分析

废气及其主要污染物			
项目	二污普	2017年环境统计数据库	相对偏差/%
废气/吨	33161696.59	31393507.89	5.63
二氧化硫/吨	19856.3663	22934.2662	−13.42
氮氧化物/吨	49223.5531	60105.475	−18.10
颗粒物/吨	45085.773	45141.3038	−0.12
挥发性有机物/吨	2959.0669	3073.1774	−3.71

2.1.2.25　黑色金属冶炼和压延加工业

湖北省黑色金属冶炼和压延加工业企业数量共计 169 个,煤炭消耗量共计 13287878.27 吨,天然气消耗量共计 11334.52 万立方米,取水量共计 10621.10 万立方米;含有废水治理设施 68 套,设计日处理能力 158.18 万立方米,年实际处理水量 42319.89 万立方米,工业锅炉 26 个,工业炉窑 255 个;含有废气处理设施 721 套。

湖北省黑色金属冶炼和压延加工业企业废水及其主要污染物排放量比对结果见图 2.1-48 和表 2.1-48。其中，二污普废水排放量减少了 20.66%、化学需氧量减少了 38.43%、氨氮减少了 44.82%、总氮减少了 26.23%、总磷增加了 7131.77%、石油类增加了 4.50%、挥发酚增加了 19.65%、氰化物减少了 41.54%、重金属增加了 1501.80%。

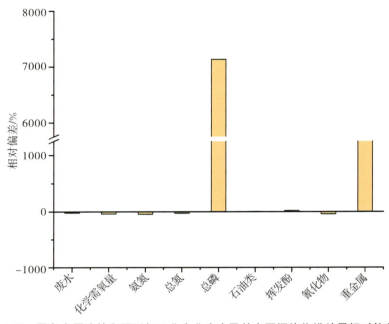

图 2.1-48　黑色金属冶炼和压延加工业企业废水及其主要污染物排放量相对偏差分析

表 2.1-48　　　　　　　　黑色金属冶炼和压延加工业企业废水及其主要污染物排放量比对分析

废水及其主要污染物			
项目	二污普	2017 年环境统计数据库	相对偏差/%
废水/万立方米	51496189	64905835.15	−20.66
化学需氧量/吨	884.3791	1436.393	−38.43
氨氮/吨	79.3364	143.7786	−44.82
总氮/吨	378.5337	513.1321	−26.23
总磷/吨	5.6336	0.0779	7131.77
石油类/吨	42.4655	40.6368	4.50
挥发酚/吨	3171.2807	2650.434	19.65
氰化物/吨	919.9171	1573.566	−41.54
重金属/吨	4690.4581	292.824	1501.80

湖北省黑色金属冶炼和压延加工业企业废气及其主要污染物排放量比对结果见图 2.1-49 和表 2.1-49。其中，二污普废气排放量增加了 13.30%、二氧化硫增加了 8.11%、氮氧化物减少了 2.80%、颗粒物减少了 69.72%、挥发性有机物减少了 4.22%。

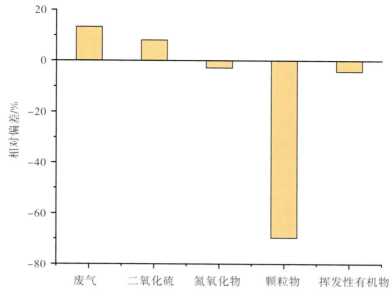

图 2.1-49　黑色金属冶炼和压延加工业企业废气及其主要污染物排放量相对偏差分析

表 2.1-49　　　　黑色金属冶炼和压延加工业企业废气及其主要污染物排放量比对分析

废气及其主要污染物			
项目	二污普	2017 年环境统计数据库	相对偏差/%
废气排放量/吨	81101255.55	71578976.05	13.30
二氧化硫/吨	14644.2759	13545.9691	8.11
氮氧化物/吨	34979.6159	35985.9913	−2.80
颗粒物/吨	15165.2511	50081.4807	−69.72
挥发性有机物/吨	1526.2002	1593.4356	−4.22

2.1.2.26　有色金属冶炼和压延加工业

湖北省有色金属冶炼和压延加工业企业数量共计 141 个,煤炭消耗量共计 96613.40 吨,天然气消耗量共计 20637.30 万立方米,取水量共计 1549.67 万立方米;含有废水治理设施 60 套,设计日处理能力 10.22 万立方米,年实际处理水量 1281.38 万立方米,工业锅炉 39 个,工业炉窑 238 个;含有废气处理设施 557 套。

湖北省有色金属冶炼和压延加工业企业废水及其主要污染物排放量比对结果见表 2.1-50 和图 2.1-50。其中,二污普废水排放量减少了 10.19%,化学需氧量减少了 39.22%,氨氮减少了 36.51%,总氮减少了 3.56%,总磷、石油类明显增加,重金属减少了 98.07%。

表 2.1-50　　　　有色金属冶炼和压延加工业企业废水及其主要污染物排放量比对分析

废水及其主要污染物			
项目	二污普	2017 年环境统计数据库	相对偏差/%
废水/万立方米	9854421	10972468.2	−10.19
化学需氧量/吨	250.0452	411.3646	−39.22
氨氮/吨	13.7691	21.6858	−36.51
总氮/吨	55.6872	57.7419	−3.56

续表

废水及其主要污染物			
项目	二污普	2017 年环境统计数据库	相对偏差/%
总磷/吨	17.9285	0.1935	9165.37
石油类/吨	13.9612	0.0293	47549.12
挥发酚/吨	0	0	—
氰化物/吨	0	0	—
重金属/吨	13.6668	708.381	−98.07

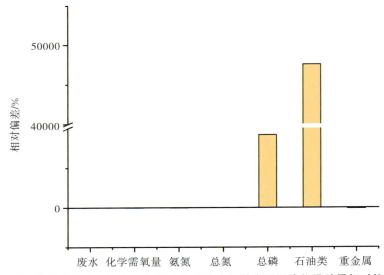

图 2.1-50　有色金属冶炼和压延加工业企业废水及其主要污染物排放量相对偏差分析

　　湖北省有色金属冶炼和压延加工业企业废气及其主要污染物排放量比对结果见图 2.1-51 和表 2.1-51。其中，二污普废气排放量减少了 32.25%、二氧化硫减少了 85.99%、氮氧化物减少了 25.30%、颗粒物减少了 39.69%、挥发性有机物增减少了 67.08%。

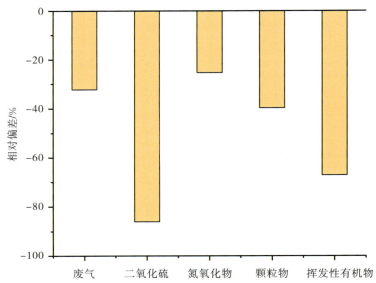

图 2.1-51　有色金属冶炼和压延加工业企业废气及其主要污染物排放量相对偏差分析

表 2.1-51　　　　有色金属冶炼和压延加工业企业废气及其主要污染物排放量比对分析

废气及其主要污染物			
项目	二污普	2017 年环境统计数据库	相对偏差/%
废气/吨	1208865.475	1784372.366	−32.25
二氧化硫/吨	692.2301	4941.692	−85.99
氮氧化物/吨	676.2827	905.3614	−25.30
颗粒物/吨	846.0019	1402.6982	−39.69
挥发性有机物/吨	97.5658	296.3712	−67.08

2.1.2.27　金属制品业

　　湖北省金属制品业企业数量共计 3913 个,煤炭消耗量共计 406120.55 吨,天然气消耗量共计 9431.21 万立方米,取水量共计 2635.31 万立方米;含有废水治理设施 225 套,设计日处理能力 5.59 万立方米,年实际处理水量 679.30 万立方米,工业锅炉 71 个,工业炉窑 1043 个;含有废气处理设施 2356 套。

　　湖北省金属制品业企业废水及其主要污染物排放量比对结果见图 2.1-52 和表 2.1-52。其中,二污普废水排放量减少了 16.29%、化学需氧量减少了 72.68%、氨氮减少了 84.14%、总氮减少了 75.01%、总磷增加了 10.86%、石油类增加了 50.42%、氰化物减少了 99.86%、重金属减少了 98.80%。

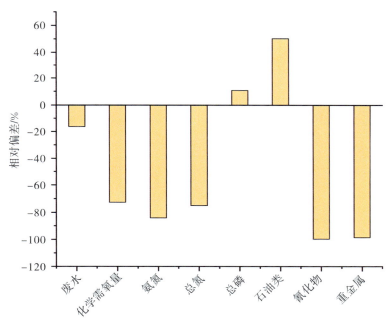

图 2.1-52　金属制品业企业废水及其主要污染物排放量相对偏差分析

表 2.1-52　　　　金属制品业企业废水及其主要污染物排放量比对分析

废水及其主要污染物			
项目	二污普	2017 年环境统计数据库	相对偏差/%
废水/万立方米	5137073	6136773.438	−16.29
化学需氧量/吨	115.5387	422.9056	−72.68
氨氮/吨	3.8694	24.4029	−84.14

废水及其主要污染物			
项目	二污普	2017年环境统计数据库	相对偏差/％
总氮/吨	11.2744	45.109	−75.01
总磷/吨	2.0936	1.8885	10.86
石油类/吨	17.3279	11.5195	50.42
挥发酚/吨	0	0	
氰化物/吨	7.3246	5261.416	−99.86
重金属/吨	100.9289	8406.083	−98.80

湖北省金属制品业企业废气及其主要污染物排放量比对结果见图2.1-53和表2.1-53。其中,二污普废气排放量增加了48.83％、二氧化硫增加了80.62％、氮氧化物增加了134.34％、颗粒物增加了326.63％、挥发性有机物增加了567.19％。

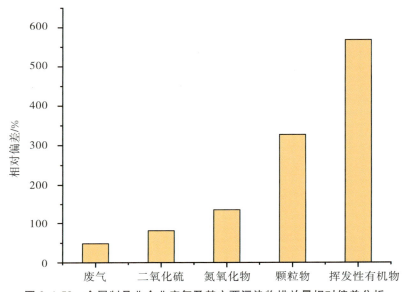

图 2.1-53 金属制品业企业废气及其主要污染物排放量相对偏差分析

表 2.1-53　　　　　　　　　金属制品业企业废气及其主要污染物排放量比对分析

废气及其主要污染物			
项目	二污普	2017年环境统计数据库	相对偏差/％
废气/吨	4327143.845	2907530.145	48.83
二氧化硫/吨	999.8547	553.5561	80.62
氮氧化物/吨	1416.6626	604.5236	134.34
颗粒物/吨	8072.8207	1892.2322	326.63
挥发性有机物/吨	3209.2146	481.0075	567.19

2.1.2.28 通用设备制造业

湖北省通用设备制造业企业数量共计2195个,煤炭消耗量共计3307.76吨,天然气消耗量共计1452.83万立方米,取水量共计346.57万立方米;含有废水治理设施117套,设计日处理能力2.61万立方米,年实际处理水量 163.61 万立方米,工业锅炉 11 个,工业炉窑 261 个;含有废气处理设施 589 套。

　　湖北省通用设备制造业企业废水及其主要污染物排放量比对结果见图 2.1-54 和表 2.1-54。其中,二污普废水排放量减少了 45.75%、化学需氧量减少了 80.94%、氨氮减少了 96.67%、总氮减少了 83.66%、总磷减少了 51.36%、石油类减少了 39.12%、重金属减少了 100.00%。

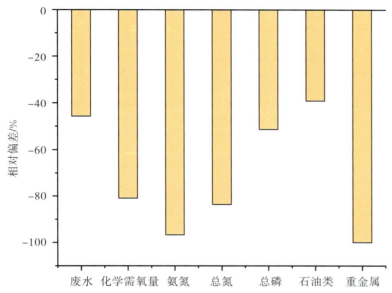

图 2.1-54　通用设备制造业企业废水及其主要污染物排放量相对偏差分析

表 2.1-54　　　　　　　通用设备制造业企业废水及其主要污染物排放量比对分析

废水及其主要污染物			
项目	二污普	2017 年环境统计数据库	相对偏差/%
废水/万立方米	1238009	2282089.193	−45.75
化学需氧量/吨	28.5669	149.8871	−80.94
氨氮/吨	0.2563	7.7077	−96.67
总氮/吨	2.6194	16.0262	−83.66
总磷/吨	0.222	0.4564	−51.36
石油类/吨	3.4994	5.7485	−39.12
挥发酚/吨	0	0	
氰化物/吨	0	0	
重金属/吨	0.0043	476.85	−100.00

　　湖北省通用设备制造业企业废气及其主要污染物排放量比对结果见图 2.1-55 和表 2.1-55。其中,二污普废气排放量增加了 136.54%、二氧化硫减少了 87.58%、氮氧化物减少了 13.49%、颗粒物增加了 248.20%、挥发性有机物增加了 305.43%。

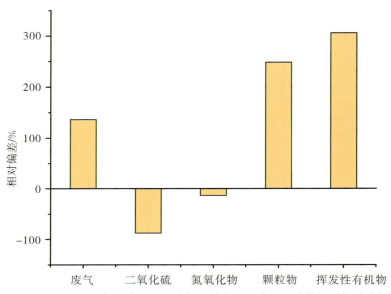

图 2.1-55　通用设备制造业企业废气及其主要污染物排放量相对偏差分析

表 2.1-55　　　　　　　通用设备制造业企业废气及其主要污染物排放量比对分析

废气及其主要污染物			
项目	二污普	2017 年环境统计数据库	相对偏差/%
废气/吨	1004265.525	424567.3749	136.54
二氧化硫/吨	4.9654	39.9864	−87.58
氮氧化物/吨	36.2827	41.9393	−13.49
颗粒物/吨	441.9185	126.9156	248.20
挥发性有机物/吨	269.0908	66.3711	305.43

2.1.2.29　专用设备制造业

湖北省专用设备制造业企业数量共计 1534 个,煤炭消耗量共计 3380.62 吨,天然气消耗量共计 3190.69 万立方米,取水量共计 348.10 万立方米;含有废水治理设施 72 套,设计日处理能力 1.80 万立方米,年实际处理水量 271.82 万立方米,工业锅炉 15 个,工业炉窑 170 个;含有废气处理设施 377 套。

湖北省专用设备制造业企业废水及其主要污染物排放量比对结果见表 2.1-56 和图 2.1-56。其中,二污普废水排放量减少了 61.64%、化学需氧量减少了 76.25%、氨氮减少了 96.88%、总氮减少了 74.86%、总磷减少了 31.89%、石油类减少了 82.45%、氰化物增加了 1350.07%、重金属增加了 569.31%。

表 2.1-56　　　　　　　专用设备制造业企业废水及其主要污染物排放量比对分析

废水及其主要污染物			
项目	二污普	2017 年环境统计数据库	相对偏差/%
废水/万立方米	574001	1496479.961	−61.64
化学需氧量/吨	20.7784	87.4974	−76.25
氨氮/吨	0.1182	3.7855	−96.88
总氮/吨	1.6953	6.7436	−74.86

废水及其主要污染物			
项目	二污普	2017 年环境统计数据库	相对偏差/%
总磷/吨	0.1221	0.1792	−31.89
石油类/吨	0.7827	4.46	−82.45
挥发酚/吨	0	0	—
氰化物/吨	24.8832	1.716	1350.07
重金属/吨	2.1083	0.315	569.31

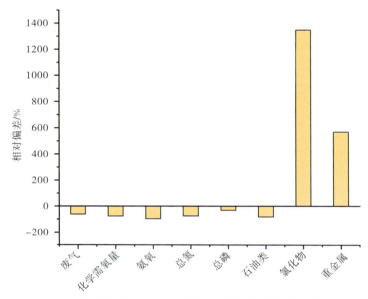

图 2.1-56　专用设备制造业企业废水及其主要污染物排放量相对偏差分析

湖北省专用设备制造业企业废气及其主要污染物排放量比对结果见图 2.1-57 和表 2.1-57。其中，二污普废气排放量减少了 52.93%、二氧化硫增加了 515.49%、氮氧化物增加了 76.36%、颗粒物增加了 649.06%、挥发性有机物增加了 514.85%。

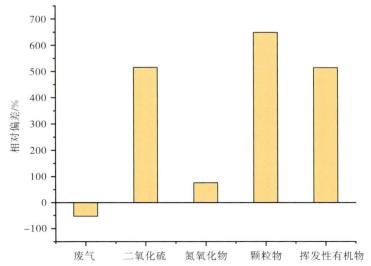

图 2.1-57　专用设备制造业企业废气及其主要污染物排放量相对偏差分析

表 2.1-57　　　　　　　　　专用设备制造业企业废气及其主要污染物排放量比对分析

废气及其主要污染物			
项目	二污普	2017 年环境统计数据库	相对偏差/%
废气/吨	85295.4306	181216.5244	−52.93
二氧化硫/吨	50.4336	8.194	515.49
氮氧化物/吨	18.5482	10.5174	76.36
颗粒物/吨	226.4246	30.2279	649.06
挥发性有机物/吨	207.6274	33.7690	514.85

2.1.2.30　汽车制造业

　　湖北省汽车制造业企业数量共计 2833 个,煤炭消耗量共计 8425.91 吨,天然气消耗量共计 15983.27 万立方米,取水量共计 2373.10 万立方米;含有废水治理设施 434 套,设计日处理能力 11.42 万立方米,年实际处理水量 1331.41 万立方米,工业锅炉 149 个,工业炉窑 880 个;含有废气处理设施 1996 套。

　　湖北省汽车制造业企业废水及其主要污染物排放量比对结果见图 2.1-58 和表 2.1-58。其中,二污普废水排放量减少了 7.67%、化学需氧量减少了 60.68%、氨氮减少了 89.46%、总氮减少了 70.56%、总磷增加了 137.76%、石油类增加了 22.35%、重金属减少了 98.46%。

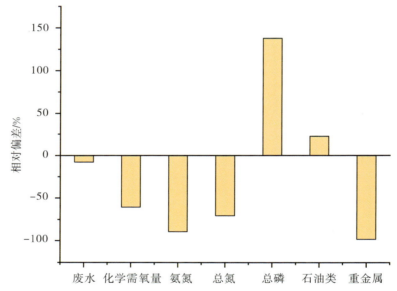

图 2.1-58　汽车制造业企业废水及其主要污染物排放量相对偏差分析

表 2.1-58　　　　　　　　　汽车制造业企业废水及其主要污染物排放量比对分析

废水及其主要污染物			
项目	二污普	2017 年环境统计数据库	相对偏差/%
废水/万立方米	10882312	11786078.28	−7.67
化学需氧量/吨	337.9451	859.4684	−60.68
氨氮/吨	4.9606	47.0797	−89.46
总氮/吨	24.9142	84.618	−70.56
总磷/吨	6.8723	2.8904	137.76

续表

废水及其主要污染物			
项目	二污普	2017 年环境统计数据库	相对偏差/%
石油类/吨	48.806	39.8908	22.35
挥发酚/吨	0.1431	0	—
氰化物/吨	6.0011	0	—
重金属/吨	22.5998	1464.895	−98.46

湖北省汽车制造业企业废气及其主要污染物排放量比对结果见图 2.1-59 和表 2.1-59。其中,二污普废气排放量减少了 15.45%、二氧化硫减少了 77.82%、氮氧化物增加了 67.54%、颗粒物增加了 953.89%、挥发性有机物增加了 65.51%。

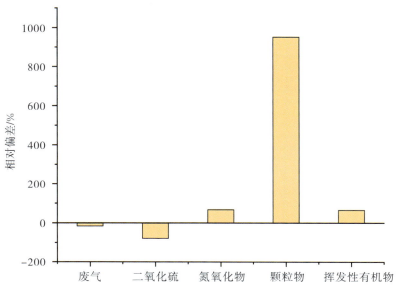

图 2.1-59   汽车制造业企业废气及其主要污染物排放量相对偏差分析

表 2.1-59   汽车制造业企业废气及其主要污染物排放量比对分析

废气及其主要污染物			
项目	二污普	2017 年环境统计数据库	相对偏差/%
废气/吨	5805163.976	6865655.264	−15.45
二氧化硫/吨	51.5935	232.5705	−77.82
氮氧化物/吨	464.0532	276.9879	67.54
颗粒物/吨	3757.2841	356.5142	953.89
挥发性有机物/吨	9719.9936	5872.7787	65.51

2.1.2.31   铁路、船舶、航空航天和其他运输设备制造业

湖北省铁路、船舶、航空航天和其他运输设备制造业企业数量共计 208 个,煤炭消耗量共计 56.68 吨,天然气消耗量共计 269.37 万立方米,取水量共计 179.81 万立方米;含有废水治理设施 30 套,设计日处理能力 0.98 万立方米,年实际处理水量 67.59 万立方米,工业锅炉 12 个,工业炉窑 46 个;含有废气处理设施 106 套。

　　湖北省铁路、船舶、航空航天和其他运输设备制造业企业废水及其主要污染物排放量比对结果见图 2.1-60 和表 2.1-60。其中,二污普废水排放量减少了 39.72％、化学需氧量减少了 77.60％、氨氮减少了 100.00％、总氮减少了 96.01％、总磷增加了 341.65％、石油类减少了 80.94％、重金属减少了 83.69％。

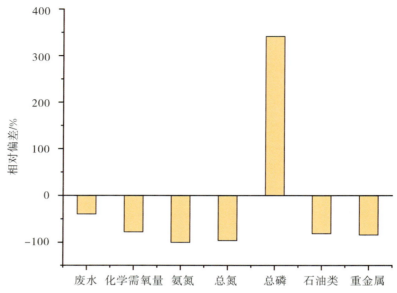

图 2.1-60　铁路、船舶、航空航天和其他运输设备制造业企业废水及其主要污染物排放量相对偏差分析

表 2.1-60　　铁路、船舶、航空航天和其他运输设备制造业企业废水及其主要污染物排放量比对分析

废水及其主要污染物			
项目	二污普	2017 年环境统计数据库	相对偏差/％
废水/万立方米	927697	1539014.932	−39.72
化学需氧量/吨	11.7008	52.229	−77.60
氨氮/吨	0	3.2039	−100.00
总氮/吨	0.4042	10.1302	−96.01
总磷/吨	0.496	0.1123	341.65
石油类/吨	0.5849	3.0693	−80.94
挥发酚/吨	0	0	—
氰化物/吨	0	0	—
重金属/吨	0.6298	3.862	−83.69

　　湖北省铁路、船舶、航空航天和其他运输设备制造业企业废气及其主要污染物排放量比对结果见图 2.1-61 和表 2.1-61。其中,二污普废气排放量减少了 90.96％、二氧化硫增加了 5.37％、氮氧化物增加了 924.09％、颗粒物增加了 1550.25％、挥发性有机物增加了 196.75％。

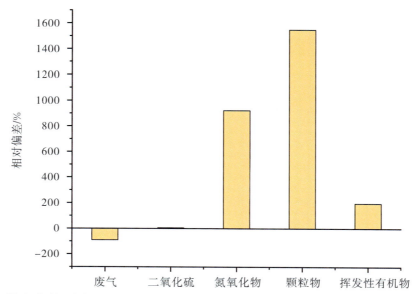

图 2.1-61　铁路、船舶、航空航天和其他运输设备制造业企业废气及其主要污染物排放量相对偏差分析

表 2.1-61　　铁路、船舶、航空航天和其他运输设备制造业企业废气及其主要污染物排放量比对分析

废气及其主要污染物			
项目	二污普	2017 年环境统计数据库	相对偏差/%
废气/吨	51840.8754	573691.953	−90.96
二氧化硫/吨	8.1232	7.7092	5.37
氮氧化物/吨	30.0395	2.9333	924.09
颗粒物/吨	780.2391	47.2801	1550.25
挥发性有机物/吨	364.7030	122.9000	196.75

2.1.2.32　电气机械和器材制造业

湖北省电气机械和器材制造业企业数量共计 1072 个,煤炭消耗量共计 2402.50 吨,天然气消耗量共计 4417.46 万立方米,取水量共计 1318.41 万立方米;含有废水治理设施 109 套,设计日处理能力 7.37 万立方米,年实际处理水量 670.39 万立方米,工业锅炉 41 个,工业炉窑 88 个;含有废气处理设施 242 套。

湖北省电气机械和器材制造业企业废水及其主要污染物排放量比对结果见表 2.1-62 和图 2.1-62。其中,二污普废水排放量减少了 25.74%、化学需氧量减少了 67.92%、氨氮减少了 80.84%、总氮减少了 82.72%、总磷减少了 83.98%、石油类增加了 6.67%、挥发酚减少了 100.00%、重金属增加了 30.46%。

表 2.1-62　　　　电气机械和器材制造业企业废水及其主要污染物排放量比对分析

废水及其主要污染物			
项目	二污普	2017 年环境统计数据库	相对偏差/%
废水/万立方米	4699461	6328121.889	−25.74
化学需氧量/吨	99.9116	311.3975	−67.92
氨氮/吨	3.7275	19.4536	−80.84
总氮/吨	14.7116	85.1346	−82.72
总磷/吨	0.3134	1.9569	−83.98

续表

废水及其主要污染物			
项目	二污普	2017 年环境统计数据库	相对偏差/%
石油类/吨	3.3821	3.1707	6.67
挥发酚/吨	0	1.638	−100.00
氰化物/吨	0	0	
重金属/吨	487.885	373.962	30.46

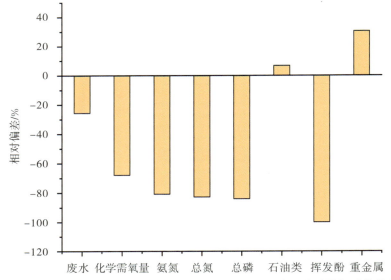

图 2.1-62　电气机械和器材制造业企业废水及其主要污染物排放量相对偏差分析

湖北省电气机械和器材制造业企业废气及其主要污染物排放量比对结果见图 2.1-63 和表 2.1-63。其中,二污普废气排放量减少了 43.99％、二氧化硫减少了 52.08％、氮氧化物增加了 68.82％、颗粒物增加了 1070.11％、挥发性有机物增加了 338.04％。

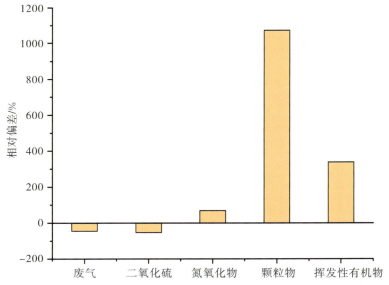

图 2.1-63　电气机械和器材制造业企业废气及其主要污染物排放量相对偏差分析

表 2.1-63　　　　　　　　　电气机械和器材制造业企业废气及其主要污染物排放量比对分析

废气及其主要污染物			
项目	二污普	2017 年环境统计数据库	相对偏差/%
废气/吨	1485417.07	2652110.708	−43.99
二氧化硫/吨	16.4884	34.4103	−52.08
氮氧化物/吨	108.7968	64.4462	68.82
颗粒物/吨	1054.1657	90.0915	1070.11
挥发性有机物/吨	5395.9744	1231.8440	338.04

2.1.2.33　计算机、通信和其他电子设备制造业

湖北省计算机、通信和其他电子设备制造业企业数量共计 500 个,煤炭消耗量共计 2850.13 吨,天然气消耗量共计 3556.98 万立方米,取水量共计 2251.42 万立方米;含有废水治理设施 98 套,设计日处理能力 30.81 万立方米,年实际处理水量 2150.94 万立方米,工业锅炉 61 个,工业炉窑 48 个;含有废气处理设施 170 套。

湖北省计算机、通信和其他电子设备制造业企业废水及其主要污染物排放量与湖北省 2017 年环境统计数据库比对结果见图 2.1-64 和表 2.1-64。其中,二污普废水排放量减少了 5.49%、化学需氧量减少了 61.95%、氨氮减少了 53.93%、总氮减少了 27.70%、总磷增加了 113.98%、石油类增加了 682.89%、氰化物增加了 1571.45%。

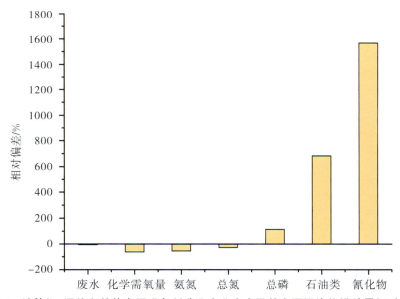

图 2.1-64　计算机、通信和其他电子设备制造业企业废水及其主要污染物排放量相对偏差分析

表 2.1-64　　　　　　计算机、通信和其他电子设备制造业企业废水及其主要污染物排放量比对分析

废水及其主要污染物			
项目	二污普	2017 年环境统计数据库	相对偏差/%
废水/万立方米	13386983	14164486.67	−5.49
化学需氧量/吨	325.2771	854.856	−61.95
氨氮/吨	21.9599	47.6685	−53.93

续表

废水及其主要污染物			
项目	二污普	2017 年环境统计数据库	相对偏差/%
总氮/吨	91.2219	126.1713	−27.70
总磷/吨	3.8977	1.8215	113.98
石油类/吨	2.4958	0.3188	682.89
挥发酚/吨	0	0	—
氰化物/吨	382.5124	22.885	1571.45
重金属/吨	354.0107	0	—

湖北省计算机、通信和其他电子设备制造业企业废气及其主要污染物排放量比对结果见图 2.1-65 和表 2.1-65。其中，二污普废气排放量减少了 84.78%、二氧化硫减少了 58.50%、氮氧化物减少了 68.34%、颗粒物增加了 105.21%、挥发性有机物增加了 2689.30%。

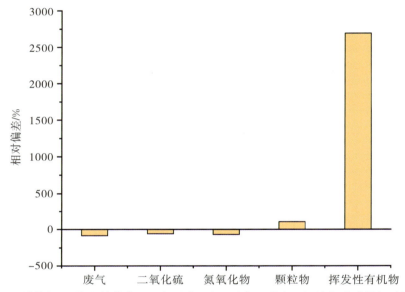

图 2.1-65　计算机、通信和其他电子设备制造业企业废气及其主要污染物排放量相对偏差分析

表 2.1-65　　　　　计算机、通信和其他电子设备制造业企业废气及其主要污染物排放量比对分析

废气及其主要污染物			
项目	二污普	2017 年环境统计数据库	相对偏差/%
废气/吨	1744480.235	11463288.64	−84.78
二氧化硫/吨	25.1328	60.5629	−58.50
氮氧化物/吨	61.2271	193.3876	−68.34
颗粒物/吨	160.6907	78.3046	105.21
挥发性有机物/吨	0.6973	0.0250	2689.30

2.1.2.34　仪器仪表制造业

湖北省仪器仪表制造业企业数量共计 194 个,煤炭消耗量共计 0 吨,天然气消耗量共计 14.74 万立方米,取水量共计 32.50 万立方米;含有废水治理设施 14 套,设计日处理能力 11.08 万立方米,年实际处

理水量 18.62 万立方米,工业锅炉 3 个,工业炉窑 2 个;含有废气处理设施 8 套。

湖北省仪器仪表制造业企业废水及其主要污染物排放量比对结果见图 2.1-66 和表 2.1-66。其中,二污普废水排放量减少了 80.68%、化学需氧量减少了 92.76%、氨氮减少了 96.94%、总氮减少了 97.80%、总磷减少了 99.98%、石油类减少了 45.99%、重金属增加了 259.86%。

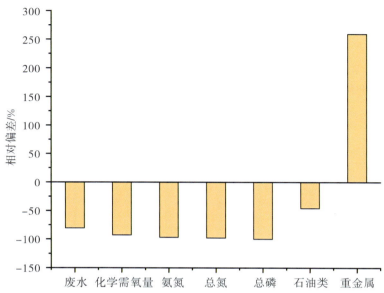

图 2.1-66　仪器仪表制造业企业废水及其主要污染物排放量相对偏差分析

表 2.1-66　　　　　　　仪器仪表制造业企业废水及其主要污染物排放量比对分析

废水及其主要污染物			
项目	二污普	2017 年环境统计数据库	相对偏差/%
废水/万立方米	70756	366228.198	−80.68
化学需氧量/吨	0.9393	12.9772	−92.76
氨氮/吨	0.0204	0.665	−96.94
总氮/吨	0.0751	3.4172	−97.80
总磷/吨	0.0125	53.0663	−99.98
石油类/吨	0.0338	0.0625	−45.99
挥发酚/吨	0	0	—
氰化物/吨	0	0	—
重金属/吨	1.641	0.456	259.86

湖北省仪器仪表制造业企业废气及其主要污染物排放量比对结果见图 2.1-67 和表 2.1-67。其中,二污普废气排放量减少了 25.39%、二氧化硫增加了 2300.88%、氮氧化物减少了 41.25%、颗粒物增加了 4622.57%、挥发性有机物减少了 80.33%。

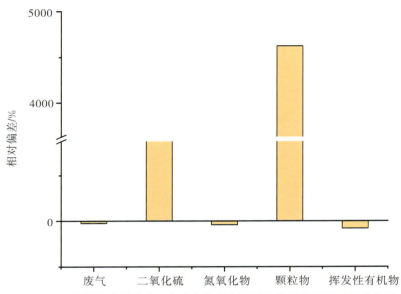

图 2.1-67 仪器仪表制造业企业废气及其主要污染物排放量相对偏差分析

表 2.1-67 仪器仪表制造业企业废气及其主要污染物排放量比对分析

废气及其主要污染物			
项目	二污普	2017 年环境统计数据库	相对偏差/%
废气/吨	11299.8494	15145.5931	−25.39
二氧化硫/吨	0.0192	0.0008	2300.88
氮氧化物/吨	0.7918	1.3476	−41.25
颗粒物/吨	2.8524	0.0604	4622.57
挥发性有机物/吨	0.7154	3.6379	−80.33

2.1.2.35 其他制造业

湖北省其他制造业企业数量共计 159 个,煤炭消耗量共计 61 吨,天然气消耗量共计 62.98 万立方米,取水量共计 18.62 万立方米;含有废水治理设施 9 套,设计日处理能力 0.17 万立方米,年实际处理水量 17.25 万立方米,工业锅炉 5 个,工业炉窑 0 个;含有废气处理设施 12 套。

湖北省其他制造业企业废水及其主要污染物排放量比对结果见表 2.1-68 和图 2.1-68。其中,二污普废水排放量减少了 18.82%、化学需氧量减少了 97.72%、氨氮减少了 94.72%、总氮减少了 71.34%。

表 2.1-68 其他制造业企业废水及其主要污染物排放量比对分析

废水及其主要污染物			
项目	二污普	2017 年环境统计数据库	相对偏差/%
废水/万立方米	143305	176537.593	−18.82
化学需氧量/吨	3.1812	139.5258	−97.72
氨氮/吨	0.0566	1.0729	−94.72
总氮/吨	0.4071	1.4206	−71.34
总磷/吨	0.1383	0	—
石油类/吨	0	0	—

废水及其主要污染物			
项目	二污普	2017年环境统计数据库	相对偏差/%
挥发酚/吨	0	0	—
氰化物/吨	0	0	—
重金属/吨	0	0	—

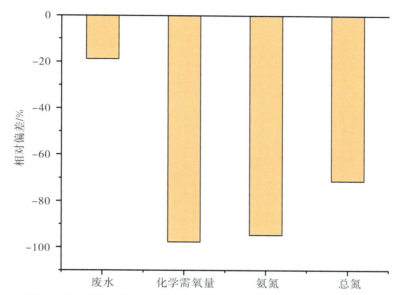

图 2.1-68　其他制造业企业废水及其主要污染物排放量相对偏差分析

湖北省其他制造业企业废气及其主要污染物排放量比对结果见图 2.1-69 和表 2.1-69。其中,二污普废气排放量增加了 85.75%、二氧化硫减少了 93.08%、氮氧化物减少了 85.27%、颗粒物减少了 5.33%、挥发性有机物减少了 92.02%。

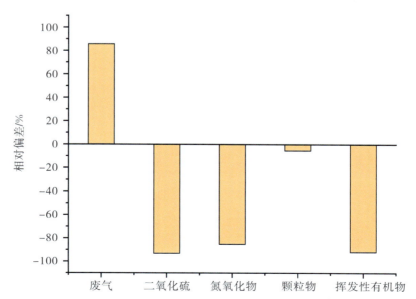

图 2.1-69　其他制造业企业废气及其主要污染物排放量相对偏差分析

表 2.1-69　　　　　　　　　其他制造业企业废气及其主要污染物排放量比对分析

废气及其主要污染物			
项目	二污普	2017 年环境统计数据库	相对偏差/%
废气/吨	7032.897	3786.2	85.75
二氧化硫/吨	0.6703	9.6871	−93.08
氮氧化物/吨	1.5665	10.6358	−85.27
颗粒物/吨	3.3175	3.5043	−5.33
挥发性有机物/吨	6.9285	86.7843	−92.02

2.1.2.36　废弃资源综合利用业

湖北省废弃资源综合利用业企业数量共计 287 个,煤炭消耗量共计 18195.10 吨,天然气消耗量共计 248.69 万立方米,取水量共计 59.43 万立方米;含有废水治理设施 53 套,设计日处理能力 1.55 万立方米,年实际处理水量 37.09 万立方米,工业锅炉 11 个,工业炉窑 30 个;含有废气处理设施 128 套。

湖北省废弃资源综合利用业企业废水及其主要污染物排放量比对结果见图 2.1-70 和表 2.1-70。其中,二污普废水排放量减少了 97.15%、化学需氧量减少了 99.69%、氨氮减少了 99.94%、总氮减少了 99.91%、总磷减少了 38.64%。

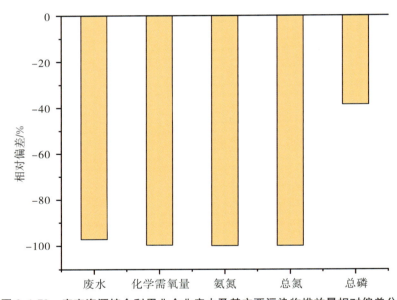

图 2.1-70　废弃资源综合利用业企业废水及其主要污染物排放量相对偏差分析

表 2.1-70　　　　　　　废弃资源综合利用业企业废水及其主要污染物排放量比对分析

废水及其主要污染物			
项目	二污普	2017 年环境统计数据库	相对偏差/%
废水/万立方米	2345	82324.44	−97.15
化学需氧量/吨	0.0579	18.6875	−99.69
氨氮/吨	0.0007	1.1674	−99.94
总氮/吨	0.001	1.2145	−99.91
总磷/吨	0.0014	0.0022	−38.64

废水及其主要污染物			
项目	二污普	2017 年环境统计数据库	相对偏差/%
石油类/吨	0.0002	0	—
挥发酚/吨	0	0	—
氰化物/吨	0	0	—
重金属/吨	0	0	—

湖北省废弃资源综合利用业企业废气及其主要污染物排放量比对结果见图 2.1-71 和表 2.1-71。其中,二污普废气排放量增加了 216.05%、二氧化硫减少了 20.99%、氮氧化物增加了 218.75%、颗粒物增加了 114.47%,挥发性有机物增加了 1104.92%。

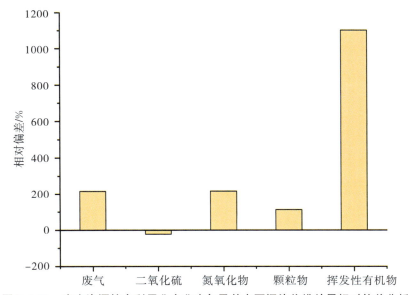

图 2.1-71　废弃资源综合利用业企业废气及其主要污染物排放量相对偏差分析

表 2.1-71　　　　　　　废弃资源综合利用业企业废气及其主要污染物排放量比对分析

废气及其主要污染物			
项目	二污普	2017 年环境统计数据库	相对偏差/%
废气/吨	391017.7632	123721.1759	216.05
二氧化硫/吨	53.3999	67.5849	−20.99
氮氧化物/吨	59.5368	18.6781	218.75
颗粒物/吨	109.9339	51.258	114.47
挥发性有机物/吨	119.0918	9.8838	1104.92

2.1.2.37　金属制品、机械和设备修理业

湖北省金属制品、机械和设备修理业企业数量共计 174 个,煤炭消耗量共计 6.11 吨,天然气消耗量共计 114.95 万立方米,取水量共计 50.67 万立方米;含有废水治理设施 3 套,设计日处理能力 0.31 万立方米,年实际处理水量 35.63 万立方米,工业锅炉 4 个,工业炉窑 7 个;含有废气处理设施 19 套。

湖北省金属制品、机械和设备修理业企业废水及其主要污染物排放量比对结果见图 2.1-72 和

表2.1-72。其中,二污普废水排放量减少了8.37%、化学需氧量减少了36.10%、氨氮减少了84.75%、总氮减少了13.56%、石油类增加了61.40%、重金属减少了30.86%。

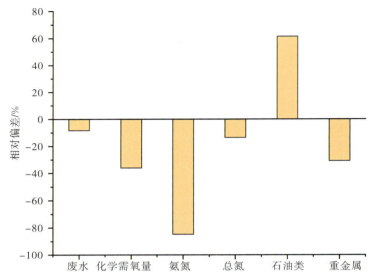

图 2.1-72 金属制品、机械和设备修理业企业废水及其主要污染物排放量相对偏差分析

表 2.1-72　　　　　金属制品、机械和设备修理业企业废水及其主要污染物排放量比对分析

废水及其主要污染物			
项目	二污普	2017 年环境统计数据库	相对偏差/%
废水/万立方米	434629	474345.1	−8.37
化学需氧量/吨	9.001	14.0866	−36.10
氨氮/吨	0.0421	0.2762	−84.75
总氮/吨	0.7535	0.8718	−13.56
总磷/吨	0.0478	0	—
石油类/吨	2.4179	1.4981	61.40
挥发酚/吨	0.1815	0	—
氰化物/吨	0.1016	0	—
重金属/吨	0.1016	0.147	−30.86

湖北省金属制品、机械和设备修理业企业废气及其主要污染物排放量比对结果见表2.1-73和图2.1-73。其中,二污普废气排放量减少了21.83%、二氧化硫减少了79.45%、氮氧化物减少了36.37%、颗粒物增加了215.69%、挥发性有机物增加了108.20%。

表 2.1-73　　　　　金属制品、机械和设备修理业企业废气及其主要污染物排放量比对分析

废气及其主要污染物			
项目	二污普	2017 年环境统计数据库	相对偏差/%
废气/吨	1290.6488	1651.0671	−21.83
二氧化硫/吨	0.0676	0.3289	−79.45
氮氧化物/吨	4.1782	6.5663	−36.37
颗粒物/吨	0.621	0.1967	215.69
挥发性有机物/吨	26.9272	12.9335	108.20

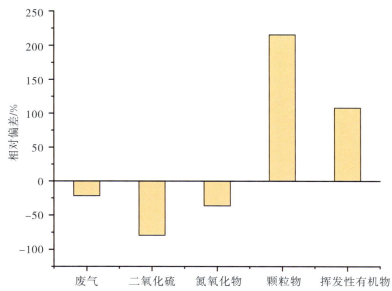

图 2.1-73　金属制品、机械和设备修理业企业废气及其主要污染物排放量相对偏差分析

2.1.2.38　电力、热力生产和供应业

湖北省电力、热力生产和供应业企业数量共计 156 个,煤炭消耗量共计 40027240.76 吨,天然气消耗量共计 64237.22 万立方米,取水量共计 27374.34 万立方米;含有废水治理设施 116 套,设计日处理能力 11.66 万立方米,年实际处理水量 2286.87 万立方米,工业锅炉 44 个,工业炉窑 16 个;含有废气处理设施 354 套。

湖北省电力、热力生产和供应业企业废水及其主要污染物排放量比对结果见图 2.1-74 和表 2.1-74。其中,二污普废水排放量增加了 441.68%、化学需氧量增加了 114.64%、氨氮增加了 347.07%、总氮增加了 164.27%、总磷减少了 49.41%、石油类增加了 162.45%。

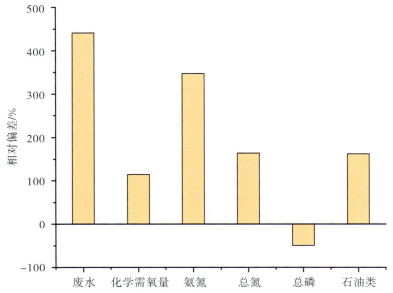

图 2.1-74　电力、热力生产和供应业企业废水及其主要污染物排放量相对偏差分析

表 2.1-74　　　　　　　　　电力、热力生产和供应业企业废水及其主要污染物排放量比对分析

废水及其主要污染物			
项目	二污普	2017 年环境统计数据库	相对偏差/%
废水/万立方米	26704874	4929992.334	441.68
化学需氧量/吨	323.6663	150.7926	114.64
氨氮/吨	31.868	7.1282	347.07
总氮/吨	32.3441	12.2388	164.27
总磷/吨	0.1161	0.2295	—49.41
石油类/吨	0.0551	0.021	162.45
挥发酚/吨	0	0	—
氰化物/吨	0	0	—
重金属/吨	0	0	—

　　湖北省电力、热力生产和供应业企业废气及其主要污染物排放量比对结果见图 2.1-75 和表 2.1-75。其中,二污普废气排放量增加了 10.24%、二氧化硫减少了 50.62%、氮氧化物减少了 31.80%、颗粒物增加了 74.49%、挥发性有机物增加了 11.31%。

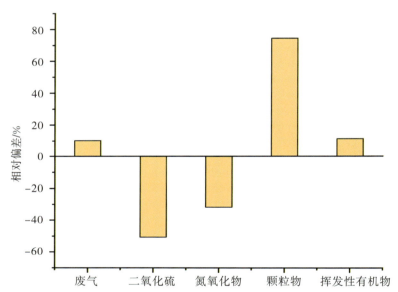

图 2.1-75　　电力、热力生产和供应业企业废气及其主要污染物排放量相对偏差分析

表 2.1-75　　　　　　　　　电力、热力生产和供应业企业废气及其主要污染物排放量比对分析

废气及其主要污染物			
项目	二污普	2017 年环境统计数据库	相对偏差/%
废气/吨	43105143.4	39100439.39	10.24
二氧化硫/吨	13636.1099	27613.8068	—50.62
氮氧化物/吨	19806.7804	29040.1838	—31.80
颗粒物/吨	15219.4546	8722.1685	74.49
挥发性有机物/吨	1331.4255	1196.0941	11.31

2.2 与管理数据比对

2.2.1 废水重金属比对

湖北省工业源废水重金属中,砷、铅、镉、铬、汞2015年环境管理数据分别为7339.9千克/年、2237.6千克/年、330.5千克/年、5506.1千克/年、11.1千克/年。将二污普数据与其比对,类金属砷、铅、镉、铬、汞分别减少56%、增加93%、增加561%、减少85%、增加114%。废水重金属二污普数据与2015年环境管理数据相对偏差情况见表2.2-1。

表 2.2-1   废水重金属二污普数据与 2015 年环境管理数据相对偏差情况

行政区域	相对偏差				
	类金属砷	铅	镉	铬	汞
鄂州市	—	−48%	−99%	−100%	—
恩施州	—	282180%	107210%	−97%	31860%
黄冈市	10602%	29269%	5529%	1778%	32831%
黄石市	−93%	−90%	−82%	−97%	—
荆门市	−99%	−16%		−78%	—
荆州市	−99%			−100%	1981%
潜江市	—				
神农架林区					
十堰市	−100%	143%	−30%	−96%	−92%
随州市			3794%	1018%	
天门市	5172%			133867%	
武汉市	131394%	3499%	628939%	−54%	
仙桃市	—	416%		−44%	
咸宁市	1321%	−63%	−51%	−97%	−75%
襄阳市	2435%	−82%		−82%	
孝感市	212%	38%	75%	−98%	−98%
宜昌市	841%	262%	1369%	−77%	−91%
湖北省	−56%	93%	561%	−85%	114%

2.2.2 危险废物比对

湖北省危险废物2017年管理统计产生量数为113.4325万吨/年[①],将二污普产排污核算危险废物产生量汇总数据与其比对,危险废物产生量偏低5%。湖北省各市(州)危险废物产生量二污普数据与管理数据比对情况见表2.2-2,相对负偏差最多的为恩施州,为−83%,相对正偏差最多的为天门市,为18%。

[①]数据来源于湖北省生态环境厅固体废物管理中心。

表 2.2-2　　　　　　　　　　　　危险废物产生量二污普数据与管理数据比对情况

行政区域	危险废物管理数据产生量/吨	二污普危险废物产生量/吨	相对偏差
鄂州市	16913.65	16329.58	−3%
恩施州	620.22	105.02	−83%
黄冈市	20290.00	19344.77	−5%
黄石市	262412.10	243994.31	−7%
荆门市	222318.82	251883.32	13%
荆州市	37748.25	34702.78	−8%
潜江市	2701.52	2505.74	−7%
神农架	3.00	2.74	−9%
十堰市	17022.71	12943.66	−24%
随州市	852.66	908.77	7%
天门市	1369.04	1615.99	18%
武汉市	390377.10	334887.66	−14%
仙桃市	22562.70	20761.44	−8%
咸宁市	9783.03	9042.93	−8%
襄阳市	56578.28	56358.33	0%
孝感市	31575.44	23937.94	−24%
宜昌市	41197.14	44702.68	9%
湖北省	1134325.66	1074027.65	−5%

2.3　排污许可证的执行报告比对

依据全国排污许可证管理信息平台,湖北省 2017 年具有排污许可证执行报告的企业共 67 家。将这 67 家企业与二污普数据比对分析后,采用排污许可证执行报告法核算污染物产生排放量的企业共有 6 家,分别为:恩施州楚焱工贸有限责任公司、潜江市正豪华盛铝电有限公司电厂、中国石化江汉油田分公司盐化工总厂、潜江市福达纸业有限公司、潜江市乐水林纸科技开发股份有限公司、武汉汉能电力发展有限公司。其余企业没有采用执行报告法的主要原因:①部分企业于 2017 年下半年取得新版排污许可证,年度执行报告数据不能覆盖全年数据,无法采用执行报告法核算;②部分企业执行报告中引用的数据无符合要求的监测报告支撑;③部分企业执行报告数据中基本信息为估算值,不能反映企业 2017 年全年污染水平等。

二污普排放量汇总数据与排污许可证核算排放量比对结果见表 2.3-1,由该表可知,6 家企业二污普排放量普遍偏低,其中化学需氧量排放量均小于或等于排污许可证核算排放量。

表 2.3-1　　　　　　　　　　部分企业排污许可证的执行报告比对情况

企业名称	污染物	排污许可证核算排放量/吨	二污普排放量/吨	相对偏差
恩施州楚焱工贸有限责任公司	氨氮	0.18	0	−100.00%
	化学需氧量	190.62	3.9799	−97.91%
	二氧化硫	64.7	64.7	0.00%
	氮氧化物	92.6	12.2295	−86.79%
	颗粒物	11.2	11.2	0.00%
潜江市正豪华盛铝电有限公司电厂	二氧化硫	253.76	95.16	−62.50%
	氮氧化物	412.46	154.67	−62.50%
	颗粒物	45.41	17.03	−62.50%
中国石化江汉油田分公司盐化工总厂	氨氮	0.44	0	−100.00%
	化学需氧量	5.63	0.0002	−100.00%
	二氧化硫	21.441	8.57	−60.03%
	氮氧化物	59.664	23.86	−60.01%
	颗粒物	7.082	2.83	−60.04%
潜江市福达纸业有限公司	氨氮	2.479	0	−100.00%
	化学需氧量	70.78	70.78	0.00%
潜江市乐水林纸科技开发股份有限公司	氨氮	1.916	2.4001	25.27%
	化学需氧量	48.16	47.97	−0.39%
	二氧化硫	1.48	0.03	−97.97%
	氮氧化物	7.57	1.5	−80.18%
	颗粒物	0.643	0	−100.00%
武汉汉能电力发展有限公司	氨氮	0.08084	0.015835	−80.41%
	化学需氧量	0.6065	0.6065	0.00%
	氮氧化物	11.5616	11.5616	0.00%
	二氧化硫	0.0828	0	−100.00%
	颗粒物	1.4889	1.4889	0.00%

2.4　其他工业源普查数据审核情况

2.4.1　与 2017 年水污染物总量控制指标比对

　　湖北省废水主要污染物 2017 年总量控制指标值分别为:化学需氧量 93.63 万吨、氨氮 10.82 万吨。二污普数据与其比对,化学需氧量排放量偏高 37.40%,氨氮排放量偏低 46.28%。

　　湖北省各市(州)主要废水污染物排放量与 2017 年总量控制指标比对,二污普化学需氧量排放量高于总量控制指标的有:孝感市(133.47%)、黄冈市(75.93%)、黄石市(70.64%)、襄阳市(57.23%)、鄂州市(46.43%)、天门市(43.93%)、武汉市(39.37%)、恩施州(29.74%)、咸宁市(27.02%)、荆门市(26.38%)、宜昌市(25.84%)、十堰市(21.33%)、潜江市(20.53%)、神农架林区(1.63%)。湖北省各市(州)主要废水污染物排放量与 2017 年总量控制指标的比对,二污普氨氮排放量均低于总量控制指标。湖北省各市(州)主要废水污染物排放量与 2017 年总量控制指标比对结果见表 2.4-1。

表 2.4-1　　　　湖北省各市(州)主要废水污染物排放量与 2017 年总量控制指标比对结果

行政区域	2017 年废水总量标准/万吨		二污普数据/万吨		相对偏差	
	化学需氧量	氨氮	化学需氧量	氨氮	化学需氧量	氨氮
湖北省	93.64	10.82	128.66	5.81	37.40%	−46.28%
鄂州市	2.16	0.23	3.16	0.08	46.43%	−63.60%
恩施州	3.97	0.47	5.16	0.26	29.74%	−43.62%
黄冈市	9.22	0.98	16.22	0.66	75.93%	−32.32%
黄石市	2.91	0.40	4.97	0.26	70.64%	−36.09%
荆门市	5.44	0.64	6.88	0.30	26.38%	−52.75%
荆州市	15.37	1.38	15.25	0.71	−0.74%	−48.47%
潜江市	2.26	0.24	2.73	0.14	20.53%	−43.35%
神农架林区	0.11	0.01	0.11	0.01	1.63%	−29.70%
十堰市	3.89	0.47	4.72	0.27	21.33%	−41.77%
随州市	4.40	0.51	3.98	0.20	−9.54%	−61.58%
天门市	2.07	0.30	2.98	0.16	43.93%	−47.83%
武汉市	12.95	1.56	18.05	0.96	39.37%	−38.50%
仙桃市	3.00	0.32	2.95	0.12	−1.70%	−63.08%
咸宁市	4.86	0.49	6.17	0.28	27.02%	−42.34%
襄阳市	8.55	1.02	13.44	0.55	57.23%	−46.03%
孝感市	5.79	0.78	13.52	0.49	133.47%	−37.50%
宜昌市	6.65	1.03	8.37	0.37	25.84%	−64.17%

2.4.2　与 2017 年废气污染物总量控制指标比对

湖北省废气主要污染物 2017 年总量控制指标值分别为二氧化硫 47.43 万吨、氮氧化物 46.96 万吨。二污普数据与其比对,二氧化硫排放量偏低 61.92%,氮氧化物排放量偏高 3.89%。

湖北省各市(州)主要废气污染物排放量与 2017 年总量控制指标的比对,二污普二氧化硫排放量均低于总量控制指标,氮氧化物排放量高于总量控制指标的有:随州市(304.38%)、仙桃市(120.50%)、天门市(109.35%)、潜江市(85.12%)、恩施州(57.26%)、荆州市(56.53%)、神农架林区(42.61%)、襄阳市(27.51%)、黄冈市(17.06%)、荆门市(13.64%)。湖北省各市(州)主要废气污染物排放量与 2017 年总量控制指标比对结果见表 2.4-2。

表 2.4-2　　　　湖北省各市(州)主要废气污染物排放量与 2017 年总量控制指标比对结果

行政区域	2017 年废气总量标准/万吨		二污普数据/万吨		相对偏差	
	二氧化硫	氮氧化物	二氧化硫	氮氧化物	二氧化硫	氮氧化物
湖北省	47.43	46.96	18.06	48.78	−61.92%	3.89%
鄂州市	3.39	2.55	0.99	1.45	−70.93%	−43.36%
恩施州	1.49	1.31	0.59	2.06	−60.60%	57.26%
黄冈市	2.32	2.89	1.27	3.38	−45.34%	17.06%
黄石市	6.27	4.59	2.05	3.28	−67.24%	−28.45%
荆门市	3.14	3.51	1.27	3.99	−59.44%	13.64%
荆州市	4.42	2.33	1.35	3.64	−69.53%	56.53%

行政区域	2017年废气总量标准/万吨		二污普数据/万吨		相对偏差	
	二氧化硫	氮氧化物	二氧化硫	氮氧化物	二氧化硫	氮氧化物
潜江市	1.15	0.51	0.39	0.94	−66.42%	85.12%
神农架	0.11	0.04	0.01	0.06	−91.47%	42.61%
十堰市	2.06	2.39	0.64	1.89	−69.00%	−20.88%
随州市	0.59	0.57	0.28	2.29	−52.08%	304.38%
天门市	0.37	0.35	0.13	0.74	−63.46%	109.35%
武汉市	7.03	11.03	3.65	9.88	−48.07%	−10.47%
仙桃市	0.50	0.32	0.32	0.71	−36.54%	120.50%
咸宁市	1.68	2.19	0.73	2.12	−56.34%	−3.32%
襄阳市	3.00	4.72	1.58	6.02	−47.53%	27.51%
孝感市	3.22	2.68	0.88	2.26	−72.67%	−15.56%
宜昌市	6.71	4.97	1.95	4.08	−70.98%	−18.06%

2.4.3 总磷排放量数据与环境统计涉磷数据比对

湖北省2017年环境统计数据中,工业源涉磷企业与二污普名录一致的企业数量为725家,总磷排放量245.5吨。725家企业中,共有325家污普企业未填写磷排放量,其中,武汉市217家、襄阳市30家、荆州市16家、黄石市12家、随州市11家、孝感市9家、仙桃市5家、咸宁市5家、黄冈市5家、十堰市4家、恩施州3家、宜昌市3家、鄂州市2家、荆门市2家、天门市1家。剩余400家污普企业中,磷排放量偏低58.98%。总磷排放量偏低的原因主要是部分企业未填写磷排放量、总磷排放量在汇总数据是以万吨作为单位,但各市(州)的总磷排放量均未超过0.01万吨,在保留小数位与环境统计数据比对分析时会产生一定误差。

各市(州)污染源普查涉磷普查对象、总磷产生排放量核算数据高于环境统计涉磷数据有荆州市(590.15%)、荆门市(310.94%)、神农架林区(177.20%)、随州市(98.72%)、潜江市(12.89%)。

2.4.4 普查污染物浓度与相关排放标准的比对

统计湖北省工业源废水中化学需氧量、氨氮、石油类、挥发酚、氰化物、类金属砷、铅、镉、铬、汞排放浓度,《污水综合排放标准》(GB 8978—1996)中废水污染物排放浓度标准见表2.4-3。湖北省工业源上述污染物指标排放浓度均未超过排放标准,各市(州)上述废水污染物排放浓度(表2.4-4)均低于相关排放标准。

统计湖北省工业源废气中二氧化硫、氮氧化物、颗粒物排放浓度,《大气污染物综合排放标准》(GB 17297—1996)中废气污染物排放浓度标准见表2.4-3。湖北省工业源废气中上述污染物指标排放浓度均未超排放标准,各市(州)二氧化硫、氮氧化物排放浓度(表2.4-5)低于相关排放标准。

表 2.4-3　　　　　　　　　　工业源废水/废气污染物排放浓度标准

废水污染物排放浓度标准/(毫克/升)									
化学需氧量	氨氮	石油类	挥发酚	氰化物	类金属砷	铅	镉	铬	汞
300	50	10	0.5	0.5	0.5	1	0.1	1.5	0.05
废气污染物排放浓度标准/(毫克/米³)									
二氧化硫	氮氧化物	颗粒物							
960	1400	120							

表 2.4-4

工业源废水污染物排放浓度/（毫克/升）

行政区域	化学需氧量	氨氮	石油类	挥发酚	氰化物	类金属砷	铅	镉	铬	汞
武汉市	25.5181	1.4053	0.5917	0.0299	0.0109	0.0107	0.0296	0.0005	0.0045	0.0001
黄石市	44.3248	1.4222	0.4741	0.0019	0.0002	0.0129	0.0038	0.0014	0.0005	0.0000
十堰市	23.9395	0.5320	1.5960	0.0000	0.0020	0.0001	0.0021	0.0002	0.0001	0.0000
宜昌市	24.4898	2.5334	0.1877	0.0043	0.0060	0.0014	0.0000	0.0000	0.0001	0.0000
襄阳市	53.7351	3.7875	0.2367	0.0007	0.0010	0.0213	0.0006	0.0000	0.0001	0.0000
鄂州市	22.2174	1.8908	0.4727	0.1617	0.0501	0.0000	0.0002	0.0000	0.0000	0.0000
荆门市	48.2820	2.1176	0.4235	0.0086	0.0047	0.0002	0.0165	0.0000	0.0000	0.0000
孝感市	42.2983	3.2125	0.5354	0.0008	0.0013	0.0025	0.0037	0.0000	0.0004	0.0000
荆州市	62.4221	1.6365	0.4676	0.0013	0.0029	0.0000	0.0000	0.0000	0.0001	0.0000
黄冈市	53.5637	2.0801	0.0000	0.0022	0.0001	0.0105	0.0004	0.0000	0.0001	0.0000
咸宁市	25.4983	0.5049	0.2525	0.0000	0.0000	0.0007	0.0000	0.0000	0.0000	0.0000
随州市	141.6729	6.9109	0.0000	0.0000	0.0190	0.0003	0.0000	0.0000	0.0007	0.0000
恩施州	104.4532	0.0000	0.0000	0.0000	0.0000	0.0078	0.0000	0.0000	0.0009	0.0000
仙桃市	144.5711	6.8194	0.0000	0.0000	0.0085	0.0001	0.0037	0.0000	0.0325	0.0000
潜江市	86.5259	6.1804	0.0000	0.0195	0.0147	0.0034	0.0003	0.0000	0.0001	0.0002
天门市	62.9285	3.4960	0.0000	0.0080	0.0000	0.0003	0.0007	0.0000	0.0000	0.0000
神农架林区	101.8434	0.0000	0.0000	0.0000	0.0000	0.0000	0.0000	0.0000	0.0000	0.0000
湖北省	38.4202	2.1284	0.4329	0.0155	0.0069	0.0062	0.0087	0.0002	0.0016	0.0000

表 2.4-5 工业源废气污染物排放浓度/（毫克/米³）

行政区域	二氧化硫	氮氧化物	颗粒物
武汉市	13.8474	37.0513	29.6885
黄石市	41.8416	48.3245	105.5514
十堰市	51.9014	45.4138	256.6450
宜昌市	59.7161	85.4303	157.5108
襄阳市	73.9352	82.3786	240.2342
鄂州市	47.2256	55.8801	205.1965
荆门市	32.0553	48.0139	93.1262
孝感市	36.6193	53.5812	124.8475
荆州市	101.6927	130.8008	255.5323
黄冈市	58.3054	69.8782	215.2001
咸宁市	28.2354	50.6187	117.4667
随州市	52.8977	47.2873	587.4847
恩施州	21.2324	73.2301	322.1693
仙桃市	137.5863	37.0641	162.2957
潜江市	171.9250	154.9148	301.9319
天门市	26.0428	19.8421	238.1054
神农架林区	0.0000	14.0546	74.9581
湖北省	36.7937	53.4270	114.9378

2.4.5 工业总产值指标与统计年鉴数据比对

湖北省 2017 年工业总产值总量为 21460.2297 亿元，与湖北省 2017 年统计年鉴数据比对，工业总产值偏低 52.96%，比对情况见表 2.4-6。

表 2.4-6 湖北省工业总产值二污普数据与统计年鉴比对情况

行政区域	二污普数据/亿元	年鉴数据/亿元	相对偏差
鄂州市	503.9539	1559	−67.68%
恩施州	217.1541	260	−16.54%
黄冈市	934.5124	2178	−57.09%
黄石市	1307.849	2344	−44.21%
荆门市	1015.854	3079	−67.01%
荆州市	1223.327	2402	−49.06%
潜江市	335.5124	1124	−70.15%
神农架林区	5.846245	9	−31.78%
十堰市	1226.444	2111	−41.91%
随州市	320.8609	1381	−76.77%
天门市	76.72748	887	−91.35%
武汉市	9003.246	14433	−37.62%
仙桃市	557.9355	1050	−46.85%

续表

行政区	二污普数据/亿元	年鉴数据/亿元	相对偏差
咸宁市	510.4637	1853	−72.46%
襄阳市	2004.859	5419	−63.00%
孝感市	749.1181	2797	−73.22%
宜昌市	1466.635	2735	−46.37%
湖北省	21460.2297	45621.3648	−52.69%

2.5 与一污普数据比对

2.5.1 普查对象数量

二污普工业源数量 46101 个。与一污普相比,普查对象增加了 18568 个,增长 67.44%。各市(州)普查对象数量比对结果见图 2.5-1。

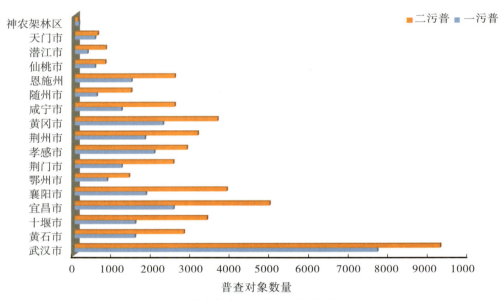

图 2.5-1 湖北省各市(州)普查对象数量比对结果

从表 2.5-1 可以看出,除神农架林区普查对象数量减少 25.51% 外,其余市(州)均增加,其中随州市居首,增长了 158.18%。以各市(州)普查对象数量的排序为依据计算相对偏差,武汉市、黄石市、宜昌市、荆州市、恩施州、仙桃市、神农架林区具有较好的一致性。

表 2.5-1 湖北省各市(州)普查对象数量比对情况

地区	一污普			二污普			增长率/%
	普查对象数量/个	占比/%	排序	普查对象数量/个	占比/%	排序	
武汉市	7645	27.77	1	9230	20.02	1	20.73
黄石市	1520	5.52	8	2756	5.98	8	81.32
十堰市	1525	5.54	7	3338	7.24	5	118.89

地区	一污普			二污普			增长率/%
	普查对象数量/个	占比/%	排序	普查对象数量/个	占比/%	排序	
宜昌市	2494	9.06	2	4919	10.67	2	97.23
襄阳市	1793	6.51	5	3838	8.33	3	114.05
鄂州市	814	2.96	12	1366	2.96	13	67.81
荆门市	1179	4.28	10	2485	5.39	11	110.77
孝感市	2004	7.28	4	2826	6.13	7	41.02
荆州市	1764	6.41	6	3099	6.72	6	75.68
黄冈市	2223	8.07	3	3600	7.81	4	61.94
咸宁市	1175	4.27	11	2515	5.46	10	114.04
随州市	550	2.00	13	1420	3.08	12	158.18
恩施州	1423	5.17	9	2518	5.46	9	76.95
仙桃市	504	1.83	15	765	1.66	15	51.79
潜江市	317	1.15	16	778	1.69	14	145.43
天门市	505	1.83	14	575	1.25	16	13.86
神农架林区	98	0.36	17	73	0.16	17	−25.51
湖北省	27533	100.00		46101	100.00		67.44

2.5.2 废水污染物

湖北省废水污染物比对结果见图 2.5-2 和表 2.5-2。

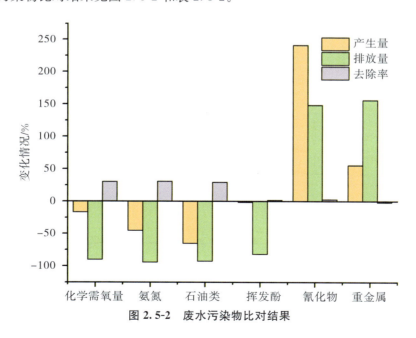

图 2.5-2 废水污染物比对结果

表 2.5-2 废水污染物比对结果

废水污染物	单位	一污普			二污普		
		产生量	排放量	去除率/%	产生量	排放量	去除率/%
化学需氧量	万吨	63.7068	21.7623	65.84	53.0208	2.1297	95.98
氨氮	万吨	6.0621	2.0765	65.75	3.3293	0.1178	96.46
石油类	万吨	0.8618	0.3196	62.92	0.2993	0.0235	92.13
挥发酚	吨	2406.4400	48.2300	98.00	2371.5281	8.5987	99.64
氰化物	吨	15.1259	1.5424	89.80	51.6452	3.8313	92.58
重金属	吨	135.1338	3.6238	97.32	210.1597	9.2842	95.58

与一污普相比，湖北省石油类、氨氮、化学需氧量、挥发酚的产生量均降低，其中石油类居首，降低了65.27%，氨氮次之，降低了45.08%；重金属、氰化物的产生量均增加，其中氰化物居首，增加了241.43%，重金属次之，增加了55.52%。

与一污普相比，湖北省氨氮、石油类、化学需氧量、挥发酚的排放量均降低，其中氨氮居首，降低了94.33%，石油类次之，降低了92.63%；氰化物、重金属的排放量均增加，其中重金属居首，增加了156.20%，氰化物次之，增加了148.40%。

与一污普相比，湖北省重金属的去除率降低，降低了1.78%；挥发酚、氰化物、化学需氧量、石油类、氨氮的去除率均增加，其中氨氮居首，增加了46.71%，石油次之，增加了46.43%。

2.5.3　废气污染物

湖北省废气污染物比对结果见图 2.5-3 和表 2.5-3。

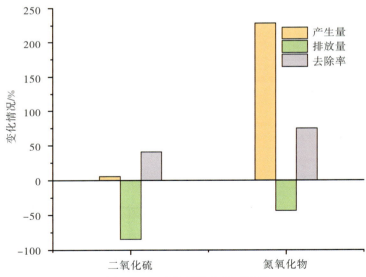

图 2.5-3　废气污染物比对结果

表 2.5-3 废气污染物比对结果

废气污染物	一污普			二污普		
	产生量/万吨	排放量/万吨	去除率/%	产生量/万吨	排放量/万吨	去除率/%
二氧化硫	148.1587	70.5181	52.40	156.5667	10.9009	93.04
氮氧化物	31.2935	28.1810	9.95	102.6604	15.8290	84.58

与一污普相比，湖北省二氧化硫和氮氧化物的产生量均增加，分别增加了5.67%、228.06%。二氧化硫和氮氧化物的排放量均降低，分别降低了84.54%、43.83%。二氧化硫和氮氧化物的去除率均增加，分别增加了77.56%、750.05%。

2.5.4　一般工业固体废物和危险废物

湖北省一般工业固体废物和危险废物比对结果见图2.5-4和表2.5-4。

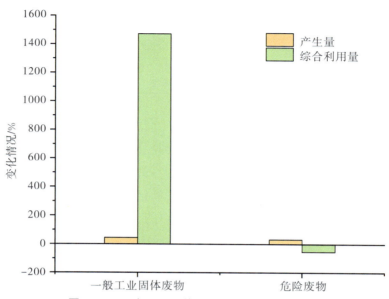

图2.5-4　一般工业固体废物和危险废物比对结果

表2.5-4　　　　　　　　　　　一般工业固体废物和危险废物比对结果

污染物	一污普		二污普	
	产生量/万吨	排放量/万吨	产生量/万吨	排放量/万吨
一般工业固体废物	7411.5915	466.5036	10746.4994	7338.5082
危险废物	80.8784	72.2068	107.4028	33.6953

与一污普相比，湖北省一般工业固体废物和危险废物的产生量均增加，分别增加了45.00%、32.80%。一般工业固体废物的综合利用量增加了1473.09%，而危险废物的综合利用量却降低了53.34%。

2.6　本章小结

2.6.1　污染物情况

（1）工业废水污染物

湖北省工业废水污染物情况见表2.6-1。工业废水污染物产生量中，化学需氧量居首，为53.0208万吨，总氮次之，为10.1715万吨，氰化物最低，为51.6452吨；排放量中，化学需氧量居首，为2.1297万吨，总氮次之，为0.5450万吨，氰化物最低，为3.8313吨；去除率中，挥发酚居首，为99.64%，总磷次之，为97.51%，石油类最低，为92.13%。从表2.6-1中可以看出，工业废水污染物去除率均达到90%以上。

表 2.6-1
湖北省工业废水污染物情况

污染物	产生量	排序	排放量	排序	去除率/%	排序
化学需氧量/万吨	53.0208	1	2.1297	1	95.98	4
氨氮/万吨	3.3293	3	0.1178	3	96.46	3
总氮/万吨	10.1715	2	0.5450	2	94.64	6
总磷/万吨	1.0950	4	0.0272	4	97.51	2
石油类/万吨	0.2993	5	0.0235	5	92.13	8
挥发酚/吨	2371.5281	6	8.5987	7	99.64	1
氰化物/吨	51.6452	8	3.8313	8	92.58	7
重金属/吨	210.1597	7	9.2842	6	95.58	5

（2）工业废气污染物

湖北省工业废气污染物情况见表 2.6-2。工业废气污染物产生量中，颗粒物居首，为 24058160.8457 吨，二氧化硫次之，为 1565667.4083 吨，挥发性有机物最少，为 162234.3819 吨；排放量中，颗粒物居首，为 340534.0232 吨，氮氧化物次之，为 158290.0725 吨，二氧化硫最少，为 109008.8528 吨；去除率中，颗粒物居首，为 98.58%，二氧化硫次之，为 93.04%，挥发性有机物最少，为 24.31%。从表 2.6-2 中可以看出，除挥发性有机物、氮氧化物外，其余废气污染物去除率均达到 90% 以上。

表 2.6-2
湖北省工业废气污染物情况

污染物	产生量/吨	排序	排放量/吨	排序	去除率	排序
二氧化硫	1565667.4083	2	109008.8528	4	93.04	2
氮氧化物	1026603.5763	3	158290.0725	2	84.58	3
颗粒物	24058160.8457	1	340534.0232	1	98.58	1
挥发性有机物	162234.3819	4	122794.4998	3	24.31	4

2.6.2 一般工业固体废物和危险废物

（1）一般工业固体废物

湖北省一般工业固体废物产生量 10746.4994 万吨，综合利用量 7338.5082 万吨（其中综合利用往年贮存量 107.4766 万吨），处置量 1495.3568 万吨（其中处置往年贮存量 0.8139 万吨），本年贮存量 1930.7628 万吨，倾倒丢弃量 90.1621 吨。

（2）危险废物

湖北省危险废物产生量 107.4028 吨，综合利用和处置量 107.5390 吨，年末累计贮存量 11.4079 吨。

3 农业源数据审核结果

3.1 规模畜禽养殖场与环境统计名录比对

湖北省二污普数据和湖北省 2017 年环境统计名录比对结果表明,共 239 个规模畜禽养殖场纳入本次普查。湖北省 2017 年环境统计名录库中纳入普查的规模畜禽养殖场数量分布见表 3.1-1 和图 3.1-1。

表 3.1-1　　湖北省 2017 年环境统计名录库纳入普查的规模畜禽养殖场数量分布

行政区域	纳入普查数量/个
武汉市	34
黄石市	15
十堰市	1
宜昌市	12
襄阳市	28
鄂州市	5
荆门市	27
孝感市	18
荆州市	22
黄冈市	20
咸宁市	14
随州市	28
恩施州	4
仙桃市	6
潜江市	1
天门市	3
神农架林区	1
湖北省	239

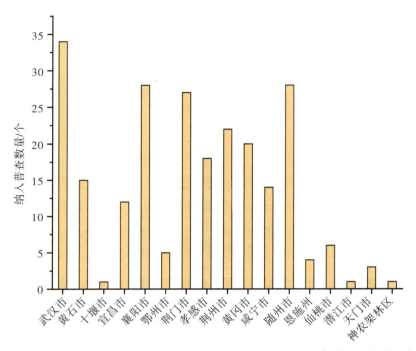

图 3.1-1　湖北省 2017 年环境统计名录库纳入普查的规模畜禽养殖场数量分布

3.2　污染物排放量情况

3.2.1　种植业排放（流失）量情况

3.2.1.1　氨氮

2017 年,湖北省农业源种植业氨氮排放（流失）总量为 6009.851 吨。从种植业氨氮排放（流失）量的地区分布来看,排放（流失）量最大的是荆州市,为 932.791 吨,占 15.52%;其后依次为襄阳市和荆门市,分别占 12.29%、10.49%;排放（流失）量最小的是神农架林区,为 11.186 吨,占 0.19%。种植业氨氮排放（流失）量大于 300 吨的市（州）共有 7 个,分别为:荆州市（932.791 吨）、襄阳市（738.446 吨）、荆门市（630.264 吨）、黄冈市（564.363 吨）、宜昌市（510.97 吨）、恩施州（489.022 吨）、孝感市（391.349 吨）,七个市（州）种植业氨氮排放（流失）量占到全省种植业氨氮排放（流失）量的 70.84%。湖北省农业源种植业氨氮排放（流失）量见表 3.2-1 和图 3.2-1。

表 3.2-1　　　　　　　　　　湖北省农业源种植业氨氮排放（流失）量

行政区域	氨氮	
	排放（流失）量/吨	排放（流失）量占比/%
武汉市	253.128	4.21
黄石市	141.176	2.35
十堰市	294.52	4.9
宜昌市	510.97	8.5
襄阳市	738.446	12.29
鄂州市	77.922	1.3

续表

行政区域	氨氮	
	排放（流失）量/吨	排放（流失）量占比/%
荆门市	630.264	10.49
孝感市	391.349	6.51
荆州市	932.791	15.52
黄冈市	564.363	9.39
咸宁市	263.235	4.38
随州市	233.394	3.88
恩施州	489.022	8.14
仙桃市	162.231	2.7
潜江市	165.83	2.76
天门市	150.029	2.5
神农架林区	11.186	0.19
湖北省	6009.851	100.00

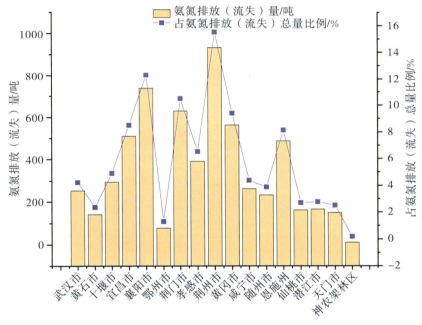

图 3.2-1　湖北省农业源种植业氨氮排放（流失）量和占比分布

3.2.1.2　总氮

　　2017 年，湖北省农业源种植业总氮排放（流失）量为 58084.5740 吨。从种植业总氮排放（流失）量的地区分布来看，排放（流失）量最大的是荆州市，为 8908.7672 吨，占 15.34%；其后依次为襄阳市和荆门市，分别占 12.22%、10.37%；排放（流失）量最小的是神农架林区，为 109.1050 吨，占 0.19%。种植业总氮排放（流失）量大于 3000 吨的市（州）共有 7 个，分别为：荆州市（8908.7672 吨）、襄阳市（7099.6053 吨）、荆门市（6024.3407 吨）、黄冈市（5441.9101 吨）、宜昌市（5060.4958 吨）、恩施州（4816.6289 吨）、孝感市（3780.8319 吨），七个市（州）种植业总氮排放（流失）量占到全省种植业总氮排放（流失）量的

70.82%。湖北省农业源种植业总氮排放(流失)量见表 3.2-2 和图 3.2-2。

表 3.2-2 湖北省农业源种植业总氮排放(流失)量

行政区域	总氮	
	排放(流失)量/吨	排放(流失)量占比/%
武汉市	2429.9451	4.18
黄石市	1359.3091	2.34
十堰市	2893.4902	4.98
宜昌市	5060.4958	8.71
襄阳市	7099.6053	12.23
鄂州市	745.5959	1.28
荆门市	6024.3407	10.37
孝感市	3780.8319	6.51
荆州市	8908.7672	15.34
黄冈市	5441.9101	9.37
咸宁市	2558.3241	4.41
随州市	2296.8358	3.96
恩施州	4816.6289	8.29
仙桃市	1546.3469	2.66
潜江市	1582.9229	2.73
天门市	1430.1191	2.46
神农架林区	109.1050	0.19
湖北省	58084.5740	100.00

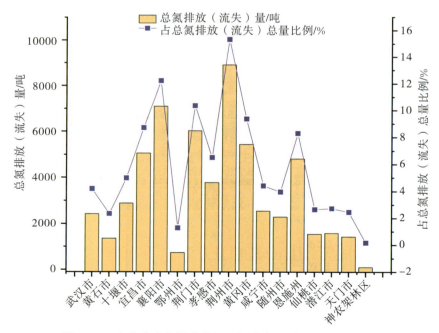

图 3.2-2 湖北省农业源种植业总氮排放(流失)量和占比分布

3.2.1.3 总磷

2017 年,湖北省农业源种植业总磷排放(流失)量为 6677.7235 吨。从种植业总磷排放(流失)量的地区分布来看,排放(流失)量最大的是荆州市,为 1052.5312 吨,占 15.76%;其后依次为襄阳市和荆门市,分别占 12.37%、10.64%;排放(流失)量最小的是神农架林区,为 12.2785 吨,占 0.17%。种植业总磷排放(流失)量大于 400 吨的市(州)共有 7 个,分别为:荆州市(1052.5312 吨)、襄阳市(826.1541 吨)、荆门市(710.4298 吨)、黄冈市(628.9810 吨)、宜昌市(549.3373 吨)、恩施州(529.7412 吨)、孝感市(435.0666 吨),七个市(州)种植业总磷排放(流失)量占到全省种植业总磷排放(流失)量的 70.87%。湖北省农业源种植业总磷排放(流失)量见图 3.2-3 和表 3.2-3。

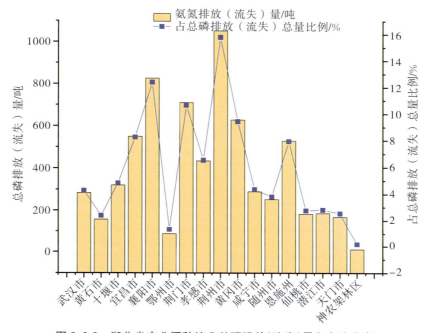

图 3.2-3 湖北省农业源种植业总磷排放(流失)量和占比分布

表 3.2-3 湖北省农业源种植业总磷排放(流失)量

行政区域	总磷	
	排放(流失)量/吨	排放(流失)量占比/%
武汉市	283.7490	4.25
黄石市	157.6398	2.36
十堰市	320.1584	4.80
宜昌市	549.3373	8.23
襄阳市	826.1541	12.37
鄂州市	87.7144	1.31
荆门市	710.4298	10.64
孝感市	435.0666	6.52
荆州市	1052.5312	15.76
黄冈市	628.9810	9.42
咸宁市	290.3472	4.35

行政区域	总磷	
	排放(流失)量/吨	排放(流失)量占比/%
随州市	253.1274	3.79
恩施州	529.7412	7.93
仙桃市	183.5178	2.75
潜江市	187.2467	2.80
天门市	169.7031	2.54
神农架林区	12.2785	0.17
湖北省	6677.7235	100.00

3.2.2 水产养殖业排放量情况

3.2.2.1 化学需氧量

2017 年,湖北省农业源水产养殖业化学需氧量排放量为 124858.3923 吨。从水产养殖业化学需氧量排放(流失)量的地区分布来看,排放量最大的是荆州市,为 29772.1711 吨,占 23.84%;其后依次为仙桃市和武汉市,分别占 14.29%、10.31%;排放量最小的是神农架林区,为 0.8269 吨,占比不到 0.01%;其次是恩施州,占 0.06%。水产养殖业化学需氧量排放量大于 3000 吨的市(州)有 11 个,分别为:荆州市(29772.1711 吨)、仙桃市(17840.0168 吨)、武汉市(12867.7253 吨)、孝感市(11094.981 吨)、黄冈市(10197.6868 吨)、鄂州市(9056.9791 吨)、荆门市(9014.4115 吨)、咸宁市(5419.5561 吨)、黄石市(4673.8572 吨)、潜江市(3307.2187 吨)、宜昌市(3037.3362 吨),其水产养殖业化学需氧量排放量占全省水产养殖业化学需氧量排放量总量的 93.13%。湖北省农业源水产养殖业化学需氧量排放情况见表 3.2-4 和图 3.2-4。

表 3.2-4　　　　　　　　　　湖北省农业源水产养殖业化学需氧量排放情况

行政区域	化学需氧量	
	排放量/吨	排放量占比/%
武汉市	12867.7253	10.31
黄石市	4673.8572	3.74
十堰市	1537.2621	1.23
宜昌市	3037.3362	2.43
襄阳市	2906.0664	2.33
鄂州市	9056.9791	7.25
荆门市	9014.4115	7.22
孝感市	11094.981	8.89
荆州市	29772.1711	23.84
黄冈市	10197.6868	8.17
咸宁市	5419.5561	4.34
随州市	1574.8338	1.26

行政区域	化学需氧量	
	排放量/吨	排放量占比/%
恩施州	80.8836	0.06
仙桃市	17840.0168	14.29
潜江市	3307.2187	2.65
天门市	2476.5797	1.98
神农架林区	0.8269	0.00
湖北省	124858.3923	100.00

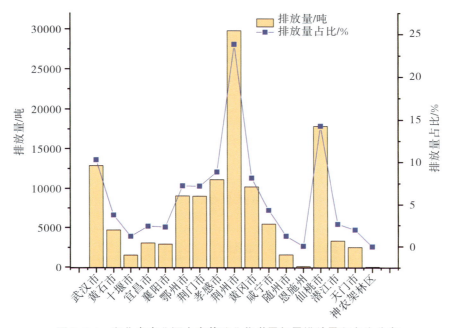

图 3.2-4　湖北省农业源水产养殖业化学需氧量排放量和占比分布

3.2.2.2　氨氮

　　2017年,湖北省农业源水产养殖业氨氮排放量为1940.404吨。从区域分布来看,排放量最大的是荆州市,为491.000吨,占25.30%;其后依次为黄冈市和孝感市,分别占9.93%、8.65%;排放量最小的是神农架林区,为0.020吨,占比不到0.01%;其次是恩施州,占0.04%。水产养殖业氨氮排放量大于300吨的市(州)有1个,为荆州市(491.000吨),其水产养殖业氨氮排放量占湖北省水产养殖业氨氮排放量总量的25.30%。湖北省农业源水产养殖业氨氮排放量见表3.2-5和图3.2-5。

表 3.2-5　　　　　　　　　　湖北省农业源水产养殖业氨氮排放情况

行政区域	氨氮	
	排放量/吨	排放量占比/%
武汉市	159.747	8.23
黄石市	122.277	6.30
十堰市	75.851	3.91

行政区域	氨氮	
	排放量/吨	排放量占比/%
宜昌市	59.197	3.05
襄阳市	42.959	2.21
鄂州市	140.920	7.26
荆门市	148.130	7.63
孝感市	167.798	8.65
荆州市	491.000	25.30
黄冈市	192.616	9.93
咸宁市	121.314	6.25
随州市	36.208	1.87
恩施州	0.839	0.04
仙桃市	83.247	4.29
潜江市	51.328	2.65
天门市	46.953	2.42
神农架林区	0.020	0.00
湖北省	1940.404	100.00

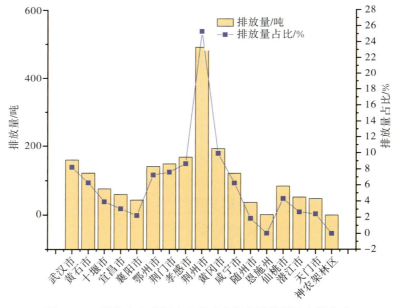

图 3.2-5　湖北省农业源水产养殖业氨氮排放量和占比分布

3.2.2.3　总氮

2017 年,湖北省农业源水产养殖业总氮排放量为 5922.5380 吨。从区域分布来看,排放量最大的是荆州市,为 1524.7476 吨,占 25.74%;其后依次为黄冈市和武汉市,分别占 9.34%、7.86%;排放量最小的是神农架林区,为 0.034 吨,占比不到 0.01%;其次是恩施州,占 0.05%。水产养殖业总氮排放量大于 300 吨的市(州)共有 9 个,分别为:荆州市(1524.7476 吨)、黄冈市(553.4586 吨)、武汉市(465.3483 吨)、孝感市（461.8771 吨）、荆门市（422.3013 吨）、鄂州市（391.5151 吨）、黄石市（385.3984 吨）、仙桃市（340.6142 吨）、咸宁市（310.5865 吨），其水产养殖业总氮排放量占到全省水产养殖业总氮排放量总量的81.99％。湖北省农业源水产养殖业总氮排放量见表 3.2-6 和图 3.2-6。

表 3.2-6 　　　　　　　　　　湖北省农业源水产养殖业总氮排放情况

行政区域	总氮	
	排放量/吨	排放量占比/％
武汉市	465.3483	7.86
黄石市	385.3984	6.51
十堰市	286.2969	4.83
宜昌市	227.6006	3.84
襄阳市	121.3965	2.05
鄂州市	391.5151	6.61
荆门市	422.3013	7.13
孝感市	461.8771	7.80
荆州市	1524.7476	25.74
黄冈市	553.4586	9.34
咸宁市	310.5865	5.24
随州市	132.1973	2.23
恩施州	2.9034	0.05
仙桃市	340.6142	5.75
潜江市	131.4349	2.22
天门市	164.8274	2.78
神农架林区	0.0339	0.00
湖北省	5922.5380	100.00

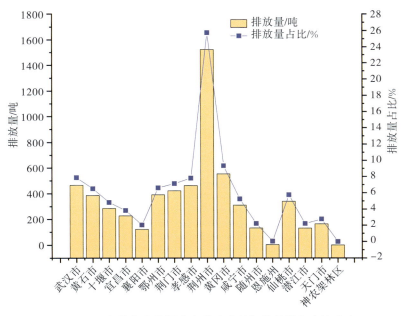

图 3.2-6　湖北省农业源水产养殖业总氮排放量和占比分布

3.2.2.4 总磷

2017 年,湖北省农业源水产养殖业总磷排放量为 417.698 吨。从区域分布来看,排放量最大的是荆州市,为 176.633 吨,占 42.29%;其后依次为十堰市和咸宁市,分别占 14.14%、12.47%;排放量最小的是襄阳市,为 −20.984 吨,占比 −5.02%;其次是荆门市,占比 −2.80%。水产养殖业总磷排放量大于 100 吨的市(州)有 1 个,为荆州市(176.633 吨),其水产养殖业总磷排放量占湖北省水产养殖业总磷排放量的 42.29%。湖北省农业源水产养殖业总磷排放量见图 3.2-7 和表 3.2-7。

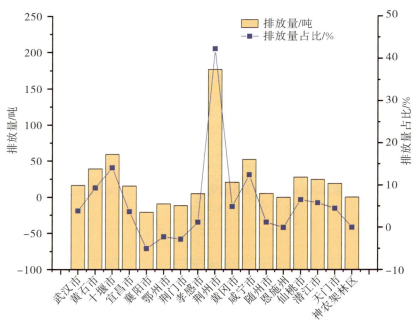

图 3.2-7 湖北省农业源水产养殖业总磷排放量和占比分布

表 3.2-7　　　　　　　　　　　　　湖北省农业源水产养殖业总磷排放量

行政区域	总磷	
	排放量/吨	排放量占比/%
武汉市	16.386	3.92
黄石市	39.18	9.38
十堰市	59.081	14.14
宜昌市	15.459	3.70
襄阳市	−20.984	−5.02
鄂州市	−9.35	−2.24
荆门市	−11.681	−2.80
孝感市	5.028	1.20
荆州市	176.633	42.29
黄冈市	20.534	4.92
咸宁市	52.071	12.47
随州市	5.055	1.21
恩施州	−0.257	−0.06

行政区域	总磷	
	排放量/吨	排放量占比/%
仙桃市	27.405	6.56
潜江市	24.361	5.83
天门市	18.8	4.5
神农架林区	−0.024	−0.01
湖北省	417.698	100

3.2.3 与2018年鉴比对

3.2.3.1 种植业耕地面积

与《湖北省农村统计年鉴》(2018)数据相比[①]，二污普种植业耕地面积相对偏差为−21.47%，各市(州)相对偏差为−42.75%~0.64%；二污普种植业园地面积相对偏差为39.19%，各市(州)相对偏差为−44.69%~404.65%。湖北省种植业耕地面积、园地面积统计见表3.2-8和图3.2-8。

表 3.2-8   湖北省种植业耕地面积、园地面积统计

行政区域	耕地面积			园地面积		
	二污普/亩	2018年鉴/亩	相对偏差/%	二污普/亩	2018年鉴/亩	相对偏差/%
武汉市	2684997	4438020	−39.50	266456	114285	133.15
黄石市	1475979	1759695	−16.12	207924	101685	104.48
十堰市	2774092	3589410	−22.71	1275073	2305350	−44.69
宜昌市	4598677	5210370	−11.74	2802723	2305350	21.57
襄阳市	7776038	10543890	−26.25	934151	418005	123.48
鄂州市	839371	834045	0.64	46635	12195	282.41
荆门市	6822781	7503960	−9.08	284568	287055	−0.87
孝感市	4024191	6593505	−38.97	762032	284835	167.53
荆州市	10136080	10244505	−1.06	315368	222900	41.48
黄冈市	5858358	7978860	−26.58	947033	1199430	−21.04
咸宁市	2626448	3012120	−12.80	734187	289845	153.30
随州市	2177881	3804420	−42.75	1066875	211410	404.65
恩施州	4541264	6781680	−33.04	2295961	825540	178.12
仙桃市	1779048	1783920	−0.27	10213.8	10185	0.28
潜江市	1806518	1838010	−1.71	43529	12045	261.39
天门市	1644831	2512695	−34.54	10576	13065	−19.05
神农架林区	109528	109530	0.00	36930	36930	0.00
湖北省	61676082	78538635	−21.47	12040234.8	8650110	39.19

---

①《湖北省农村统计年鉴》(2018)，表中简称"2018年鉴"。

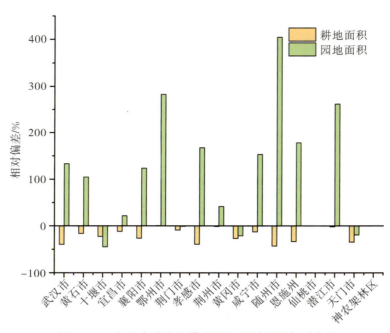

图 3.2-8　湖北省种植业耕地面积、园地面积相对偏差

3.2.3.2　农药使用量

与 2018 年鉴数据相比,二污普种植业农药使用量相对偏差为 26.68%,各市(州)相对偏差为-51.70%~168.62%。湖北省种植业农药使用量统计见表 3.2-9 和图 3.2-9。

表 3.2-9　　　　　　　　　　　　　　湖北省种植业农药使用量统计

行政区域	农药用量		
	二污普/吨	2018 年鉴/吨	相对偏差/%
武汉市	2927.80	1089.95	168.62
黄石市	1178.48	1491.80	-21.00
十堰市	1125.46	966.90	16.40
宜昌市	7106.50	4218.47	68.46
襄阳市	9927.40	8654.19	14.71
鄂州市	521.00	574.43	-9.30
荆门市	7198.00	2776.82	159.22
孝感市	4130.35	3414.85	20.95
荆州市	9645.84	8708.85	10.76
黄冈市	6008.20	4578.22	31.23
咸宁市	1680.92	1890.27	-11.08
随州市	3508.82	1547.85	126.69
恩施州	1557.94	3225.43	-51.70
仙桃市	695.04	577.73	20.31
潜江市	739.00	650.94	13.53
天门市	1986.70	2946.18	-32.57
神农架林区	5.61	5.61	0.00
湖北省	59943.06	47318.49	26.68

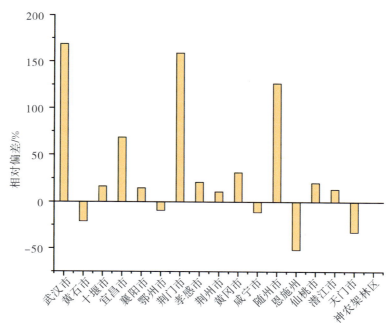

图 3.2-9　湖北省种植业农药使用量相对偏差

3.2.3.3　种植业氮肥施用量

与 2018 年鉴相比，二污普种植业氮肥施用量相对偏差为 −13.84%，各市（州）相对偏差为 −52.15%～48.47%。湖北省种植业氮肥施用量统计见表 3.2-10 和图 3.2-10。

表 3.2-10　　　　　　　　　　　　　湖北省种植业氮肥施用量统计

氮肥施用量			
行政区域	二污普/吨	2018 年鉴/吨	相对偏差/%
武汉市	64136	43199	48.47
黄石市	24548	22799	7.67
十堰市	28251	59041	−52.15
宜昌市	101196	113726	−11.02
襄阳市	180151	266279	−32.34
鄂州市	23985	20156	19.00
荆门市	88941	89271	−0.37
孝感市	74696	93927	−20.47
荆州市	136331	137624	−0.94
黄冈市	92366	137081	−32.62
咸宁市	43539	41075	6.00
随州市	68065	77882	−12.60
恩施州	106177	115100	−7.75
仙桃市	18896	23790	−20.57
潜江市	14453	14453	0.00

续表

氮肥施用量			
行政区域	二污普/吨	2018 年鉴/吨	相对偏差/%
天门市	37310	25146	48.37
神农架林区	1701	1610	5.65
湖北省	1104742	1282159	−13.84

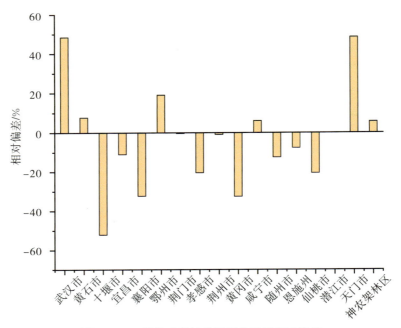

图 3.2-10　湖北省种植业氮肥施用量相对偏差

3.3　其他农业源普查数据分析

3.3.1　粪便利用率①

　　湖北省畜禽养殖污染源粪便利用率为 76.50%,各市(州)利用率为 70.10%～97.05%,其中神农架林区、仙桃市的粪便利用率超过 90%。湖北省各市(州)粪便利用率情况见表 3.3-1。

表 3.3-1　　　　　　　　　　　　湖北省各市(州)粪便利用率情况

行政区域	粪便		
	产生量/(万吨/年)	利用量/(万吨/年)	利用率/%
武汉市	101.539	76.388	75.23
黄石市	51.079	36.119	70.71
十堰市	146.997	108.702	73.95
宜昌市	203.902	155.216	76.12

　　①本书中粪污利用率仅分析了农业源畜禽养殖业的粪便以及尿液的利用情况。

行政区域	粪便		
	产生量/(万吨/年)	利用量/(万吨/年)	利用率/%
襄阳市	403.827	325.795	80.68
鄂州市	37.42	28.989	77.47
荆门市	166.857	121.663	72.91
孝感市	235.065	183.242	77.95
荆州市	200.483	160.616	80.11
黄冈市	388.821	292.351	75.19
咸宁市	102.522	75.131	73.28
随州市	141.803	113.072	79.74
恩施州	234.669	164.733	70.20
仙桃市	36.034	34.649	96.16
潜江市	22.459	15.744	70.10
天门市	51.584	38.776	75.17
神农架林区	2.272	2.205	97.05
湖北省	2527.331	1933.389	76.50

3.3.2 尿液利用率

湖北省畜禽养殖污染源尿液利用率为72.02%,各市(州)利用率为63.53%~97.80%,其中神农架林区的尿液利用率超过90%。湖北省各市(州)尿液利用率情况见表3.3-2。

表3.3-2   湖北省各市(州)尿液利用率情况

行政区域	尿液		
	产生量/(万吨/年)	利用量/(万吨/年)	利用率/%
武汉市	73.296	56.849	77.56
黄石市	58.181	43.599	74.94
十堰市	115.226	82.804	71.86
宜昌市	244.318	173.482	71.01
襄阳市	315.86	246.032	77.89
鄂州市	37.449	24.552	65.56
荆门市	153.19	107.237	70.00
孝感市	184.54	128.61	69.69
荆州市	184.917	141.995	76.79
黄冈市	242.629	176.662	72.81
咸宁市	112.627	71.557	63.53
随州市	97.457	65.455	67.16

行政区域	尿液		
	产生量/(万吨/年)	利用量/(万吨/年)	利用率/%
恩施州	267.365	185.222	69.28
仙桃市	11.121	9.618	86.49
潜江市	25.301	17.721	70.04
天门市	40.541	26.461	65.27
神农架林区	2.315	2.264	97.80
湖北省	2166.33	1560.117	72.02

3.3.3 粪污利用率

湖北省畜禽养殖污染源粪污利用率为74.43%,各市(州)利用率为68.18%～97.43%,其中神农架林区、仙桃市的粪污利用率超过90%。湖北省各市(州)粪污利用率情况见表3.3-3。

表3.3-3　　　　　　　　　　　　　湖北省各市(州)粪污利用率情况

行政区域	粪污		
	产生量/(万吨/年)	利用量/(万吨/年)	利用率/%
武汉市	174.835	133.237	76.21
黄石市	109.26	79.718	72.96
十堰市	262.223	191.506	73.03
宜昌市	448.22	328.698	73.33
襄阳市	719.687	571.827	79.45
鄂州市	74.869	53.541	71.51
荆门市	320.047	228.9	71.52
孝感市	419.605	311.852	74.32
荆州市	385.4	302.611	78.52
黄冈市	631.45	469.013	74.28
咸宁市	215.149	146.688	68.18
随州市	239.26	178.527	74.62
恩施州	502.034	349.955	69.71
仙桃市	47.155	44.267	93.88
潜江市	47.76	33.465	70.07
天门市	92.125	65.237	70.81
神农架林区	4.587	4.469	97.43
湖北省	4693.661	3493.506	74.43

3.4　与一污普数据比对

3.4.1　种植业比对

二污普农业源种植业化肥施用量为787.632万吨,较一污普增加191.30%。

二污普种植氨氮排放(流失)量为6009.851吨,较一污普减少了56.27%。二污普种植业总氮排放(流失)量为58084.574吨,较一污普减少了24.24%;二污普种植业总磷排放(流失)量为6677.724吨,较一污普增加了22.02%。

二污普秸秆产生量为3630.108吨,较一污普减少了11.15%;秸秆利用量为2491.972吨,较一污普减少了4.44%;秸秆利用率为68.65%,较一污普增加了4.83%。

二污普地膜使用量为19531.060吨,较一污普增加了105.40%;地膜残留量为5820.118吨,较一污普增加了248.20%;地膜残留率为29.80%,较一污普增加了12.22%。种植业二污普与一污普比对分析结果见表3.4-1、图3.4-1至图3.4-3。

表3.4-1　　　　　　　　　湖北省种植业二污普与一污普污染物比对汇总

指标		一污普	二污普	增减率/%
化肥	施用量/万吨	270.380	787.632	191.30
农药	使用量/吨	27475.400	59943.060	118.17
氨氮	排放(流失)量/吨	13742.900	6009.851	−56.27
总氮	排放(流失)量/吨	76668.670	58084.574	−24.24
总磷	排放(流失)量/吨	5472.700	6677.724	22.02
秸秆	产生量/吨	4085.810	3630.108	−11.15
	利用量/吨	2607.670	2491.972	−4.44
	利用率/%	63.82	68.65	4.83
地膜	使用量/吨	9508.680	19531.060	105.40
	残留量/吨	1671.510	5820.118	248.20
	残留率/%	17.58	29.80	12.22

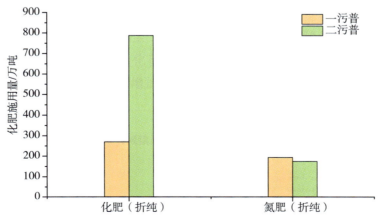

图3.4-1　湖北省种植业二污普与一污普化肥施用量比对分布

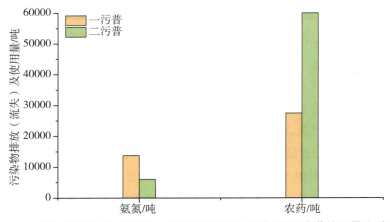

图 3.4-2 湖北省种植业二污普与一污普氨氮排放(流失)量及农药使用量比对分布

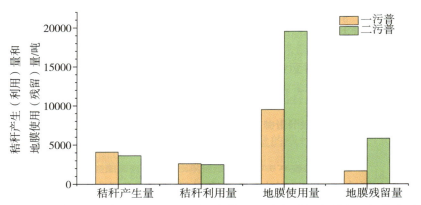

图 3.4-3 湖北省种植业秸秆产生(利用)量及地膜使用(残留)量二污普与一污普比对分布

3.4.2 水产养殖业比对

二污普水产养殖业污染物产生量:化学需氧量 157297.124 吨、氨氮 2348.507 吨、总氮 9065.484 吨、总磷 907.409 吨。与一污普相比较,化学需氧量减少 0.70%,氨氮增加 64.96%,总氮减少 46.26%,总磷减少 72.33%。

二污普水产养殖业污染物排放量:化学需氧量 124858.392 吨、氨氮 1940.404 吨、总氮 5922.538 吨、总磷 417.698 吨。与一污普相比较,化学需氧量减少 12.30%,氨氮增加 53.37%,总氮减少 61.51%,总磷减少 86.08%。湖北省水产养殖业污染物二污普与一污普比对分析结果见表 3.4-2 和图 3.4-4。

表 3.4-2 　　　　　　　　　　　　湖北省水产养殖业污染物二污普与一污普比对汇总

指标		一污普	二污普	增减率/%
化学需氧量	产生量/吨	158406.5	157297.124	−0.70
	排放量/吨	142373.5	124858.392	−12.30
	去除率/%	10.12	20.62	10.50
氨氮	产生量/吨	1423.7	2348.507	64.96
	排放量/吨	1265.2	1940.404	53.37
	去除率/%	11.13	17.38	6.25

指标		一污普	二污普	增减率/%
总氮	产生量/吨	16867.8	9065.484	−46.26
	排放量/吨	15388.9	5922.538	−61.51
	去除率/%	8.77	34.67	25.90
总磷	产生量/吨	3279.7	907.409	−72.33
	排放量/吨	3000	417.698	−86.08
	去除率/%	8.53	53.97	45.44

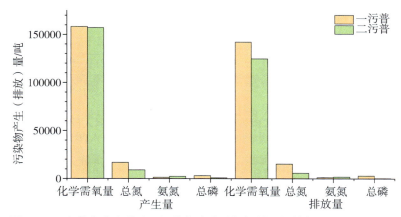

图 3.4-4　湖北省水产养殖业污染物产生(排放)量二污普与一污普比对分布

3.4.3　畜禽养殖业比对

3.4.3.1　畜禽养殖量比对

与一污普相比,二污普生猪出栏量增加了5492646头,增幅50.51%;奶牛存栏量减少了14256头,降幅38.17%;肉牛出栏量增加了77110头,增幅181.32%;蛋鸡存栏量增加了58439351羽,增幅149.87%;肉鸡出栏量增加了56873367羽,增幅94.64%。湖北省畜禽养殖业二污普养殖量与一污普比对汇总见表3.4-3。

表 3.4-3　　　　　　　　湖北省畜禽养殖业二污普养殖量与一污普比对汇总

指标	生猪出栏量/头	奶牛存栏量/头	肉牛出栏量/头	蛋鸡存栏量/羽	肉鸡出栏量/羽
一污普	10874953	37351	42526	38993454	60096455
二污普	16367599	23095	119636	97432805	116969822
增减量	5492646	−14256	77110	58439351	56873367
增减率/%	50.51	−38.17	181.32	149.87	94.64

3.4.3.2　畜禽养殖业产生排放比对

二污普畜禽养殖业废水产生量为1993.319万吨,较一污普减少了1566.391万吨,降幅44.00%。

二污普畜禽养殖业粪便产生量为2527.331万吨,尿液产生量为2166.330万吨;粪污产生量为4693.661万吨,较一污普增幅为317.60%。

二污普畜禽养殖业化学需氧量产生量较一污普减少了6766998.855吨,降幅为60.68%;畜禽养殖业氨氮、总氮和总磷产生量较一污普分别增加了 25126.725 吨、113991.894 吨和 40644.719 吨,增幅为 109.32％、112.23％和 270.10％。

二污普畜禽养殖业化学需氧量、氨氮、总磷排放量较一污普分别增加了 284787.435 吨、2591.110 吨、3619.932 吨,增幅为 89.06％、46.59％、80.17％;总氮排放量与一污普基本保持一致,减少了 0.82％。

二污普畜禽养殖业化学需氧量去除率是 86.21％,较一污普减少了 10.92％;畜禽养殖业氨氮、总氮、总磷去除率分别为 83.06％、83.88％、85.39％,较一污普增加了 7.25％、18.38％、15.40％。湖北省畜禽养殖业污染物产生、排放量二污普与一污普比对分析结果见表 3.4-4,分布情况见图 3.4-5、图 3.4-6。

表 3.4-4　　　　　　　　湖北省畜禽养殖业污染物产生、排放量二污普与一污普比对分析结果

指标		一污普	二污普	增减量	增减率/％
污水产生量/万吨		3559.710	1993.319	1566.391	−44.00
粪便产生量/万吨		482.630	2527.331	2044.701	423.66
尿液产生量/万吨		641.330	2166.330	1525.000	237.79
粪污产生量/万吨		1123.960	4693.661	3569.701	317.60
化学需氧量	产生量/吨	11151832.410	4384833.555	−6766998.855	−60.68
	排放量/吨	319773.440	604560.875	284787.435	89.06
	去除率/％	97.13	86.21	−10.92	—
氨氮	产生量/吨	22984.950	48111.675	25126.725	109.32
	排放量/吨	5561.160	8152.270	2591.110	46.59
	去除率/％	75.81	83.06	7.25	—
总氮	产生量/吨	101574.400	215566.294	113991.894	112.23
	排放量/吨	35042.080	34755.493	−286.587	−0.82
	去除率/％	65.50	83.88	18.38	—
总磷	产生量/吨	15048.270	55692.989	40644.719	270.10
	排放量/吨	4515.480	8135.412	3619.932	80.17
	去除率/％	69.99	85.39	15.40	—

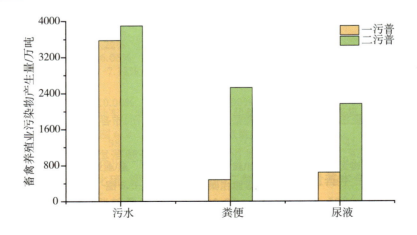

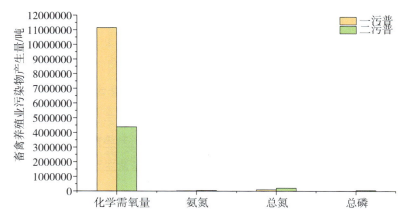

图 3.4-5　湖北省畜禽养殖业二污普与一污普污染物产生量比对分布

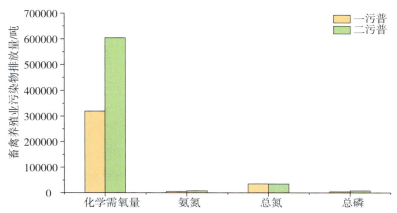

图 3.4-6　湖北省畜禽养殖业二污普与一污普污染物排放量比对分布

3.5　本章小结

1)湖北省二污普数据和湖北省 2017 年环境统计名录进行比对结果表明,共 239 个规模畜禽养殖场纳入本次普查。

2)2017 年,湖北省农业源种植业氨氮排放(流失)总量为 6009.851 吨,总氮排放(流失)量为 58084.5740 吨,总磷排放(流失)量为 6677.7235 吨;水产养殖业化学需氧量排放量为 124858.3923 吨,氨氮排放量为 1940.404 吨,总氮排放量为 5922.5380 吨,总磷排放量为 417.698 吨。

3)与《湖北省农村统计年鉴》(2018)数据相比,二污普种植业耕地面积相对偏差为－21.47%,农药使用量相对偏差为 26.68%,氮肥施用量相对偏差为－13.84%。

4)湖北省粪便利用率为 76.50%,尿液利用率为 72.02%,粪污利用率为 74.43%。

5)与一污普相比,二污普农业源种植业化肥施用量增加 191.30%,氨氮排放(流失)量减少了 56.27%,总氮排放(流失)量减少了 24.24%,总磷排放(流失)量增加了 22.02%,秸秆产生量减少了 11.15%,秸秆利用量减少了 4.44%,秸秆利用率增加了 4.83%,地膜使用量增加了 105.40%,地膜残留量增加了 248.20%;地膜残留率加了 12.22%。

6)与一污普相比,二污普水产养殖业污染物化学需氧量排放量减少 12.30%,总氮排放量减少 61.51%,氨氮排放量增加 53.37%,总磷排放量减少 86.08%。

7）与一污普相比，二污普生猪出栏量增加了 50.51％；奶牛存栏量减少了 38.17％；肉牛出栏量增加了 181.32％；蛋鸡存栏量增加了 149.87％；肉鸡出栏量增加了 94.64％。

8）与一污普相比，二污普畜禽养殖业化学需氧量、氨氮、总磷排放量增幅分别为 89.06％、46.59％、80.17％；总氮排放量与一污普基本保持一致，减少了 0.82％。二污普畜禽养殖业化学需氧量去除率较一污普减少了 10.92％；畜禽养殖业氨氮、总氮、总磷去除率较一污普分别增加了 7.25％、18.38％、15.40％。

4 生活源数据审核结果

4.1 与统计部门数据比对

4.1.1 常住人口比对

湖北省二污普常住人口与《2017 年湖北省统计年鉴》(简称"统计年鉴")数据比对分析:二污普数据为 5951.1282 万,统计年鉴数据为 5902.0000 万,差值 49.1282 万,相对偏差 0.83%。各市(州)相对偏差为 −2.37%～4.19%,均小于 5%。湖北省各市(州)二污普常住人口与《2017 年湖北省统计年鉴》数据比对分析结果见表 4.1-1 和图 4.1-1。

表 4.1-1 　湖北省各市(州)二污普常住人口与《2017 年湖北省统计年鉴》数据比对分析结果

行政区域	二污普数据 (已扣除在城镇建成区范围内的行政村)/万	统计年鉴 数据/万	差值 /万	相对偏差/%
湖北省	5951.1282	5902.0000	49.1282	0.83
武汉市	1079.7469	1089.3000	−9.5531	−0.88
黄石市	257.3945	247.0500	10.3445	4.19
十堰市	333.7126	341.8000	−8.0874	−2.37
宜昌市	412.2053	413.5600	−1.3547	−0.33
襄阳市	570.1252	565.4000	4.7252	0.84
鄂州市	109.9343	107.6900	2.2443	2.08
荆门市	301.9792	290.1500	11.8292	4.08
孝感市	506.3474	491.5000	14.8474	3.02
荆州市	563.4236	564.1700	−0.7464	−0.13
黄冈市	641.8278	634.1000	7.7278	1.22
咸宁市	263.0902	253.5100	9.5802	3.78
随州市	228.6772	221.0500	7.6272	3.45
恩施州	336.3207	336.1000	0.2207	0.07
仙桃市	114.1799	114.1000	0.0799	0.07
潜江市	96.5421	96.5000	0.0421	0.04
天门市	127.9405	128.3500	−0.4095	−0.32
神农架林区	7.6808	7.6800	0.0008	0.01

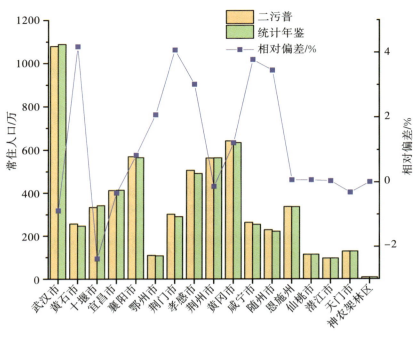

图 4.1-1　湖北省各市(州)二污普常住人口与《2017 年湖北省统计年鉴》数据比对分析

4.1.2　房屋竣工面积比对

湖北省各市(州)二污普房屋竣工面积与统计年鉴数据一致的共计 10 个,分别为:武汉市、十堰市、宜昌市、孝感市、荆州市、咸宁市、随州市、仙桃市、潜江市、天门市(表 4.1-2)。黄石市二污普数据为 199.6600 平方米,统计年鉴数据为 199.6632 万平方米,差值为 −0.0032 万平方米,相对偏差为 0.00%;襄阳市二污普数据为 896.8000 万平方米,统计年鉴数据为 896.8300 万平方米,差值为 −0.0300 万平方米,相对偏差为 0.00%;鄂州市二污普数据为 4.5000 万平方米,统计年鉴数据为 4.4528 万平方米,差值为 0.0472 万平方米,相对偏差为 1.06%;荆门市二污普数据为 230.6100 万平方米,统计年鉴数据为 230.6051 万平方米,差值为 0.0049 万平方米,相对偏差为 0.00%;黄冈市二污普数据为 361.0700 万平方米,统计年鉴数据为 361.0695 万平方米,差值为 0.0005 万平方米,相对偏差为 0.00%;恩施州二污普数据为 178.2800 万平方米,统计年鉴数据为 178.2806 万平方米,差值为 −0.0006 万平方米,相对偏差为 0.00%;神农架林区二污普数据为 12.9000 万平方米,统计年鉴数据为 18.2000 万平方米,差值为 −5.3000 万平方米,相对偏差为 −29.12%。

表 4.1-2　　　　　　　　　　　湖北省各市(州)房屋竣工面积比对分析

行政区域	房屋竣工面积(二污普)/ 万平方米	房屋竣工面积(统计年鉴)/ 万平方米	差值/万平方米	相对偏差/%
武汉市	880.2500	880.2500	0	0.00
黄石市	199.6600	199.6632	−0.0032	0.00
十堰市	169.7000	169.7000	0	0.00
宜昌市	260.4400	260.4400	0	0.00
襄阳市	896.8000	896.8300	−0.0300	0.00
鄂州市	4.5000	4.4528	0.0472	1.06
荆门市	230.6100	230.6051	0.0049	0.00

续表

行政区域	房屋竣工面积(二污普)/ 万平方米	房屋竣工面积(统计年鉴)/ 万平方米	差值/万平方米	相对偏差/%
孝感市	2469.7400	2469.7400	0	0.00
荆州市	242.3300	242.3300	0	0.00
黄冈市	361.0700	361.0695	0.0005	0.00
咸宁市	627.3700	627.3700	0	0.00
随州市	514.3700	514.3700	0	0.00
恩施州	178.2800	178.2806	−0.0006	0.00
仙桃市	553.2900	553.2900	0	0.00
潜江市	27.6000	27.6000	0	0.00
天门市	50.3000	50.3000	0	0.00
神农架林区	12.9000	18.2000	−5.3000	−29.12

湖北省各市(州)房屋竣工面积相对偏差小于5%的共计16个,分别为:武汉市、黄石市、十堰市、宜昌市、襄阳市、鄂州市、荆门市、孝感市、荆州市、黄冈市、咸宁市、随州市、恩施州、仙桃市、潜江市、天门市;相对偏差大于5%的仅有1个,为神农架林区。

4.2 与住建部门数据比对

4.2.1 市区-城镇综合生活用水量比对

湖北省各市(州)二污普市区-城镇综合生活用水量与住建部门数据一致的共计9个,分别为:黄石市、十堰市、宜昌市、荆门市、孝感市、咸宁市、随州市、仙桃市、天门市(表4.2-1)。襄阳市二污普数据为14843.0000万立方米,住建部门数据为6861.3000万立方米,差值为7981.7000万立方米,相对偏差为116.33%;荆州市二污普数据为6335.5500万立方米,住建部门数据为6331.5500万立方米,差值为4.0000万立方米,相对偏差为0.06%;黄冈市二污普数据为2174.0000万立方米,住建部门数据为2214.4000万立方米,差值为−40.4000万立方米,相对偏差为−1.82%;潜江市二污普数据为2115.4900万立方米,住建部门数据为2557.7900万立方米,差值为−442.3000万立方米,相对偏差为−17.29%;神农架林区二污普数据为206.0000万立方米,住建部门数据为180.0000万立方米,差值为26.0000万立方米,相对偏差为14.44%。

表 4.2-1　　　　　　　湖北省各市(州)市区-城镇综合生活用水量比对分析汇总

行政区域	市区-城镇综合生活用水量 (二污普)/万立方米	市区-城镇综合生活用水量 (住建)/万立方米	差值/万立方米	相对偏差/%
武汉市	82952.0600	—		
黄石市	5695.6200	5695.6200	0	0
十堰市	6696.4000	6696.4000	0	0
宜昌市	6454.1300	6454.1300	0	0
襄阳市	14843.0000	6861.3000	7981.7000	116.33
鄂州市	3620.0000	—		
荆门市	2904.9000	2904.9000	0	0

行政区域	市区-城镇综合生活用水量 (二污普)/万立方米	市区-城镇综合生活用水量 (住建)/万立方米	差值/万立方米	相对偏差/%
孝感市	3287.8100	3287.8100	0	0
荆州市	6335.5500	6331.5500	4.0000	0.06
黄冈市	2174.0000	2214.4000	−40.4000	−1.82
咸宁市	2267.0000	2267.0000	0	0
随州市	2419.4100	2419.4100	0	0
恩施州	—	—	—	—
仙桃市	2904.2100	2904.2100	0	0
潜江市	2115.4900	2557.7900	−442.3000	−17.29
天门市	1072.9000	1072.9000	0	0
神农架林区	206.0000	180.0000	26.0000	14.44

湖北省各市(州)市区-城镇综合生活用水量相对偏差小于5%的共计12个,分别为:黄石市、十堰市、宜昌市、荆门市、孝感市、荆州市、黄冈市、咸宁市、随州市、仙桃市、天门市;相对偏差大于5%的市(州)共计3个,分别为:襄阳市、潜江市、神农架林区。恩施州与恩施市(县级市)州市同城,相关数据在恩施市填报;武汉市、鄂州市、神农架林区的普查数据由住建部门和水务局提供。

4.2.2 县城-城镇综合生活用水量比对

湖北省各市(州)二污普县城-城镇综合生活用水量与住建部门数据完全一致的共计7个,分别为:黄石市、宜昌市、荆州市、黄冈市、咸宁市、随州市、恩施州(表4.2-2)。十堰市二污普数据为3728.1500万立方米,住建部门数据为2747.0600万立方米,差值为981.0900万立方米,相对偏差为35.71%;襄阳市二污普数据为6270.0500万立方米,住建部门数据为3992.7000万立方米,差值为2777.3500万立方米,相对偏差为57.04%;荆门市二污普数据为3236.1200万立方米,住建部门数据为3538.9000万立方米,差值为−302.7800万立方米,相对偏差为−8.56%。

表 4.2-2　　　　　　　　　　湖北省各市(州)县城-城镇综合生活用水量比对分析汇总

行政区域	县城-城镇综合生活用水量 (二污普)/万立方米	县城-城镇综合生活用水量 (住建)/万立方米	差值/万立方米	相对偏差/%
黄石市	1822.9400	1822.9400	0	0
十堰市	3728.1500	2747.0600	981.0900	35.71
宜昌市	4100.0600	4100.0600	0	0
襄阳市	6270.0500	3992.7000	2277.3500	57.04
荆门市	3236.1200	3538.9000	−302.7800	−8.56
孝感市	7438.8700	—		
荆州市	4521.6200	4521.6200	0	0
黄冈市	8802.8500	8802.8500	0	0
咸宁市	3819.0000	3819.0000	0	0
随州市	1997.0000	1997.0000	0	0
恩施州	4588.2100	4588.2100	0	0

注:武汉市无县城数据,仙桃市、潜江市、天门市、神农架林区数据填入市区表格。

湖北省各市(州)县城-城镇综合生活用水量分析相对偏差小于5%的共计7个,分别为:黄石市、宜昌市、荆州市、黄冈市、咸宁市、随州市、恩施州;相对偏差大于5%的共计3个,分别为:十堰市、襄阳市、荆门市。襄阳市住建部门统计的生活用水量小于各地污水处理厂实际处理生活污水量;孝感市二污普数据来源于城市(县城)供水表。

4.2.3 建制镇-城镇综合生活用水量比对

湖北省各市(州)二污普建制镇-城镇综合生活用水量与住建部门数据完全一致的共计11个,分别为:黄石市、十堰市、宜昌市、荆门市、黄冈市、咸宁市、随州市、仙桃市、潜江市、天门市、神农架林区(表4.2-3)。荆州市二污普数据为7700.3500万立方米,住建部门数据为7703.3500万立方米,差值为−3.0000万立方米,相对偏差为−0.04%;恩施州普查填报数据为2329.70000万立方米,住建部门数据为2327.2000万立方米,差值为2.5000万立方米,相对偏差为0.11%。

表4.2-3 湖北省各市(州)建制镇-城镇综合生活用水量比对分析汇总

行政区域	建制镇-城镇综合生活用水量(二污普)/万立方米	建制镇-城镇综合生活用水量(住建)/万立方米	差值/万立方米	相对偏差/%
武汉市	0.2600	—		
黄石市	1054.4200	1054.4200	0	0
十堰市	1591.3400	1591.3400	0	0
宜昌市	1854.0400	1854.0400	0	0
襄阳市	3003.9500	—		
鄂州市	987.0000			
荆门市	2668.0200	2668.0200	0	0
孝感市	2348.1900			
荆州市	7700.3500	7703.3500	−3.0000	−0.04
黄冈市	2857.5600	2857.5600	0	0
咸宁市	1394.0800	1394.0800	0	0
随州市	1787.3100	1787.3100	0	0
恩施州	2329.7000	2327.2000	2.5000	0.11
仙桃市	2237.6600	2237.6600	0	0
潜江市	442.3000	442.3000	0	0
天门市	1672.2800	1672.2800	0	0
神农架林区	66.5000	66.5000	0	0

湖北省各市(州)建制镇-城镇综合生活用水量相对偏差小于5%的共计13个,分别为:黄石市、十堰市、宜昌市、荆门市、荆州市、黄冈市、咸宁市、随州市、恩施州、仙桃市、潜江市、天门市、神农架林区。武汉市的二污普数据由四个建制镇相关部门回复后统计得到;襄阳市、鄂州市、孝感市的二污普数据均由建制镇相关部门提供。

4.2.4 市区人工煤气销售气量(居民家庭)比对

各市(州)二污普市区人工煤气销售气量(居民家庭)和住建部门数据均为0。

4.2.5 县城人工煤气销售气量(居民家庭)比对

各市(州)二污普县城人工煤气销售气量(居民家庭)和住建部门数据均为0。

4.2.6 市区天然气销售气量(居民家庭)比对

湖北省各市(州)二污普市区天然气销售气量(居民家庭)与住建部门数据一致(表4.2-4)。恩施州相关数据在恩施市填报。鄂州市二污普市区天然气销售气量(居民家庭)与住建部门数据一致。

表 4.2-4　　湖北省各市(州)市区天然气销售气量(居民家庭)比对分析汇总

行政区域	天然气销售气量(居民家庭,二污普)/万立方米	天然气销售气量(居民家庭,住建)/万立方米	差值/万立方米	相对偏差/%
武汉市	44000.0000	44000.0000	0	0
黄石市	1925.0000	1925.0000	0	0
十堰市	2442.5200	2442.5200	0	0
宜昌市	5895.2000	5895.2000	0	0
襄阳市	6085.0000	6085.0000	0	0
鄂州市	3347.0000	—	—	—
荆门市	2617.0000	2617.0000	0	0
孝感市	1700.0000	1700.0000	0	0
荆州市	3969.0000	3969.0000	0	0
黄冈市	1582.3800	1582.3800	0	0
咸宁市	2156.0000	2156.0000	0	0
随州市	1637.7800	1637.7800	0	0
恩施州	—	—	—	—
仙桃市	1624.0000	1624.0000	0	0
潜江市	1872.5100	1872.5100	0	0
天门市	827.8500	827.8500	0	0
神农架林区	23.2000	23.2000	0	0

4.2.7 县城天然气销售气量(居民家庭)比对

湖北省各市(州)二污普县城天然气销售气量(居民家庭)与住建部门数据完全一致的共计10个,分别为:黄石市、十堰市、宜昌市、襄阳市、荆门市、孝感市、荆州市、咸宁市、随州市、恩施州(表4.2-5)。黄冈市县城天然气销售气量(居民家庭)普查填报数据为6238.6000万立方米,住建部门数据为6246.9800万立方米,差值为-8.3800万立方米,相对偏差为-0.13%。

湖北省各市(州)县城天然气销售气量(居民家庭)的相对偏差均小于5%。

表 4.2-5　　湖北省各市(州)县城天然气销售气量(居民家庭)比对分析汇总

行政区域	天然气销售气量(居民家庭,二污普)/万立方米	天然气销售气量(居民家庭,住建)/万立方米	差值/万立方米	相对偏差/%
黄石市	750.0000	750.0000	0	0
十堰市	443.6100	443.6100	0	0
宜昌市	4878.1300	4878.1300	0	0
襄阳市	2429.7900	2429.8000	0	0
荆门市	2028.9200	2028.9200	0	0

行政区域	天然气销售气量(居民家庭,二污普)/万立方米	天然气销售气量(居民家庭,住建)/万立方米	差值/万立方米	相对偏差/%
孝感市	2110.0000	2110.0000	0	0
荆州市	2752.0600	2752.0600	0	0
黄冈市	6238.6000	6246.9800	−8.3800	−0.13
咸宁市	879.9000	879.9000	0	0
随州市	370.7200	370.7200	0	0
恩施州	7375.4700	7375.4700	0	0

注:武汉市无县城数据,仙桃市、潜江市、天门市、神农架林区数据填入市区表格。

4.2.8 市区液化石油气销售气量(居民家庭)比对

湖北省各市(州)二污普市区液化石油气销售气量(居民家庭)与住建部门数据一致(表4.2-6)。恩施市相关数据在恩施市填报。鄂州市二污普市区液化石油气销售气量(居民家庭)与住建部门数据一致。

表 4.2-6　　　　　　　　湖北省各市(州)市区液化石油气销售气量(居民家庭)比对分析

行政区域	液化石油气销售气量(居民家庭,二污普)/吨	液化石油气销售气量(居民家庭,住建)/吨	差值/万立方米	相对偏差/%
武汉市	28000.0000	28000.0000	0	0
黄石市	9434.0000	9434.0000	0	0
十堰市	7236.0000	7236.0000	0	0
宜昌市	4676.0000	4676.0000	0	0
襄阳市	11045.9000	11045.9000	0	0
鄂州市	6035.0000	—	—	—
荆门市	6300.0000	6300.0000	0	0
孝感市	4800.0000	4800.0000	0	0
荆州市	6027.0100	6027.0100	0	0
黄冈市	2600.0000	2600.0000	0	0
咸宁市	4530.0000	4530.0000	0	0
随州市	3562.0000	3562.0000	0	0
恩施州	—			
仙桃市	1860.0000	1860.0000	0	0
潜江市	2013.8000	2013.8000	0	0
天门市	2200.0000	2200.0000	0	0
神农架林区	115.0000	115.0000	0	0

4.2.9 县城液化石油气销售气量(居民家庭)比对

湖北省各市(州)二污普县城液化石油气销售气量(居民家庭)与住建部门数据一致(表4.2-7)。

表 4.2-7　湖北省各市(州)县城液化石油气销售气量(居民家庭)比对分析

行政区域	天然气销售气量(居民家庭,二污普)/万立方米	天然气销售气量(居民家庭,住建)/万立方米	差值/万立方米	相对偏差/%
黄石市	11129.0000	11129.0000	0	0
十堰市	5873.0000	5873.0000	0	0
宜昌市	7453.7200	7453.7200	0	0
襄阳市	11123.8300	11123.8300	0	0
荆门市	7918.0000	7918.0000	0	0
孝感市	15643.0000	15643.0000	0	0
荆州市	12808.0000	12808.0000	0	0
黄冈市	16486.7000	16486.7000	0	0
咸宁市	13320.2000	13320.2000	0	0
随州市	2101.0000	2101.0000	0	0
恩施州	5918.5000	5918.5000	0	0

注:武汉市无县城数据,仙桃市、潜江市、天门市、神农架林区数据填入市区表格。

4.3　入河排污口、非工业企业单位锅炉审核情况

4.3.1　入河排污口审核情况

湖北省入河(海)排污口共计 3921 个,均为入河排污口,其中开展水质监测的入河排污口共 309 个(表 4.3-1)。按排污口规模统计,规模以上入河排污口 1354 个,占湖北省地区入河排污口数量的 34.53%;规模以下入河排污口 2567 个,占湖北省地区入河排污口数量的 65.47%。按排污口类型统计,工业废水排污口 398 个,占湖北省地区入河排污口数量的 10.15%;生活污水排污口 2266 个,占湖北省地区入河排污口数量的 57.79%;混合废水排污口 1227 个,占湖北省地区入河排污口数量的 31.29%;其他排污口 30 个,占湖北省地区入河排污口数量的 0.77%。

表 4.3-1　湖北省入河排污口基本信息

行政区域	入河排污口/个	开展水质监测排污口/个	规模		排污口类型			
			规模以上/个	规模以下/个	工业废水排污口/个	生活污水排污口/个	混合污废水排污口/个	其他排污口/个
武汉市	501	34	250	251	69	243	186	3
黄石市	230	12	88	142	31	139	60	0
十堰市	119	0	83	36	6	22	91	0
宜昌市	268	46	105	163	67	50	151	0
襄阳市	156	6	72	84	17	41	98	0
鄂州市	53	6	32	21	2	37	14	0
荆门市	327	5	106	221	52	191	82	2
孝感市	367	49	126	241	37	229	101	0
荆州市	514	35	140	374	53	353	85	23
黄冈市	341	31	115	226	10	286	44	1

行政区域	入河排污口/个	开展水质监测排污口/个	规模		排污口类型			
			规模以上/个	规模以下/个	工业废水排污口/个	生活污水排污口/个	混合污废水排污口/个	其他排污口/个
咸宁市	129	49	66	63	19	64	46	0
随州市	345	7	51	294	8	248	89	0
恩施州	342	8	52	290	14	233	94	1
仙桃市	149	6	31	118	4	78	67	0
潜江市	37	1	14	23	5	24	8	0
天门市	35	14	19	16	4	28	3	0
神农架林区	8	0	4	4	0	0	8	0
湖北省	3921	309	1354	2567	398	2266	1227	30

湖北省规模以上的生活污水排污口 503 个,规模以上的混合排污口(不含污水处理厂)357 个,已监测的排污口 289 个,湖北省入河排污口监测比例为 33.60%。湖北省各市(州)入河排污口监测比例均达到 10%,满足《第二次全国污染源普查入河(海)排污口普查与监测技术规定》(国污普〔2018〕4 号)的要求。湖北省各市(州)排污口监测数量、比例统计见表 4.3-2。

表 4.3-2   湖北省各市(州)入河排污口监测数量、比例统计

行政区域	排污口/个	规模以上的生活污水排污口/个	规模以上的混合排污口(不含污水处理厂)/个	已监测的排污口/个	排污口监测比例/%
湖北省	3921	503	357	289	33.60
武汉市	501	85	102	34	18.18
黄石市	230	41	25	12	18.18
十堰市	119	0	0	0	—
宜昌市	268	15	32	46	97.87
襄阳市	156	5	31	6	16.67
鄂州市	53	16	9	6	24.00
荆门市	327	31	16	5	10.64
孝感市	367	66	39	49	46.67
荆州市	514	57	23	35	43.75
黄冈市	341	84	12	31	32.29
咸宁市	129	20	27	29	61.70
随州市	345	30	14	7	15.91
恩施州	342	28	8	8	22.22
仙桃市	149	5	16	6	28.57
潜江市	37	6	3	1	11.11
天门市	35	14	0	14	100.00
神农架林区	8	0	0	0	—

湖北省各市(州)枯水期和丰水期入河排污口污染物排放情况见表 4.3-3。湖北省入河排污口污水平均排放流量丰水期大于枯水期,各污染物排放浓度丰水期总体上低于枯水期。

表 4.3-3

湖北省各市(州)枯水期和丰水期入河排污口口污染物排放情况

行政区域	污水平均排放流量/(立方米/小时)		化学需氧量平均浓度/(毫克/升)		五日生化需氧量平均浓度/(毫克/升)		氨氮平均浓度/(毫克/升)		总氮平均浓度/(毫克/升)		总磷平均浓度/(毫克/升)		动植物油平均浓度/(毫克/升)	
	枯水期	丰水期	枯水期	丰水期	枯水期	丰水期	枯水期	丰水期	枯水期	丰水期	枯水期	丰水期	枯水期	丰水期
湖北省	1121.1087	1257.1781	50.5345	41.4468	14.5726	13.2862	6.8188	5.2568	11.7951	8.4199	1.1051	0.9132	0.5430	0.5308
武汉市	1825.5524	2329.1578	28.5979	21.3688	8.0568	5.7000	4.4380	2.8328	6.6099	4.9060	0.4747	0.3671	0.4540	0.1133
黄石市	1365.9111	1568.0083	31.6111	26.2778	7.4525	6.7000	3.3847	3.5707	5.2939	5.5028	0.4364	0.5239	0.2981	0.3469
宜昌市	1613.0612	1248.2732	34.0590	22.6087	9.2504	6.4000	3.5284	1.8313	8.8112	6.1008	0.3511	0.2903	0.1820	0.1376
襄阳市	2274.9400	2543.3500	51.0000	58.6111	16.8878	22.4072	7.5497	6.8780	11.8083	10.1794	0.7582	1.0261	0.2200	0.7283
鄂州市	190.1000	184.4000	31.5278	26.2500	8.5833	14.7500	7.3752	7.0703	8.8247	8.2767	0.7861	0.7247	1.4983	0.7261
荆门市	14.8533	19.0467	142.4667	136.8000	42.9200	43.5133	13.7567	13.8700	13.1960	14.0973	1.4827	0.5822	0.1235	0.1395
孝感市	2135.0354	2664.9034	54.8796	66.6463	16.0238	20.3789	12.1621	9.3960	17.2914	13.5025	3.4061	2.8176	0.5213	0.6910
荆州市	522.7429	498.9295	77.7810	51.6762	23.9590	17.9790	9.2710	5.6928	17.9096	8.6259	1.1437	0.7751	0.3364	1.5695
黄冈市	253.7071	378.0710	48.7687	51.5591	18.7229	17.0763	4.8374	5.6064	8.1409	9.5347	0.7114	0.8341	0.6421	0.1504
咸宁市	185.4599	275.2871	61.6735	42.2925	19.4435	12.1663	6.2244	4.6339	10.4108	7.6763	0.9661	0.6869	0.8690	0.5065
随州市	1363.1000	953.2952	84.4476	67.1000	23.9086	27.5190	14.8592	13.3512	24.2424	17.5748	0.6274	1.4327	0.6524	1.9614
恩施州	396.3250	466.3500	71.1250	56.5000	23.1125	17.1583	9.0721	10.4230	11.2596	12.4033	0.8207	0.9385	2.8929	2.4932
仙桃市	788.4286	847.9893	19.4704	19.8575	3.7929	3.7796	2.0339	1.9468	5.9454	5.7243	0.3100	0.3396	0.0199	0.0197
潜江市	1.6667	25.3333	33.3333	29.0000	16.2000	12.4000	3.8933	0.6700	7.4033	1.4167	0.2767	0.1300	0.0433	0
天门市	1460.0571	1395.0000	79.8881	34.4762	4.5357	16.3214	8.2781	5.0764	29.9562	9.2183	1.5990	0.8336	0	0.2193

4.3.2 非工业企业单位锅炉审核情况

2017 年湖北省非工业企业单位锅炉颗粒物排放量为 743.13 吨。从地区分布来看,排放量最大的是潜江市,为 652.91 吨,在湖北省占比 87.86%。湖北省各市(州)非工业企业单位锅炉颗粒物排放情况见表 4.3-4,排放量占比排序见图 4.3-1。

表 4.3-4　　　　　　　　　　　　湖北省各市(州)非工业企业单位锅炉颗粒物排放情况

行政区域	颗粒物排放量/吨	排放量占比/%
湖北省	743.13	100.00
武汉市	3.64	0.49
黄石市	0.52	0.07
十堰市	0.02	0.00
宜昌市	0.00	0.00
襄阳市	0.75	0.10
鄂州市	0.04	0.01
荆门市	0.40	0.05
孝感市	13.31	1.79
荆州市	0.17	0.02
黄冈市	5.66	0.76
咸宁市	0.03	0.00
随州市	60.59	8.15
恩施州	2.53	0.34
仙桃市	0.00	0.00
潜江市	652.91	87.86
天门市	2.56	0.34
神农架林区	0.00	0.00

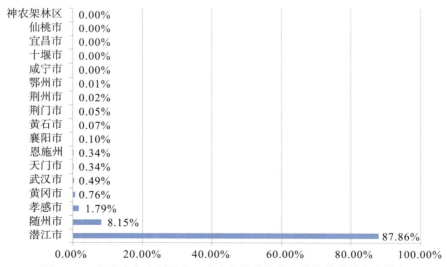

图 4.3-1　湖北省各市(州)非工业企业单位锅炉颗粒物排放量占比排序

2017 年湖北省非工业企业单位锅炉二氧化硫排放量总量为 543.49 吨。从地区分布来看,排放量最大的是潜江市,为298.84吨,在湖北省占比54.99%。湖北省各市(州)非工业企业单位锅炉二氧化硫排放情况见表4.3-5,排放量占比排序见图4.3-2。

表4.3-5　　　　　　　　　湖北省各市(州)非工业企业单位锅炉二氧化硫排放情况

行政区域	二氧化硫排放量/吨	排放量占比/%
湖北省	543.49	100.00
武汉市	12.15	2.24
黄石市	37.43	6.89
十堰市	0.96	0.18
宜昌市	1.54	0.28
襄阳市	1.81	0.33
鄂州市	1.15	0.21
荆门市	5.28	0.97
孝感市	24.12	4.44
荆州市	15.49	2.85
黄冈市	34.73	6.39
咸宁市	2.11	0.39
随州市	87.82	16.16
恩施州	17.22	3.17
仙桃市	0.04	0.01
潜江市	298.84	54.99
天门市	2.76	0.51
神农架林区	0.04	0.01

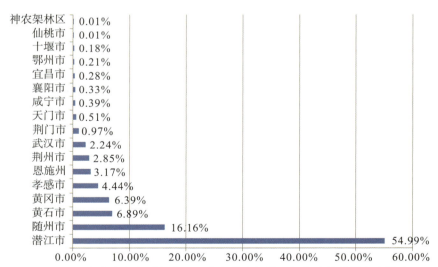

图4.3-2　湖北省各市(州)非工业企业单位锅炉二氧化硫排放量占比排序

2017年湖北省非工业企业单位锅炉氮氧化物排放量总量为472.42吨。从地区分布来看,排放量最大的是武汉市,为164.41吨,在湖北省占比34.80%;其次为潜江市,为143.18吨,在湖北省占比30.31%。湖北省各市(州)非工业企业单位锅炉氮氧化物排放情况见表4.3-6,排放量占比排序见图 4.3-3。

表 4.3-6   湖北省各市(州)非工业企业单位锅炉氮氧化物排放情况

行政区域	氮氧化物排放量/吨	排放量占比/%
湖北省	472.42	100.00
武汉市	164.41	34.80
黄石市	12.93	2.74
十堰市	5.08	1.08
宜昌市	19.71	4.17
襄阳市	14.62	3.09
鄂州市	2.70	0.57
荆门市	7.56	1.60
孝感市	11.10	2.35
荆州市	22.67	4.80
黄冈市	29.46	6.24
咸宁市	5.48	1.16
随州市	19.48	4.12
恩施州	10.18	2.15
仙桃市	1.38	0.29
潜江市	143.18	30.31
天门市	0.81	0.17
神农架林区	1.67	0.35

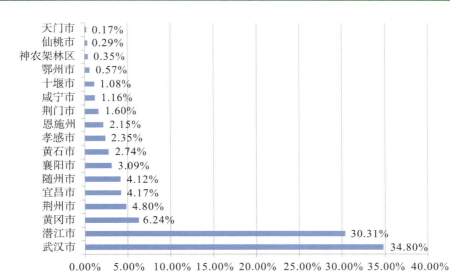

图 4.3-3　湖北省各市(州)非工业企业单位锅炉氮氧化物排放量占比排序

2017 年湖北省非工业企业单位锅炉挥发性有机物排放量总量为 28.71 吨。从地区分布来看,排放量最大的是武汉市,为 16.11 吨,在湖北省占比 56.11%。湖北省各市(州)非工业企业单位锅炉挥发性有机物排放情况见表 4.3-7,排放量占比排序见图 4.3-4。

表 4.3-7　　　　　　　　　　湖北省各市(州)非工业企业单位锅炉挥发性有机物排放情况

行政区域	挥发性有机物排放量/吨	排放量占比/%
湖北省	28.71	100.00
武汉市	16.11	56.11
黄石市	0.71	2.47
十堰市	0.50	1.74
宜昌市	1.74	6.06
襄阳市	1.49	5.19
鄂州市	0.23	0.80
荆门市	0.61	2.12
孝感市	0.65	2.26
荆州市	2.06	7.18
黄冈市	1.26	4.39
咸宁市	0.53	1.85
随州市	0.19	0.66
恩施州	0.78	2.72
仙桃市	0.14	0.49
潜江市	1.50	5.22
天门市	0.02	0.07
神农架林区	0.17	0.59

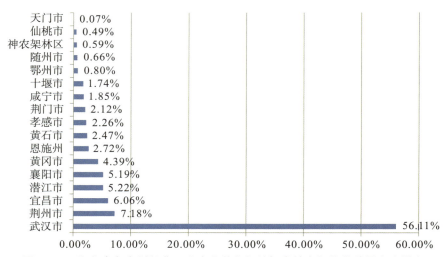

图 4.3-4　湖北省各市(州)非工业企业单位锅炉挥发性有机物排放量占比排序

　　潜江市非工业企业锅炉燃料煤消耗量为 50094.7000 吨,占全省的 73.64%。燃煤锅炉的主要排放典型污染物指标为颗粒物和二氧化硫,潜江市颗粒物和二氧化硫排放量基本合理。

　　武汉市非工业企业锅炉燃油消耗量为 2683.1000 吨,占全省的 75.10%;天然气、液化石油气、液化天然气及其他气体燃料消耗量为 29231.8000 吨,占全省的 81.73%。武汉市氮氧化物、挥发性有机物的排放量基本合理。

4.4 其他生活源普查数据审核情况

4.4.1 城镇生活源污水产生量合理性分析

湖北省各市(州)城镇常住人口与城镇生活源污水产生量的线性关系见图4.4-1,由该图可知,湖北省各市(州)城镇常住人口数量与城镇生活源污水产生量线性关系良好($R^2 = 0.947$),说明湖北省各市(州)城镇常住人口与城镇生活源污水产生量基本合理。

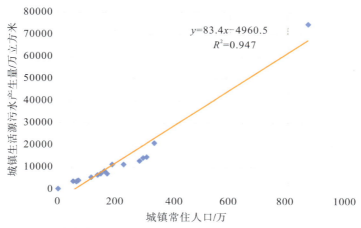

$$y = 83.4x - 4960.5$$
$$R^2 = 0.947$$

图 4.4-1　湖北省各市(州)城镇常住人口与城镇生活源污水产生量的线性关系

湖北省各市(州)城镇常住人口与城镇综合生活用水量情况见表4.4-1。城镇综合生活用水量在全省城镇综合生活用水量中占比排序与城镇常住人口在全省城镇常住人口中的占比排序较为一致。

表 4.4-1　　　　　　　湖北省各市(州)城镇常住人口与城镇综合生活用水量情况

行政区域	城镇常住人口/万	城镇常住人口占比/%	城镇常住人口占比排序	城镇综合生活用水量/万立方米	城镇综合生活用水量占比/%	城镇综合生活用水量占比排序
武汉市	869.8600	24.66	1	82952.3200	36.02	1
黄石市	164.1900	4.65	9	8572.9800	3.72	9
十堰市	189.4900	5.37	7	12015.8900	5.22	7
宜昌市	229.4200	6.50	6	12408.2300	5.39	6
襄阳市	337.2600	9.56	2	24117.0000	10.47	2
鄂州市	73.1600	2.07	13	4607.0000	2.00	14
荆门市	172.8600	4.90	8	8809.0400	3.83	8
孝感市	284.9200	8.08	5	13074.8700	5.68	5
荆州市	309.3600	8.77	3	18557.5200	8.06	3
黄冈市	297.5700	8.44	4	13834.4100	6.01	4
咸宁市	139.3300	3.95	11	7480.0800	3.25	10
随州市	117.7700	3.34	12	6203.7200	2.69	12
恩施州	150.3800	4.26	10	6917.9100	3.00	11
仙桃市	65.7200	1.86	15	5141.8700	2.23	13
潜江市	54.3300	1.54	16	2557.7900	1.11	16

续表

行政区域	城镇常住人口/万	城镇常住人口占比/%	城镇常住人口占比排序	城镇综合生活用水量/万立方米	城镇综合生活用水量占比/%	城镇综合生活用水量占比排序
天门市	68.2800	1.94	14	2745.1800	1.19	15
神农架林区	3.6400	0.10	17	272.5000	0.12	17
湖北省	3527.5400			230268.3100		

注：表中城镇常住人口占比＝城镇常住人口/全省城镇常住人口；城镇综合生活用水量占比＝城镇综合生活用水量/全省综合生活用水量。

　　湖北省各市（州）城镇常住人口与城镇综合生活用水量的线性关系见图 4.4-2，由该图可知，城镇常住人口与城镇综合生活用水量线性关系良好（$R^2＝0.946$），湖北省 17 市（州）城镇常住人口与城镇综合生活用水量基本合理。

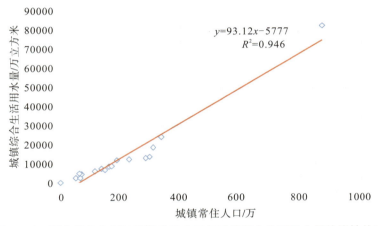

图 4.4-2　湖北省各市（州）城镇常住人口与城镇综合生活用水量的线性关系

　　湖北省各市（州）城镇人均日生活用水量情况见图 4.4-3。湖北省城镇人均日生活用水量为 185.0592 升/天，其中城镇人均日生活用水量最高的市（州）为武汉市 261.2942 升/天，最少的为天门市 110.1610 升/天，城镇人均日生活用水量数据统计基本合理。

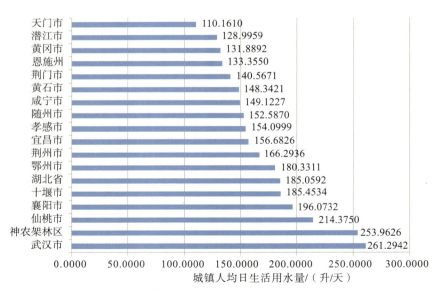

图 4.4-3　湖北省各市（州）城镇人均日生活用水量情况

4.4.2 农村生活源污水产生量合理性分析

湖北省各市(州)农村常住人口与农村生活源污水产生量的线性关系见图4.4-4,由该图可知,农村常住人口与农村生活源污水产生量线性关系良好($R^2=0.891$),湖北省各市(州)农村常住人口与农村生活源污水产生量基本合理。

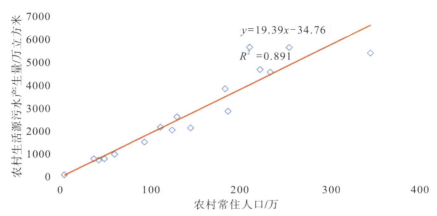

图4.4-4 湖北省各市(州)农村常住人口与农村生活源污水产生量的线性关系

4.4.3 城镇和农村废水污染物排放量分布合理性分析

二污普生活源中,城镇废水、化学需氧量、五日生化需氧量、氨氮、总氮、总磷排放量分别是农村的4.52倍、1.12倍、1.15倍、1.59倍、1.50倍和1.17倍,农村动植物油排放量是城镇的2.57倍(表4.4-2、图4.4-5),与目前湖北省集中式污水处理设施分布情况一致,数据合理。

表4.4-2　　　　　　　　湖北省生活源废水污染物排放量城镇和农村分布比对情况

指标	城镇排放量	农村排放量
废水/万立方米	209867.5314	46409.5720
化学需氧量/吨	283132.4075	252267.8570
五日生化需氧量/吨	134001.6911	116880.6282
氨氮/吨	25003.3703	15759.5359
总氮/吨	46079.3579	30675.1743
总磷/吨	3171.1817	2720.4316
动植物油/吨	4479.3876	11533.0980

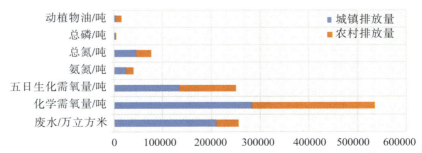

图4.4-5 湖北省生活源废水污染物排放量城镇和农村分布比对情况

4.4.4 废气及污染物排放情况

4.4.4.1 颗粒物

2017 年,湖北省生活源颗粒物排放量为 13.4534 万吨。从地区分布来看,排放量最大的是武汉市,为 2.2241 万吨,占总量的 16.53%;排放量最小的是神农架林区,为 0.0324 万吨,占总量的 0.24%。湖北省各市(州)生活源颗粒物排放量占比排序见图 4.4-6。

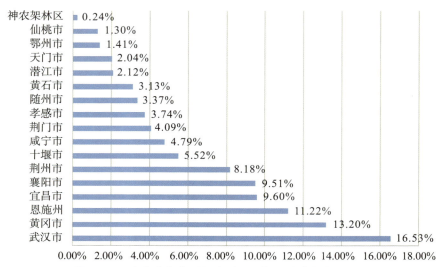

图 4.4-6 湖北省各市(州)生活源颗粒物排放量占比排序

4.4.4.2 二氧化硫

2017 年,湖北省生活源二氧化硫排放量为 7.1604 万吨。从地区分布来看,排放量最大的是武汉市,为 2.2442 万吨,占总量的 31.34%;排放量最小的是神农架林区,为 0.0094 万吨,占总量的 0.13%。湖北省各市(州)生活源二氧化硫排放量占比排序见图 4.4-7。

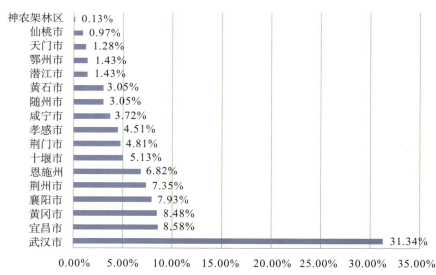

图 4.4-7 湖北省各市(州)生活源二氧化硫排放量占比排序

4.4.4.3 氮氧化物

2017 年,湖北省生活源氮氧化物排放量为 2.5476 万吨。从地区分布来看,排放量最大的是武汉市,

为 0.4622 万吨,占总量的 18.14％。排放量最小的是神农架林区,为 0.0061 万吨,占总量的 0.24％。湖北省各市(州)生活源氮氧化物排放量占比排序见图 4.4-8。

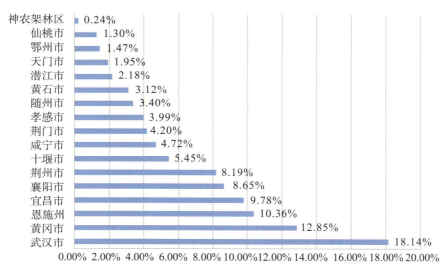

图 4.4-8　湖北省各市(州)生活源氮氧化物排放量占比排序

4.4.4.4　挥发性有机物

2017 年,湖北省生活源挥发性有机物排放量为 106350.5561 吨。从地区分布来看,排放量最大的是武汉市,为 18886.4695 吨,占总量的 17.76％。排放量最小的是神农架林区,为 290.8272 吨,占总量的 0.27％。湖北省各市(州)生活源挥发性有机物排放量占比排序见图 4.4-9。

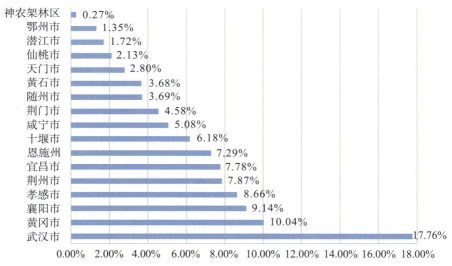

图 4.4-9　湖北省各市(州)生活源挥发性有机物排放占比排序

4.5　与一污普数据比对

4.5.1　城镇常住人口比对

湖北省二污普城镇常住人口为 3527.5400 万,一污普城镇常住人口为 2686.1100 万。湖北省各市

（州）一污普与二污普的城镇常住人口占比排序较为一致。湖北省各市（州）城镇常住人口占比排序见表4.5-1，占比比对情况见图4.5-1。

表4.5-1　　　　　　　　　　　湖北省各市（州）城镇常住人口占比排序

行政区域	城镇常住人口（二污普）/万	占比/%	排序	城镇常住人口（一污普）/万	占比/%	排序
武汉市	869.8600	24.66	1	672.9800	25.05	1
黄石市	164.1900	4.65	9	147.0800	5.48	8
十堰市	189.4900	5.37	7	157.2300	5.85	7
宜昌市	229.4200	6.50	6	171.0300	6.37	6
襄阳市	337.2600	9.56	2	266.3800	9.92	2
鄂州市	73.1600	2.07	13	46.3600	1.73	15
荆门市	172.8600	4.90	8	119.6000	4.45	9
孝感市	284.9200	8.08	5	184.0600	6.85	5
荆州市	309.3600	8.77	3	257.2900	9.58	3
黄冈市	297.5700	8.44	4	197.0100	7.33	4
咸宁市	139.3300	3.95	11	116.1300	4.32	10
随州市	117.7700	3.34	12	100.5300	3.74	11
恩施州	150.3800	4.26	10	78.9300	2.94	12
仙桃市	65.7200	1.86	15	63.6800	2.37	13
潜江市	54.3300	1.54	16	45.3000	1.69	16
天门市	68.2800	1.94	14	59.6100	2.22	14
神农架林区	3.6400	0.10	17	2.9000	0.11	17

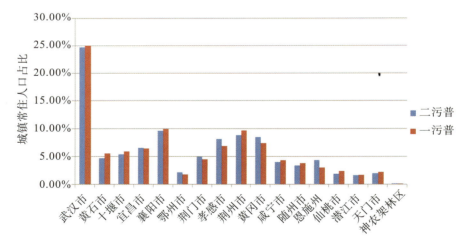

图4.5-1　湖北省各市（州）城镇常住人口占比比对情况

4.5.2　城镇综合生活用水量比对

湖北省二污普城镇综合生活用水量为230268.3100万立方米，一污普城镇综合生活用水量为192048.6700万立方米。湖北省各市（州）一污普与二污普的城镇综合生活用水量占比排序较为一致。湖北省各市（州）城镇综合生活用水量占比排序见表4.5-2，占比比对情况见图4.5-2。

表 4.5-2 湖北省各市(州)城镇综合生活用水量占比排序

行政区域	城镇综合生活用水量(二污普)	占比/%	排序	城镇综合生活用水量(一污普)	占比/%	排序
武汉市	82952.3200	36.02	1	51119.6000	26.62	1
黄石市	8572.9800	3.72	9	10789.3700	5.62	8
十堰市	12015.8900	5.22	7	11332.7900	5.90	7
宜昌市	12408.2300	5.39	6	12498.3900	6.51	6
襄阳市	24117.0000	10.47	2	20135.2300	10.48	2
鄂州市	4607.0000	2.00	14	2613.3900	1.36	16
荆门市	8809.0400	3.83	8	7871.9900	4.10	10
孝感市	13074.8700	5.68	5	14591.2900	7.60	4
荆州市	18557.5200	8.06	3	17551.2900	9.14	3
黄冈市	13834.4100	6.01	4	12896.6000	6.72	5
咸宁市	7480.0800	3.25	10	9159.7700	4.77	9
随州市	6203.7200	2.69	12	5717.7700	2.98	12
恩施州	6917.9100	3.00	11	5748.9700	2.99	11
仙桃市	5141.8700	2.23	13	3027.7100	1.58	14
潜江市	2557.7900	1.11	16	2930.6200	1.53	15
天门市	2745.1800	1.19	15	3764.9100	1.96	13
神农架林区	272.5000	0.12	17	298.9900	0.16	17

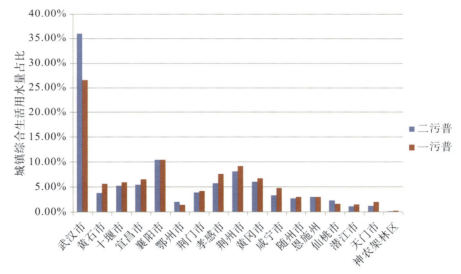

图 4.5-2 湖北省各市(州)城镇综合生活用水量占比比对情况

4.5.3 非工业企业单位锅炉数量及额定出力比对

2017 年,湖北省非工业企业单位锅炉共计 1358 台,总额定出力为 4364.4000 吨/小时,集中分布在武汉市(685 台),占全省非工业企业单位锅炉数量的 50.44%,占全省非工业企业单位总额定出力的 57.07%。2007 年,湖北省非工业企业单位锅炉共计 1964 台,总额定出力为 3807.0000 吨/小时,集中分布在武汉市(814 台),占全省非工业企业单位锅炉数量的 41.45%,占全省非工业企业单位总额定出力的 56.34%。湖北省各市(州)非工业企业单位锅炉数量及额定出力分布情况见表 4.5-3、表 4.5-4、图 4.5-3

和图 4.5-4。

表 4.5-3　　　　　　　　湖北省各市(州)非工业企业单位锅炉数量分布情况

地区	锅炉数量(二污普)/台	占比/%	锅炉数量(一污普)/台	占比/%
武汉市	685	50.44	814	41.45
黄石市	38	2.81	60	3.05
十堰市	21	1.55	60	3.05
宜昌市	85	6.29	125	6.36
襄阳市	54	3.99	101	5.14
鄂州市	20	1.48	14	0.71
荆门市	38	2.81	53	2.70
孝感市	62	4.57	117	5.96
荆州市	79	5.84	129	6.57
黄冈市	67	4.96	140	7.13
咸宁市	39	2.88	38	1.93
随州市	50	3.70	102	5.19
恩施州	52	3.85	100	5.09
仙桃市	21	1.55	12	0.61
潜江市	25	1.85	38	1.93
天门市	9	0.67	42	2.14
神农架林区	13	0.96	19	0.97
湖北省	1358	100	1964	100

表 4.5-4　　　　　　　　湖北省各市(州)非工业企业单位锅炉额定出力分布情况

地区	额定出力(二污普)/(吨/小时)	占比/%	额定出力(一污普)/(吨/小时)	占比/%
武汉市	2490.8000	57.07	2144.8600	56.34
黄石市	121.6000	2.79	87.0000	2.29
十堰市	66.0000	1.52	131.2900	3.45
宜昌市	218.0000	5.01	167.4300	4.40
襄阳市	183.8000	4.22	158.4300	4.16
鄂州市	50.0000	1.15	30.7100	0.81
荆门市	77.8000	1.79	92.5700	2.43
孝感市	118.2000	2.71	257.0000	6.75
荆州市	208.3000	4.78	166.5700	4.38
黄冈市	136.1000	3.13	154.4300	4.06
咸宁市	83.0000	1.91	37.7100	0.99
随州市	148.3000	3.41	110.4300	2.90
恩施州	106.4000	2.44	75.0000	1.97
仙桃市	47.4000	1.09	17.2900	0.45
潜江市	264.7000	6.08	140.0000	3.68

地区	额定出力(二污普)/(吨/小时)	占比/%	额定出力(一污普)/(吨/小时)	占比/%
天门市	18.0000	0.41	27.5700	0.72
神农架林区	26.0000	0.60	8.7100	0.23
湖北省	4364.4000		3807.0000	

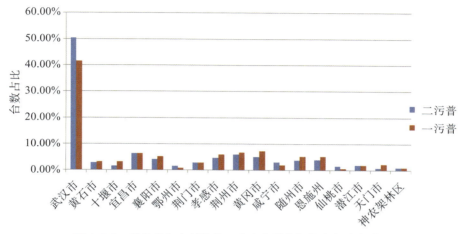

图 4.5-3　湖北省各市(州)非工业企业单位锅炉台数分布情况

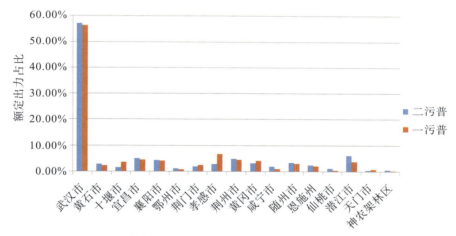

图 4.5-4　湖北省各市(州)非工业企业单位锅炉额定出力分布情况

4.5.4　城镇生活源废水污染物排放量比对

2007年,湖北省城镇生活源废水污染物排放情况为:城镇生活污水 168471.8700 吨、城镇生活化学需氧量 694788.9800 吨、城镇生活五日生化需氧量 265099.2800 吨、城镇生活氨氮 78277.0800 吨、城镇生活总氮 101465.9700 吨、城镇生活总磷 7329.6000 吨、城镇生活动植物油 29739.3000 吨。与一污普数据相比,二污普城镇生活化学需氧量、城镇生活五日生化需氧量、城镇生活氨氮、城镇生活总氮、城镇生活总磷、城镇生活动植物油排放量分别减少了 59.25%、49.45%、68.06%、54.59%、56.73% 和 84.94%,与湖北省污水处理能力不断提升相一致。湖北省各市(州)城镇生活源废水污染物排放量见表 4.5-5。湖北省各市(州)城镇生活源废水污染物排放量占比分布情况见图 4.5-5 至图 4.5-11。

表 4.5-5

湖北省各市（州）城镇生活源废水污染物排放量

行政区域	城镇生活污水排放量/吨		城镇生活化学需氧量排放量/吨		城镇生活五日生化需氧量排放量/吨		城镇生活氨氮排放量/吨		城镇生活总氮排放量/吨		城镇生活总磷排放量/吨		城镇生活动植物油排放量/吨	
	二污普	一污普	二污普	一污普	二污普	一污普	二污普	一污普	二污普	一污普	二污普	一污普	二污普	一污普
武汉市	74718.7193	47524.7400	90591.9528	201044.1800	41780.2380	75137.6300	6378.9960	21762.3900	16433.6260	28270.0900	331.1114	2096.0000	1493.9358	9403.8000
黄石市	8293.3445	9500.5900	13491.4973	37349.4700	5651.3144	146889.4800	1357.3426	4400.1000	1988.7110	5701.5500	212.3047	415.3700	110.5328	1411.1200
十堰市	11223.9198	9163.6000	12290.7244	37637.8800	6687.9132	14478.4800	1477.7967	4306.4000	2044.8529	5557.6700	179.0328	396.1000	253.5994	1556.3600
宜昌市	11202.4314	11497.4800	13807.0024	48021.6400	7935.9514	17122.4500	1058.1844	5191.9400	2020.5529	6766.0000	204.2431	504.0700	205.0411	2298.3600
襄阳市	21051.4989	17401.9000	28251.4171	70122.2300	12635.7418	26584.9700	2564.5151	7982.8900	3843.8339	10358.1700	487.2939	760.2800	565.5852	3000.9400
鄂州市	4052.6563	3043.1600	3457.5743	12036.7700	1752.3718	4628.3000	152.5661	1388.3200	348.1478	1801.2900	81.3941	132.0100	78.7154	490.9400
荆门市	7172.5563	7379.7200	5755.9985	29549.4900	3280.3686	11535.7600	836.2892	3325.7400	1573.5159	4343.5300	135.6111	316.4200	167.4362	1238.4900
孝感市	12828.6867	10615.0600	13282.4578	43525.1900	7334.1402	16904.2300	1352.1676	5021.6600	2473.5082	6478.0800	172.7961	460.5000	174.3338	1751.9600
荆州市	14642.7615	14843.3000	24653.4704	62481.9100	12946.0563	23614.8800	2292.6950	7017.9000	3755.0752	9058.7000	363.4702	646.8500	391.3468	2750.2900
黄冈市	14339.4869	11217.0000	27380.5910	45957.3200	10653.2082	18091.3600	2426.8250	5361.2800	3983.6646	6898.3700	289.5526	490.4000	291.5860	1793.4000
咸宁市	6557.1881	7126.3900	9838.1912	28386.0300	5512.2649	11165.6400	1225.7506	3215.4700	1773.3851	4198.8700	171.7572	305.2500	143.4147	1154.2500
随州市	5626.1115	5669.5300	7675.1464	22314.0600	3834.2696	9204.3400	920.0426	2717.5400	1400.3937	3488.1800	82.8503	245.5700	115.1929	747.5900
恩施州	7077.4903	4347.4300	12390.2981	19313.7400	5198.2632	6950.5200	921.3628	2100.7800	1559.0297	2742.2500	179.7544	182.9700	123.3008	899.4200
仙桃市	3458.1353	3383.2700	4852.1028	13273.7200	1982.8267	5560.2900	545.9722	1659.1900	800.7510	2141.9100	65.1633	138.5900	98.3638	384.4100
潜江市	3650.8629	2423.6300	7272.2299	9736.4800	2986.5331	3966.4400	628.9923	1185.9000	895.2449	1534.7500	89.9290	99.5800	121.9087	318.3800
天门市	3659.8886	3144.8300	7600.7859	12962.4200	3631.0327	5211.8200	823.6279	1556.7700	1132.6756	2015.5800	119.4944	131.1400	136.2276	452.7100
神农架林区	311.7931	190.2700	540.9672	1076.4500	199.1970	252.6800	40.2442	82.8100	52.3895	111.0000	5.4231	8.4900	8.8666	86.9100
湖北省	209867.5314	168471.8700	283132.4075	694788.9800	134001.6911	265099.2800	25003.3703	78277.0800	46079.3579	101465.9700	3171.1817	7329.6000	4479.3876	29739.3000

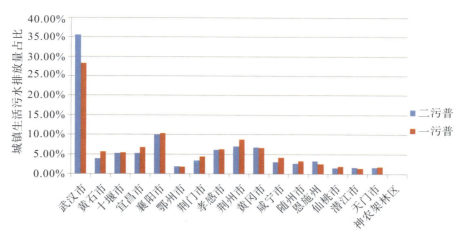

图 4.5-5 湖北省各市(州)城镇生活污水排放量占比分布情况

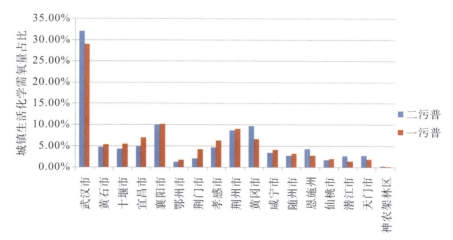

图 4.5-6 湖北省各市(州)城镇生活化学需氧量排放量占比分布情况

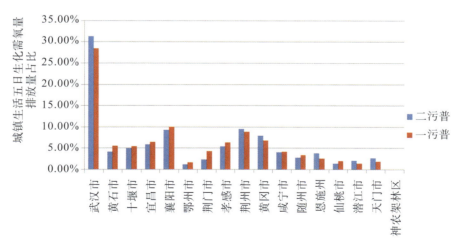

图 4.5-7 湖北省各市(州)城镇生活五日生化需氧量排放量占比分布情况

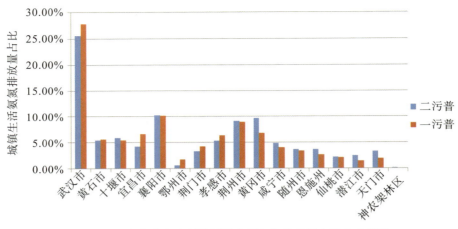

图 4.5-8　湖北省各市(州)城镇生活氨氮排放量占比分布情况

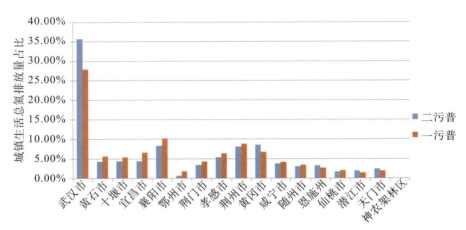

图 4.5-9　湖北省各市(州)城镇生活总氮排放量占比分布情况

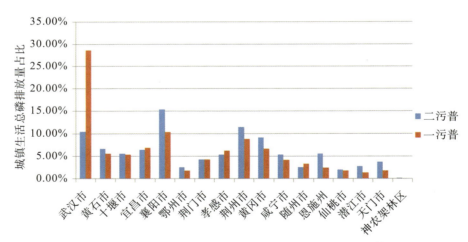

图 4.5-10　湖北省各市(州)城镇生活总磷排放量占比分布情况

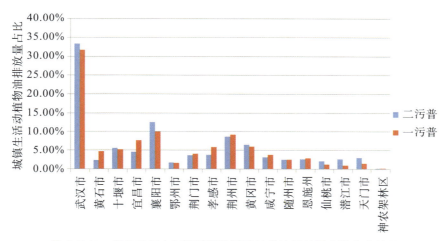

图 4.5-11　湖北省各市(州)城镇生活动植物油排放量占比分布情况

4.5.5　非工业企业单位锅炉废气污染物排放量比对

　　与一污普不同,湖北省二污普非工业企业单位未把住宿业、餐饮业、居民服务和其他服务业、医院普查对象额定出力小于 1 蒸吨/小时的锅炉纳入普查范围。2007 年,湖北省非工业企业单位锅炉废气污染物排放情况为:废气量 671148.0000 万立方米、二氧化硫 0.9339 万吨、氮氧化物 0.1798 万吨、烟尘 8564.0000 吨。2017 年湖北省非工业企业单位锅炉废气污染物排放情况为:颗粒物 0.0743 万吨、二氧化硫 0.0543 万吨、氮氧化物 0.0472 万吨、挥发性有机物 28.7107 吨。与一污普相比,二污普非工业企业单位锅炉二氧化硫、氮氧化物排放量分别减少了 94.18% 和 73.75%。湖北省非工业企业单位锅炉废气污染物排放量见表 4.5-6。

表 4.5-6　　　　　　　　　湖北省非工业企业单位锅炉废气污染物排放量

二污普	颗粒物/万吨	二氧化硫/万吨	氮氧化物/万吨	挥发性有机物/吨
	0.0743	0.0543	0.0472	28.7107
一污普	废气量/万立方米	二氧化硫/万吨	氮氧化物/万吨	烟尘/吨
	671148.0000	0.9339	0.1798	8564.0000

4.5.6　城镇居民生活废气污染物排放量比对

　　2007 年,湖北省城镇居民生活废气污染物排放情况为:废气排放量 6246597.0000 万立方米、二氧化硫 3.8966 万吨、氮氧化物 2.0602 万吨、烟尘 30402.0000 吨。2017 年,湖北省城镇居民生活废气污染物排放情况为:颗粒物 4.4376 万吨、二氧化硫 5.0509 万吨、氮氧化物 0.9271 万吨、挥发性有机物 13427.2722 吨。与一污普相比,二氧化硫增加了 29.62%、氮氧化物减少了 55.00%。湖北省城镇居民生活废气污染物排放量见表 4.5-7。

表 4.5-7　　　　　　　　　湖北省城镇居民生活废气污染物排放量

二污普	颗粒物/万吨	二氧化硫/万吨	氮氧化物/万吨	挥发性有机物/吨
	4.4376	5.0509	0.9271	13427.2722
一污普	废气量/万立方米	二氧化硫/万吨	氮氧化物/万吨	烟尘/吨
	6246597.0000	3.8966	2.0602	30402.0000

4.6　本章小结

　　与统计年鉴和住建部门数据比对分析结果表明,湖北省各市(州)二污普总常住人口、房屋竣工面积、城镇综合生活用水量、人工煤气销售气量(居民家庭)、天然气销售气量(居民家庭)和液化石油气销售气量(居民家庭)基本合理。

　　与一污普数据比对分析结果表明,湖北省各市(州)二污普城镇常住人口占比、城镇综合生活用水量占比、非工业企业单位锅炉数量占比、非工业企业单位锅炉额定出力占比、非工业企业单位锅炉废气污染物排放量占比、城镇生活源废水污染物排放量占比和城镇居民生活废气污染物排放量占比排序与一污普基本一致,数据基本合理。

　　湖北省各市(州)城镇常住人口与城镇生活源污水产生量的线性关系良好($R^2=0.947$),数据基本合理。

　　湖北省各市(州)城镇常住人口与城镇综合生活用水量的线性关系良好($R^2=0.946$),数据基本合理。

　　湖北省各市(州)城镇综合用水量在全省城镇综合生活用水量占比排序与城镇常住人口在全省占比排序较为一致,数据基本合理。

　　湖北省各市(州)农村常住人口与农村生活源污水产生量的线性关系良好($R^2=0.891$),数据基本合理。

　　湖北省城镇和农村生活源废水污染物排放量与集中式污水处理设施分布情况一致,数据合理。

5　集中式污染治理设施数据审核结果

5.1　与环境统计数据比对

5.1.1　名录比对

　　湖北省2017年环境统计名录中,共有集中式处理设施431个,分别有污水处理厂273个,生活垃圾处理场(厂)103个,危险废物集中处置场55个。

　　湖北省2017年环境统计名录中,有5个污水处理厂未纳入二污普,1个污水处理厂按工业源填报;有6个生活垃圾处理场(厂)未纳入二污普;有10个危险废物集中处置场按工业源填报,2个协同处置企业、2个危险废物集中处置场未纳入二污普。湖北省各市(州)环境统计名录纳入二污普的集中式处理设施数量分布见表5.1-1和图5.1-1。

表5.1-1　　　　　湖北省各市(州)环境统计名录纳入二污普的集中式处理设施数量分布

行政区域	污水处理厂数量/个	生活垃圾处理场(厂)数量/个	危险废物集中处置场数量/个	合计/个
武汉市	27	8	9	44
黄石市	10	3	6	19
十堰市	68	13	1	82
宜昌市	39	21	5	65
襄阳市	13	9	5	27
鄂州市	8	2	1	11
荆门市	8	3	3	14
孝感市	12	6	2	20
荆州市	23	4	2	29
黄冈市	16	5	1	22
咸宁市	10	4	2	16
随州市	5	3	1	9
恩施州	16	12	1	29
仙桃市	5	0	0	5
潜江市	3	1	1	5
天门市	2	1	0	3
神农架林区	2	2	1	5
湖北省	267	97	41	405

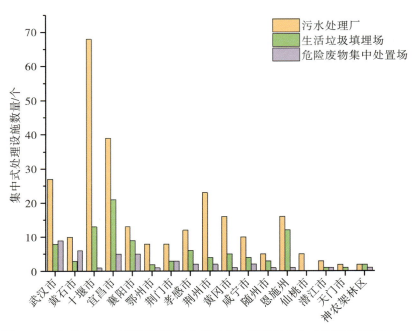

图 5.1-1　湖北省各市(州)环境统计名录纳入二污普的集中式处理设施数量分布

5.1.2　处理能力与处理量比对①

　　纳入二污普的 267 个污水处理厂中,湖北省环境统计的污水处理能力为 8333540 吨/天,二污普的污水处理能力为 8542658 吨/天,相对偏差为 2.51%,数据合理;湖北省环境统计的年污水处理量为 254634.8330 万吨,二污普的年污水处理量为 252587.2507 万吨,相对偏差为 -0.80%,数据合理(表 5.1-2)。

　　纳入二污普的 97 个垃圾填埋场中,湖北省环境统计的垃圾填埋量为 908.8590 万吨,二污普的年垃圾填埋量为 935.7890 万吨,相对偏差为 2.96%,数据合理(表 5.1-3)。

　　纳入二污普的 41 个危险废物集中处置场中,湖北省环境统计的危险废物处置量为 331881.3660 万吨,二污普的危险废物处置量为 352753 万吨,相对偏差为 0.69%,数据合理(表 5.1-4)。

---

　　①本书 5.1 节中与环境统计数据比对分析对象均为上述 407 个二污普对象。

表 5.1-2

环境统计与二污普污水处理能力及处理量比对分析

行政区域	环境统计-污水 处理厂数量/个	环境统计-污水 处理能力/(吨/天)	环境统计-污水 处理量/万吨	二污普-污水 处理厂数量/个	二污普-污水 处理能力/(吨/天)	二污普-污水 处理量/万吨	处理能力相对偏差/%	处理量相对偏差/%
武汉市	27	3038000	97393.4680	27	3153000	98574.6020	4.47	1.21
黄石市	10	356000	9965.5040	10	357000	9896.7974	0.28	−0.69
十堰市	68	610600	20313.9670	68	580710	19939.9881	−4.90	−4.79
宜昌市	39	726000	20702.4590	39	716250	19779.4037	−1.34	−4.46
襄阳市	13	770000	25933.8850	13	760000	25684.8200	−1.30	−0.96
鄂州市	8	153040	4072.2510	8	148800	4023.1272	−2.77	−1.21
荆门市	8	280000	9475.6550	8	274000	9442.1900	−2.14	−0.35
孝感市	12	535000	15436.4450	12	565000	15113.8651	5.61	−2.09
荆州市	23	549700	13237.7320	23	565500	14151.5369	2.87	6.90
黄冈市	16	348500	12133.8490	16	361198	10967.7500	3.64	−9.61
咸宁市	10	225000	6776.0080	10	265000	6635.9867	8.16	−2.07
随州市	5	240000	5389.6430	5	240000	5760.9560	0.00	6.89
恩施州	16	216700	5890.2850	16	211200	5936.2495	−2.54	0.78
仙桃市	5	102000	3042.0500	5	162000	2964.9900	58.82	−2.53
潜江市	3	110000	2884.1680	3	110000	2321.6300	0.00	−19.50
天门市	2	62500	1740.4640	2	62500	1740.4648	0.00	0.00
神农架林区	2	10500	247.0000	2	10500	252.8933	0.00	2.39
湖北省	267	8333540	254634.8330	267	8542658	252587.2507	2.51	−0.80

表 5.1-3 环境统计与二污普垃圾填埋量比对分析

行政区域	环境统计-垃圾填埋场数量/个	环境统计-垃圾填埋量/万吨	二污普-垃圾填埋场数量/个	二污普-垃圾填埋量/万吨	填埋量相对偏差/%
武汉市	8	392.8020	8	392.8100	0.00
黄石市	3	38.1800	3	39.1400	2.51
十堰市	13	26.5850	13	24.1430	−9.19
宜昌市	21	55.0120	21	49.9900	−9.13
襄阳市	9	89.2480	9	78.8280	−11.68
鄂州市	2	20.0000	2	20.0400	0.20
荆门市	3	25.5900	3	26.9900	5.47
孝感市	6	64.7500	6	83.1300	28.39
荆州市	4	27.7200	4	33.2400	19.91
黄冈市	5	37.0880	5	40.4400	9.04
咸宁市	4	22.1130	4	28.3000	27.98
随州市	3	31.2760	3	30.8180	−1.46
恩施州	12	45.5350	12	40.2900	−11.52
仙桃市	—	0.0000	—	0.0000	0.00
潜江市	1	18.2500	1	21.9000	20.00
天门市	1	12.9600	1	23.4400	80.86
神农架林区	2	1.7500	2	2.2900	30.86
湖北省	97	908.8590	97	935.7890	2.96

表 5.1-4 环境统计与二污普危险废物处置量比对分析

行政区域	环境统计-危险废物处置场数量/个	环境统计-危险废物处置量/万吨	二污普-危险废物集中处置场数量/个	二污普-危险废物处置量/万吨	处置量相对偏差/%
武汉市	9	79677.7610	9	86778	8.91
黄石市	6	81133.565	6	84665	4.35
十堰市	1	4817.4090	1	4817	−0.01
宜昌市	5	11712.9860	5	12100	3.30
襄阳市	5	15250.6010	5	15124	−0.83
鄂州市	1	511.7700	1	512	0.04
荆门市	4	61328.2770	4	83732	36.53
孝感市	2	10283.2800	2	6181	−39.89
荆州市	2	24219.6400	2	20261	−16.34
黄冈市	1	3040	1	3040	0.00
咸宁市	2	15051.9000	2	14154	−5.97
随州市	1	1270.0000	1	1270	0.00
恩施州	1	2040.7600	1	2040	−0.04
仙桃市	—	0.0000	—	—	
潜江市	1	11532.6570	1	6542	−43.27

行政区域	环境统计-危险废物处置场数量/个	环境统计-危险废物处置量/万吨	二污普-危险废物集中处置场数量/个	二污普-危险废物处置量/万吨	处置量相对偏差/%
天门市	—	0.0000	—	—	—
神农架林区	1	10.7600	1	12	11.52
湖北省	41	321881.366	41	324095	0.69

5.2 与固管中心统计数据比对

二污普医疗废物处置机构接收医疗废物量为 40635 吨,湖北省 2017 年固管中心统计医疗废物处置机构接收医疗废物量为 39567 吨。经分析,湖北省 2017 年固管中心统计医疗废物处置机构接收医疗废物量未计入数据宜昌市的湖北七朵云环保科技有限公司(832 吨)和神农架林区人医医废处置有限公司(12 吨)共计 844 吨医疗废物。二污普医疗废物接收量与湖北省 2017 年固管中心统计医疗废物量相对偏差为 0.57%,数据合理(表 5.2-1)。

表 5.2-1 湖北省市(州)医疗机构医疗废物产生处置量比对分析

行政区域	二污普统计数据/吨	省固管中心统计数据/吨	二污普—省固管/吨	扣除后/吨	相对偏差/%
武汉市	16127	15835	292	292	1.84
黄石市	1457	1457	0	0	0.00
十堰市	2446	2521	−75	−75	−2.98
宜昌市	3566	2734	832	0	−0.01
襄阳市	2941	2929	12	12	0.41
鄂州市	512	512	0	0	0.04
荆门市	1344	1314	30	30	2.25
孝感市	1761	1761	0	0	0.00
荆州市	3068	2903	165	165	5.69
黄冈市	3040	3040	0	0	0.00
咸宁市	1051	1249	−198	−198	−15.88
随州市	1270	1270	0	0	0.00
恩施州	2040	2041	−1	−1	−0.04
仙桃市	0	0	0	0	—
潜江市	0	0	0	0	—
天门市	0	0	0	0	—
神农架林区	12	0	12	0	—
湖北省	40635	39567	1068	224	0.57

5.3 与住建部门统计结果比对

5.3.1 名录比对

湖北省 2017 年住建部门统计名录中,共有集中式处理设施 215 个,分别有污水处理厂 131 个,生活垃圾处理场(厂)84 个。

与湖北省 2017 年住建部门统计名录比对,215 个集中式处理设施中,有 3 个污水处理厂未纳入二污普;有 6 个生活垃圾处理场(厂)未纳入二污普,1 个生活垃圾处理场(厂)按工业源填报。湖北省各市(州)二污普集中式处理设施数量分布见表 5.3-1、图 5.3-1。

表 5.3-1　　　　　　　　　　湖北省各市(州)二污普集中式处理设施数量分布

行政区域	污水处理厂数量/个	生活垃圾处理场(厂)数量/个	合计/个
武汉市	19	8	27
黄石市	10	1	11
十堰市	11	7	18
宜昌市	17	10	27
襄阳市	8	8	16
鄂州市	2	1	3
荆门市	5	4	9
孝感市	7	7	14
荆州市	10	5	15
黄冈市	10	7	17
咸宁市	7	5	12
随州市	4	3	7
恩施州	11	8	19
仙桃市	4	0	4
潜江市	1	1	2
天门市	1	1	2
神农架林区	1	1	2
湖北省	128	77	205

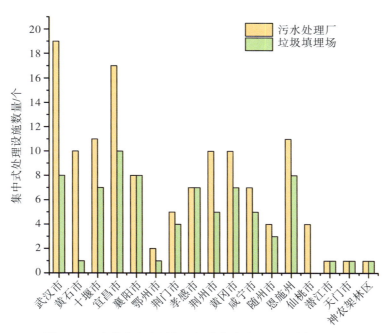

图 5.3-1　湖北省各市(州)二污普集中式处理设施数量分布

5.3.2　处理能力与处理量比对①

　　纳入二污普的 205 个污水处理厂中,湖北省住建部门数据的污水处理能力为 734.3000 万吨/天,二污普的污水处理能力为 742.1700 万吨/天,相对偏差为 1.07%,数据合理;湖北省住建部门数据的年污水处理量为 233688 万吨,二污普的年污水处理量为 231097.3178 万吨,相对偏差为 -1.11%,数据合理。湖北省各市(州)住建部门数据与二污普污水处理能力、处理量比对见表 5.3-2。

　　纳入二污普的 77 个垃圾填埋场中,湖北省住建部门数据的生活垃圾处理量为 1022.3888 万吨,累计运行天数为 27458 天,二污普的生活垃圾处理量为 1035.6210 万吨,累计运行天数为 27154 天,相对偏差分别为 1.29% 和 -1.11%,数据合理。湖北省各市(州)住建部门数据与二污普生活垃圾处理量、累计运行天数比对见表 5.3-3。

---

　　①　本书 5.3 节中与住建部门统计数据比对分析对象均为上述 205 个普查对象

表 5.3-2

湖北省各市（州）住建部门数据与二污普污水处理能力、处理量比对

行政区域	污水处理厂数量/个	住建-污水处理能力/（万吨/天）	住建污水处理量/万吨	二污普-污水处理能力/（万吨/天）	二污普-污水处理量/万吨	污水处理能力相对偏差/%	污水处理量相对偏差/%
武汉市	19	282.5000	93617	288.5700	92454.9600	2.15	−1.24
黄石市	10	38.0000	9351	38.1000	9947.6623	0.26	6.38
十堰市	11	50.2000	16959	50.2000	17462.7182	0.00	2.97
宜昌市	17	59.0000	17769	59.0000	17042.7841	0.00	−4.09
襄阳市	8	64.5000	22384	65.5000	22883.7000	1.55	2.23
鄂州市	2	10.0000	3417	10.0000	3416.9240	0.00	0.00
荆门市	5	26.6000	9240	26.0000	9117.1900	−2.26	−1.33
孝感市	7	43.6000	13840	47.0000	13755.7151	7.80	−0.61
荆州市	10	38.0000	11465	39.0000	11428.3710	2.63	−0.32
黄冈市	10	32.0000	10942	31.0000	10062.0761	−3.13	−8.04
咸宁市	7	23.5000	7159	21.5000	6200.6281	−8.51	−13.39
随州市	4	19.0000	5390	19.0000	5389.4300	0.00	−0.01
恩施州	11	19.9000	5752	19.9000	5684.9355	0.00	−1.17
仙桃市	4	16.7000	3250	16.6000	3066.5900	−0.60	−5.64
潜江市	1	5.0000	1583	5.0000	1421.5400	0.00	−10.20
天门市	1	5.0000	1420	5.0000	1574.0000	0.00	10.85
神农架林区	1	0.8000	150	0.8000	188.0933	0.00	25.40
湖北省	128	734.3000	233688	742.1700	231097.3178	1.07	−1.11

表5.3-3

湖北省各市(州)住建部门数据与二污普生活垃圾处理量、累计运行天数比对

行政区域	住建部门数据		二污普		相对偏差	
	生活垃圾处理量/万吨	累计运行天数/天	生活垃圾处理量/万吨	累计运行天数/天	生活垃圾处理量/万吨	累计运行天数/天
武汉市	396.3823	2483	392.8100	2864	-0.90%	15.34%
黄石市	34.7137	365	38.1800	353	9.99%	-3.29%
十堰市	47.3208	2555	47.5530	2540	0.49%	-0.59%
宜昌市	63.2135	3650	65.0000	3650	2.83%	0.00%
襄阳市	79.6682	2710	83.6500	2713	5.00%	0.11%
鄂州市	20.0684	365	0.0400	365	-99.80%	0.00%
荆门市	43.6744	1460	43.9900	1460	0.72%	0.00%
孝感市	64.7137	2555	89.7000	2555	38.61%	0.00%
荆州市	63.0751	1825	66.4500	1703	5.35%	-6.68%
黄冈市	61.0893	2555	54.8000	2555	-10.30%	0.00%
咸宁市	37.2111	1825	38.3700	1437	3.11%	-21.26%
随州市	32.7305	1095	30.8180	1095	-5.84%	0.00%
恩施州	43.4878	2920	37.5300	2769	-13.70%	-5.17%
仙桃市	0.0000	0	0.0000	0	0.00%	0.00%
潜江市	20.0750	365	21.9000	365	9.09%	0.00%
天门市	13.5750	365	23.4400	365	72.67%	0.00%
神农架林区	1.3900	365	1.3900	365	0.00%	0.00%
湖北省	1022.3888	27458	1035.6210	27154	1.29%	-1.11%

5.4 其他集中式污染治理设施普查数据分析

5.4.1 城镇生活污水处理厂治理水平合理性分析

对 2017 年湖北省各市(州)城镇常住人口、城镇生活污水设计处理能力及实际处理量占比进行治理水平合理性分析,统计数据见表 5.4-1。由该表可知,2017 年湖北省城镇常住人口 3527.5400 万,城镇生活污水处理厂 330 座。城镇常住人口最多的城市为武汉市,占全省城镇常住人口的 24.66%,城镇生活污水设计处理能力占比为 37.17%,城镇生活污水实际处理量占比为 43.23%。城镇常住人口最少的为神农架林区,占全省城镇常住人口的 0.10%,城镇生活污水设计处理能力占比为 0.16%,城镇生活污水实际处理量占比为 0.13%。湖北省各市(州)城镇常住人口、城镇生活污水设计处理能力及实际处理量占比分布见图 5.4-1,由该图可知,城镇常住人口占比、城镇生活污水设计处理能力及实际处理量占比趋势基本一致,城镇生活污水处理厂治理水平布局基本合理。

表 5.4-1　　　　　　　　　　城镇生活污水处理厂治理水平合理性分析

行政区域	城镇常住人口/万	城镇常住人口占比/%	城镇生活污水处理厂/座	城镇生活污水设计处理能力/(万米³/天)	城镇生活污水设计处理能力占比/%	实际处理量/万吨	实际处理量占比/%
武汉市	869.8600	24.66	34	309.5620	37.17	96040.4599	43.23
黄石市	164.1900	4.65	13	37.0200	4.45	9430.7071	4.24
十堰市	189.4900	5.37	82	61.9300	7.44	13077.3674	5.89
宜昌市	229.4200	6.50	41	66.8900	8.03	12573.5499	5.66
襄阳市	337.2600	9.56	17	69.2100	8.31	20221.9360	9.10
鄂州市	73.1600	2.07	7	14.7800	1.77	3991.8125	1.80
荆门市	172.8600	4.90	31	30.4500	3.66	8156.7038	3.67
孝感市	284.9200	8.08	11	54.5000	6.54	13086.1261	5.89
荆州市	309.3600	8.77	23	43.1600	5.18	12005.6888	5.40
黄冈市	297.5700	8.44	19	39.4698	4.74	9233.1785	4.16
咸宁市	139.3300	3.95	12	23.8300	2.86	6249.4823	2.81
随州市	117.7700	3.34	5	24.0000	2.88	5141.2210	2.31
恩施州	150.3800	4.26	16	21.6000	2.59	5890.7450	2.65
仙桃市	65.7200	1.86	11	19.0500	2.29	3174.5260	1.43
潜江市	54.3300	1.54	3	11.0000	1.32	2282.9683	1.03
天门市	68.2800	1.94	1	5.0000	0.60	1340.5859	0.60
神农架林区	3.6400	0.10	4	1.3600	0.16	285.5986	0.13
湖北省	3527.5400	100	330	832.8118	100	222182.6570	100

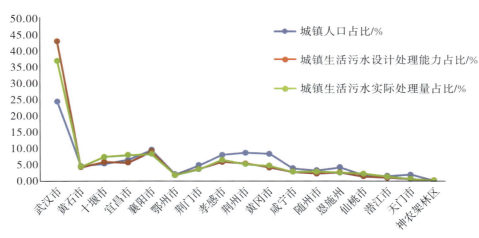

图 5.4-1　湖北省各市(州)城镇常住人口、城镇生活污水设计处理能力及实际处理量占比分布

通过 2017 年湖北省各市(州)城镇常住人口数量、城镇生活污水设计处理能力和实际处理量,计算万人城镇生活污水设计处理能力和实际处理量(表 5.4-2),分析各市(州)人均处理水平与实际人均处理量。

表 5.4-2　　　　　　　　　万人城镇生活污水设计处理能力和实际处理量

行政区域	万人城镇生活污水实际处理量/(万吨/万人)	处理量偏差率/%	万人城镇生活污水设计处理能力/(万米³/(万人·天))	处理能力偏差率/%
武汉市	110.4091	75.29	0.3559	50.74
黄石市	57.4378	−8.81	0.2255	−4.50
十堰市	69.0135	9.57	0.3268	38.43
宜昌市	54.8058	−12.99	0.2916	23.50
襄阳市	59.9595	−4.80	0.2052	−13.08
鄂州市	54.5628	−13.37	0.2020	−14.43
荆门市	47.1868	−25.08	0.1762	−25.39
孝感市	45.9291	−27.08	0.1913	−18.98
荆州市	38.8081	−38.39	0.1395	−40.91
黄冈市	31.0286	−50.74	0.1326	−43.82
咸宁市	44.8538	−28.79	0.1710	−27.56
随州市	43.6548	−30.69	0.2038	−13.68
恩施州	39.1724	−37.81	0.1436	−39.16
仙桃市	48.3038	−23.31	0.2899	22.78
潜江市	42.0204	−33.29	0.2025	−14.24
天门市	19.6337	−68.83	0.0732	−68.98
神农架林区	78.4612	24.57	0.3736	58.26
湖北省	62.9852	0.00	0.2361	0.00

由表 5.4-2 可知,2017 年湖北省万人城镇生活污水设计处理能力为 0.2361 万米³/(万人·天),其中,正偏差最大的市(州)是神农架林区(偏差率 58.26%)、负偏差最大的市(州)是天门市(偏差率 −68.98%)。湖北省万人城镇生活污水实际处理量为 62.9852 万吨/万人,其中,正偏差最大的分别是武汉市(偏差率 75.29%)、负偏差最大的是天门市(偏差率 −68.83%)。各市(州)万人城镇生活污水设计处理能力偏差率和实际处理量偏差率分布见图 5.4-2,除宜昌市、仙桃市两者符号相反以外,其余各市(州)

均呈现同向偏差,表明设计处理能力与实际处理需求基本一致;宜昌市、仙桃市设计处理能力明显高于实际处理量,主要为城市后期发展预留处理能力。总体来说,湖北省城镇生活污水处理厂布局合理,现有治理水平能满足实际需求。

图 5.4-2 万人城镇生活污水设计处理能力偏差率和实际处理量偏差率分布

5.4.2 城市生活垃圾处理场(厂)治理水平合理性分析

通过 2017 年湖北省各市(州)城镇常住人口数量及占比,比对生活垃圾处理场(厂)的实际处理量和占比,分析其治理水平合理性,统计数据汇总见表 5.4-3。

表 5.4-3　　　　　　　　　生活垃圾处理场(厂)治理水平合理性分析

行政区域	城镇常住人口/万	城镇常住人口占比/%	生活垃圾处理场(厂)/个	生活垃圾实际处理量/万吨	生活垃圾实际处理量占比/%	万人垃圾实际处理量/(吨/万人)	人均垃圾实际处理量/(千克/(人·天))
武汉市	869.8600	24.66	13	409.4900	34.47	4707.5391	1.2897
黄石市	164.1900	4.65	3	39.1400	3.29	2383.8236	0.6531
十堰市	189.4900	5.37	40	74.8025	6.30	3947.5698	1.0815
宜昌市	229.4200	6.50	35	92.0300	7.75	4011.4201	1.0990
襄阳市	337.2600	9.56	8	83.6180	7.04	2479.3335	0.6793
鄂州市	73.1600	2.07	3	20.4300	1.72	2792.5096	0.7651
荆门市	172.8600	4.90	7	44.4300	3.74	2570.2881	0.7042
孝感市	284.9200	8.08	9	91.9500	7.74	3227.2217	0.8842
荆州市	309.3600	8.77	5	66.4500	5.59	2147.9829	0.5885
黄冈市	297.5700	8.44	7	54.8000	4.61	1841.5835	0.5045
咸宁市	139.3300	3.95	6	38.3700	3.23	2753.8936	0.7545
随州市	117.7700	3.34	9	41.9581	3.53	3562.7155	0.9761
恩施州	150.3800	4.26	18	49.8500	4.20	3314.9355	0.9082
仙桃市	65.7200	1.86	2	32.6000	2.74	4960.4382	1.3590
潜江市	54.3300	1.54	2	22.0200	1.85	4053.0094	1.1104
天门市	68.2800	1.94	1	23.4400	1.97	3432.9233	0.9405
神农架林区	3.6400	0.10	6	2.5100	0.21	6895.6044	1.8892
湖北省	3527.5400	100.00	174	1187.8886	100.00	3367.4702	0.9226

由表 5.4-3 可知,2017 年湖北省城镇常住人口为 3527.5400 万,全省生活垃圾处理场(厂)174 个,生活垃圾实际处理量 1187.8886 万吨。城镇常住人口最多的是武汉市 869.8600 万,占全省的 24.66%;城镇常住人口最少的是神农架林区 3.6400 万,占全省的 0.10%。湖北省各市(州)城镇常住人口占比与生活垃圾实际处理量占比分布见图 5.4-3,由该图可知,城镇常住人口占比、生活垃圾处理量占比趋势基本一致,生活垃圾处理场(厂)治理水平布局合理,与城镇常住人口分布一致。

图 5.4-3　城镇常住人口占比与生活垃圾实际处理量占比分布

5.4.3　危险废物集中处置场治理水平合理性分析

2017 年湖北省各市(州)二污普工业源生产总值及占比,比对危险废物集中处置场处置量和占比,分析其治理水平合理性,统计数据汇总见表 5.4-4。

表 5.4-4　　　　　　　　　　　危险废物集中处置场治理水平合理性分析

行政区域	二污普工业源生产总值/亿元	二污普工业源生产总值占比/%	危险废物处置场/座	危险废物设计处置利用能力/(吨/年)	危险废物设计处置利用能力占比/%	危险废物处置量/吨	危险废物处置量占比/%	负荷比(处置量/设计处置利用能力)/%
武汉市	9003.2465	41.95	9	163100	12.18	86778	26.78	53.21
黄石市	1307.8486	6.09	6	661076	49.36	84665	26.12	12.81
十堰市	1226.4441	5.71	1	8425	0.63	4817	1.49	57.18
宜昌市	1466.6351	6.83	5	64500	4.82	19967	6.16	30.96
襄阳市	2004.8592	9.34	5	98500	7.36	15124	4.67	15.35
鄂州市	503.9539	2.35	1	1080	0.08	512	0.16	47.41
荆门市	1015.8542	4.73	3	60388	4.51	58732	18.12	97.26
孝感市	749.1181	3.49	2	81825	6.11	6181	1.91	7.55
荆州市	1223.3275	5.70	2	83170	6.21	20261	6.25	24.36
黄冈市	934.5124	4.35	1	3600	0.27	3040	0.94	84.44
咸宁市	510.4637	2.38	2	43100	3.22	14154	4.37	32.84
随州市	320.8609	1.50	1	1080	0.08	1270	0.39	117.59
恩施州	217.1541	1.01	1	4000	0.30	2040	0.63	51.00

行政区域	二污普工业源生产总值/亿元	二污普工业源生产总值占比/%	危险废物处置场/座	危险废物设计处置利用能力/(吨/年)	危险废物设计处置利用能力占比/%	危险废物处置量/吨	危险废物处置量占比/%	负荷比(处置量/设计处置利用能力)/%
仙桃市	557.9355	2.60	0	0	0.00	0	0.00	—
潜江市	335.5124	1.56	1	65000	4.85	6542	2.02	10.06
天门市	76.7275	0.36	0	0	0.00	0	0.00	—
神农架林区	5.8462	0.03	1	365	0.03	12	0.00	3.29
湖北省	21460.2997	100.00	41	1339209	100	324095	100.00	24.20

由表5.4-4可知,2017年湖北省二污普工业源生产总值为21460.2997亿元,危险废物集中处置场共计41座,危险废物处置量324095吨。其中,仙桃市和天门市未在本地处置危险废物,仙桃市产生的医疗废物等外运至随州市一片净环保有限公司处置,天门市外运至湖北省天银危险废物集中处置有限公司(荆州市)处置。

2017年,二污普工业源生产总值最大的市(州)是武汉市(9003.2465亿元),占全省的41.95%;生产总值最小的是神农架林区(5.8462亿元),占全省的0.03%;危险废物设计处置利用能力最大的市(州)是黄石市(661076吨/年),占全省的49.36%,其中仅湖北威辰环境科技有限公司(湖北凯程环保科技有限公司)设计处置利用能力达320000吨/年,占全省的23.89%;危险废物处置量最大的市(州)是武汉市(86778吨),占全省危险废物处置量的26.78%。湖北省各市(州)二污普工业源生产总值、危险废物处置量与设计处置利用能力占比分布见图5.4-4,由该图可知,除武汉市、黄石市、荆门市外,其余各市(州)的危险废物设计处置利用能力与处理量占比与二污普工业源生产总值占比趋势保持一致;武汉市是二污普工业源生产总值占比最高的区域,危险废物设计处置利用能力占比较低,负荷比为53.21%,仍能满足将来一定时期内的危险废物处置需求;黄石市危险废物设计处置利用能力占比49.36%,但占比仅6.09%,湖北威辰环境科技有限公司(湖北凯程环保科技有限公司)设计处置利用能力较好,但是2017年处置量为0,该企业2018年已将设计处置利用能力调低至220000吨/年,另外大冶市英达思环保科技有限公司设计处置利用能力为108000吨/年,但是2017年处置量为0,已在工业源中填报,这两家企业数据更新后黄石市危险废物设计处置利用能力将降至30%,更加趋于合理;荆门市危险废物设计处置利用能力为60388吨/年,2017年度已处理58732吨,负荷比为97.26%(其中湖北祥福化工科技有限公司综合利用氟硅酸危险废物达56888吨),已接近设计处理能力,后期需要提高设计处置利用能力。总体而言,湖北省各市(州)危险废物集中处置场处置水平合理,能满足实际处置需求。

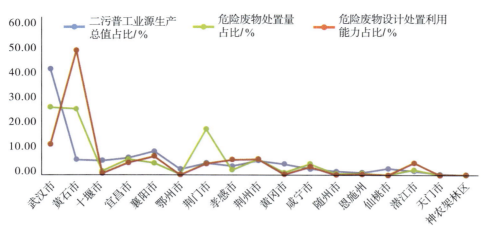

图 5.4-4　二污普工业源生产总值、危险废物处置量与设计处置利用能力占比分布

5.4.4　区域合理性分析

2017 年湖北省各市（州）总常住人口、常住人口城镇化率和二污普工业源生产总值及占比见表 5.4-5。

表 5.4-5　　　　　　　　　　　　　　　人口、经济指标汇总

行政区域	总常住人口/万	常住人口城镇化率/%	二污普工业源生产总值/亿元	二污普工业源生产总值占比/%
武汉市	1089.3000	79.85	9003.2465	41.95
黄石市	247.0500	66.46	1307.8486	6.09
十堰市	341.8000	55.44	1226.4441	5.71
宜昌市	413.5600	55.47	1466.6351	6.83
襄阳市	565.4000	59.65	2004.8592	9.34
鄂州市	107.6900	67.94	503.9539	2.35
荆门市	290.1500	59.58	1015.8542	4.73
孝感市	491.5000	57.97	749.1181	3.49
荆州市	564.1700	54.83	1223.3275	5.70
黄冈市	634.1000	46.93	934.5124	4.35
咸宁市	253.5100	54.96	510.4637	2.38
随州市	221.0500	53.28	320.8609	1.50
恩施州	336.1000	44.74	217.1541	1.01
仙桃市	114.1000	57.60	557.9355	2.60
潜江市	96.5000	56.30	335.5124	1.56
天门市	128.3500	53.20	76.7275	0.36
神农架林区	7.6800	47.40	5.8462	0.03
湖北省	5902.0100	59.77	21460.2997	100.00

湖北省城镇化率最高的城市为武汉市，常住人口城镇化率达 79.85%，武汉市二污普工业源生产总值占比全省第一，达 41.95%；常住人口城镇化率最低的为神农架林区，为 47.40%，其二污普工业源生产总值占比全省最低，为 0.03%。各市（州）城镇常住人口占比与二污普工业源生产总值占比分布见

图 5.4-5，由该图可知，城镇常住人口占比与二污普工业源生产总值占比基本趋于一致，经济结构合理。

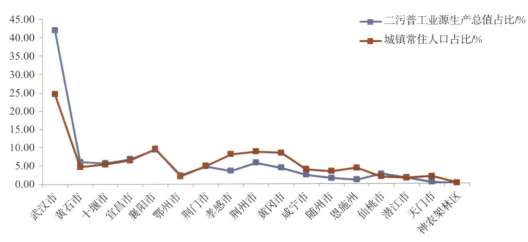

图 5.4-5　城镇常住人口占比与二污普工业源生产总值占比分布

湖北省人均二污普工业源生产总值为 3.6361 万元，亿元危险废物设计处置利用能力为 62.4040 吨/年。各市（州）设计处置利用能力见表 5.4-6。

表 5.4-6　　　　　　　　　　人均二污普工业源生产总值与亿元危险废物设计处置利用能力

行政区域	人均二污普工业源生产总值/万元	亿元危险废物设计处置利用能力/(吨/年)
武汉市	8.2652	18.1157
黄石市	5.2939	505.4683
十堰市	3.5882	6.8695
宜昌市	3.5464	43.9782
襄阳市	3.5459	49.1306
鄂州市	4.6797	2.1431
荆门市	3.5011	59.4455
孝感市	1.5241	109.2284
荆州市	2.1684	67.9867
黄冈市	1.4738	3.8523
咸宁市	2.0136	84.4330
随州市	1.4515	3.3659
恩施州	0.6461	18.4201
仙桃市	4.8899	0.0000
潜江市	3.4768	193.7335
天门市	0.5978	0.0000
神农架林区	0.7612	62.4332
湖北省	3.6361	62.4040

湖北省各市（州）人均生活污水设计处理能力、亿元危险废物设计处置利用能力与人均二污普工业源生产总值趋势分布分别见图 5.4-6、图 5.4-7，由这些图可知，人均生活污水设计处理能力与人均二污普工业源生产总值趋势基本一致，区域分布基本合理。其中人均生活污水设计处理能力排名前三的市（州）为

神农架林区、武汉市、十堰市,分别为全省平均水平的 158.26％、150.74％、138.43％。

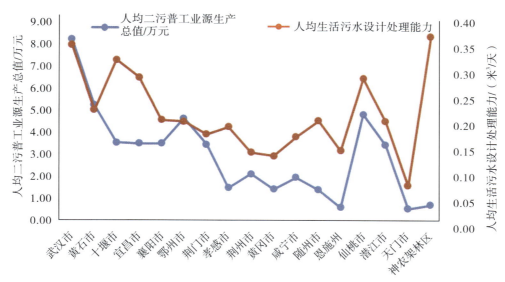

图 5.4-6　各市(州)人均生活污水设计处理能力与人均二污普工业源生产总值趋势分布

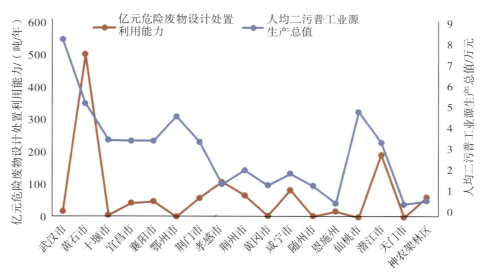

图 5.4-7　亿元危险废物设计处置利用能力与人均二污普工业源生产总值趋势分布

5.5　与一污普数据比对

5.5.1　集中式污染治理设施数量比对

2017 年,湖北省集中式污染治理设施共 2462 座,其中污水处理设施 2247 座,包括城镇生活污水处理厂 330 座、工业污水处理厂 37 座、农村集中式污水处理设施 1848 座,以及其他污水处理设施 32 座;垃圾处理设施 174 座,包括垃圾填埋场 146 座、垃圾焚烧厂 18 座、垃圾堆肥场 2 座、餐厨垃圾处理厂 3 座,以及其他方式处置厂 5 座;危险废物处理设施 41 座,包括危险废物集中处置场 29 座,单独医疗废物集中处置场 13 座。

2007 年,湖北省集中式污染治理设施为 126 座,其中污水处理设施 38 座,包括城镇生活污水处理厂

37座,工业废水处理厂1座;垃圾处理设施75座,包括生活垃圾卫生填埋场33座,垃圾焚烧厂2座,简易填埋场40座;危险废物处理设施13座,包括危险废物集中处置场10座,单独医疗废物集中处理场3座。

与一污普相比,二污普的污水处理设施数量增加2209座,垃圾处理设施增加99座,危险废物处理设施增加28座。其中,增量最大的为农村集中式污水处理设施,增加1848座。各类集中式污染治理设施数量比对见表5.5-1和图5.5-1。

表 5.5-1　　　　　　　　　　　集中式污染治理设施数量比对

集中式污染治理设施类型	二污普	一污普	增量	增幅/%
一、污水处理设施/座	2247	38	2209	5813.16
其中:城镇生活污水处理厂	330	37	293	791.89
工业污水处理厂	37	1	36	3600.00
农村集中式污水处理设施	1848	0	1848	—
其他污水处理设施	32	0	32	—
二、垃圾处理设施/座	174	75	99	132.00
其中:垃圾填埋场	146	33	113	342.42
垃圾焚烧厂	18	2	16	800.00
垃圾堆肥场	2	0	2	—
餐厨垃圾处理厂	3	0	3	—
其他方式处置厂	5	40	—	—
三、危险废物处理设施/座	41	13	28	215.38
其中:危险废物集中处置场	29	10	19	190.00
单独医疗废物集中处置场	13	3	10	333.33
合计	2462	126	2336	1853.97

注:一污普中的40座简易填埋场归至其他方式处置厂。

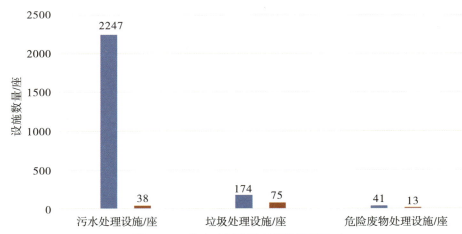

图 5.5-1　集中式污染治理设施数量比对

5.5.2　城镇生活污水处理设施处理能力比对

与一污普相比,湖北省城镇生活污水处理厂数量增加292座,城镇生活污水设计处理能力增加534.1018万米³/天,实际处理量增加149312.8970万立方米,湖北省各市(州)比对情况见表5.5-2。

表 5.5-2

城镇生活污水处理厂数量、设计处理能力、实际处理量比对

行政区域	城镇生活污水处理厂/座			城镇生活污水设计处理能力/(万米³/天)			实际处理量/万米³		
	二污普	一污普	增量	二污普	一污普	增量	二污普	一污普	增量
武汉市	34	10	24	309.5620	159.0000	150.5620	96040.4599	47522.2500	48518.2099
黄石市	13	2	11	37.0200	17.0000	20.0200	9430.7071	3083.9900	6346.7171
十堰市	82	2	80	61.9300	17.3000	44.6300	13077.3674	2291.7000	10785.6674
宜昌市	41	13	28	66.8900	35.4100	31.4800	12573.5499	8254.3700	4319.1799
襄阳市	17	2	15	69.2100	22.0000	47.2100	20221.9360	736.1400	19485.7960
鄂州市	7	1	6	14.7800	6.0000	8.7800	3991.8125	1760.0000	2231.8125
荆门市	31	1	30	30.4500	5.0000	25.4500	8156.7038	1870.0200	6286.6838
孝感市	11	1	10	54.5000	3.5000	51.0000	13086.1261	458.2300	12627.8961
荆州市	23	2	21	43.1600	17.0000	26.1600	12005.6888	3128.6500	8877.0388
黄冈市	19	0	19	39.4698	0.0000	39.4698	9233.1785	0.0000	9233.1785
咸宁市	12	0	12	23.8300	0.0000	23.8300	6249.4823	0.0000	6249.4823
随州市	5	0	5	24.0000	0.0000	24.0000	5141.2210	0.0000	5141.2210
恩施州	16	2	14	21.6000	7.5000	14.1000	5890.7450	1796.4100	4094.3350
仙桃市	11	1	10	19.0500	6.0000	13.0500	3174.5260	1800.0000	1374.5260
潜江市	3	1	2	11.0000	3.0000	8.0000	2282.9683	168.0000	2114.9683
天门市	1	0	1	5.0000	0.0000	5.0000	1340.5859	0.0000	1340.5859
神农架林区	4	0	4	1.3600	0.0000	1.3600	285.5986	0.0000	285.5986
湖北省	330	38	292	832.8118	298.7100	534.1018	222182.6570	72869.7600	149312.8970

与一污普相比,湖北省城镇生活污水处理厂数量增加 292 座,各市(州)均建立了城镇生活污水处理厂,其中新增数量最多的为十堰市,增量 80 座,黄冈市、咸宁市、随州市、天门市、神农架林区实现了零的突破,城镇生活污水处理厂数量比对见图 5.5-2。

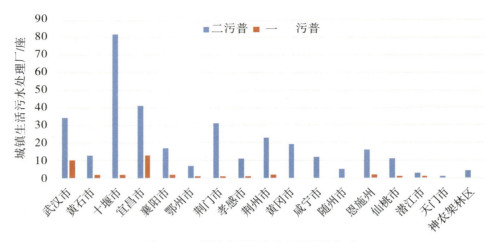

图 5.5-2　城镇生活污水处理厂数量比对

与一污普相比,湖北省城镇生活污水设计处理能力增加 534.1018 万米³/天,各市(州)城镇生活污水设计处理能力均有所增加,其中增量最大的为武汉市,增加 150.5620 万米³/天,各市(州)城镇生活污水设计处理能力比对见图 5.5-3。

图 5.5-3　城镇生活污水设计处理能力比对

与一污普相比,湖北省生活污水实际处理量增加 149313 万立方米,各市(州)均有所增加,其中增量最大的为武汉市,增加实际处理量 48518 万立方米,各市(州)增量情况见图 5.5-4。

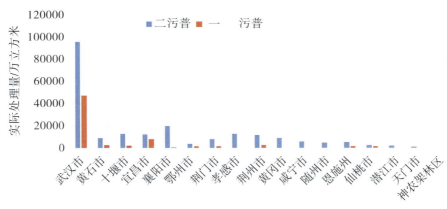

图 5.5-4　实际处理量比对

5.5.3　主要污染物去除率比对

与一污普相比,湖北省城镇污水处理厂主要污染物处理量与去除率均有提高,其中化学需氧量处理量增加 220901.0816 吨,增幅 169.42%,去除率提升 13.10%;生化需氧量增加 109050.7394 吨,增幅 252.80%,去除率提升 6.66%;动植物油增加 2725.3621 吨,增幅 192.33%,去除率提升 20.54%;总氮增加 19765.4194 吨,增幅 106.23%,去除率提升 32.89%;氨氮增加 20989.4455 吨,增幅 128.78%,去除率提升 18.29%;总磷增加 3562.0349 吨,增幅 145.75%,去除率提升 44.93%。城镇生活污水处理厂主要污染物处理量与去除率比对见表 5.5-3、图 5.5-5、图 5.5-6。

表 5.5-3　　　　　　　　　　城镇生活污水处理厂主要污染物处理量与去除率比对

项目	主要污染物处理量				去除率/%		
	二污普/吨	一污普/吨	增量/吨	增幅/吨	二污普	一污普	增幅
化学需氧量	351287.0816	130386.0000	220901.0816	169.42	88.12	75.01	13.10
生化需氧量	152188.7394	43138.0000	109050.7394	252.80	88.22	81.56	6.66
动植物油	4142.3621	1417.0000	2725.3621	192.33	89.06	68.53	20.54
总氮	38371.4194	18606.0000	19765.4194	106.23	88.34	55.45	32.89
氨氮	37288.4455	16299.0000	20989.4455	128.78	89.64	71.34	18.29
总磷	6006.0349	2444.0000	3562.0349	145.75	90.18	45.25	44.93

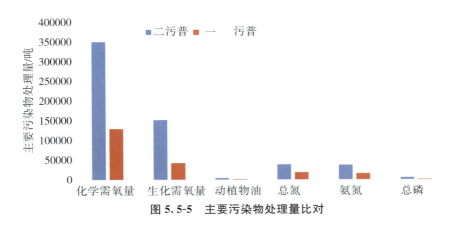

图 5.5-5　主要污染物处理量比对

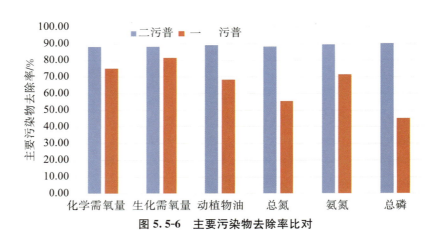

图 5.5-6 主要污染物去除率比对

5.5.4 垃圾填埋场数量与填埋量比对

与一污普相比,湖北省垃圾填埋场填埋场数量增加 113 座,实际处理量增加 501.2386 万吨,各市(州)垃圾填埋场比对情况见表 5.5-4。

表 5.5-4　　　　　　　　　　　各市(州)填埋场比对情况

行政区域	垃圾填埋场/座			实际处理量/万吨		
	二污普	一污普	变化量	二污普	一污普	变化量
武汉市	3	3	0	148.1000	79.0300	69.0700
黄石市	2	2	0	0.9600	17.5200	−16.5600
十堰市	40	1	39	74.8025	3.0000	71.8025
宜昌市	33	13	20	87.6200	40.0600	47.5600
襄阳市	6	2	4	26.4180	34.3000	−7.8820
鄂州市	1	1	0	0.0400	20.0000	−19.9600
荆门市	4	1	3	43.9900	18.2500	25.7400
孝感市	8	1	7	85.3800	10.8000	74.5800
荆州市	3	0	3	23.2200	0.0000	23.2200
黄冈市	7	0	7	54.8000	0.0000	54.8000
咸宁市	5	0	5	23.5700	0.0000	23.5700
随州市	9	0	9	41.9581	0.0000	41.9581
恩施州	18	8	10	49.8500	16.0800	33.7700
仙桃市	2	0	2	32.6000	0.0000	32.6000
潜江市	2	1	1	22.0200	0.7800	21.2400
天门市	1	0	1	23.4400	0.0000	23.4400
神农架林区	2	0	2	2.2900	0.0000	2.2900
湖北省	146	33	113	741.0586	239.8200	501.2386

与一污普相比,各市(州)垃圾填埋场数量增量最大的为十堰市,增加了 39 座,其次是宜昌市,增加了 20 座,武汉市、黄石市、鄂州市数量无变化;实际填埋量增幅最大的为孝感市,增加了 74.5800 万吨,其次是武汉市,增加了 69.0700 万吨,此外,黄石市、襄阳市、鄂州市的实际填埋量有所降低,分别降低了 16.5600 万吨、7.8820 万吨和 19.9600 万吨。垃圾填埋场数量比对见图 5.5-7。

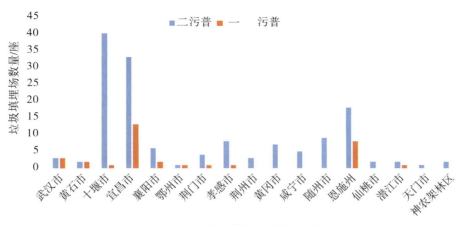

图 5.5-7 垃圾填埋场数量比对

垃圾实际处理量比对见图 5.5-8。

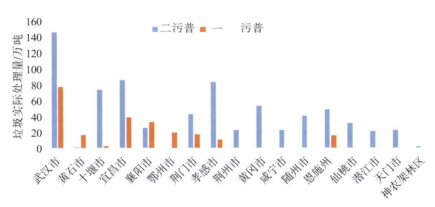

图 5.5-8 垃圾实际处理量比对

5.6 本章小结

与 2017 年环境统计名录进行比对分析,共有 407 个集中式污染治理设施纳入二污普,其中污水处理厂 267 个,生活垃圾填埋场 97 个,危险废物处置场 41 个。通过对 267 个污水处理厂的处理能力与处理量进行分析,发现二污普数据与环境统计数据基本一致,相对偏差分别为 2.51% 和 -0.80%,数据合理。通过对 97 个垃圾填埋场的垃圾填埋量进行比对分析,相对偏差为 2.96%,数据合理。通过对 43 个危险废物处置场的危险废物处置量进行比对分析,相对偏差为 6.23%,数据合理。

与湖北省固废管理信息系统数据比对分析,相对偏差为 0.57%,数据合理。

与住建部门统计名录进行比对分析,共有 205 个集中式污染治理设施纳入二污普中,其中污水处理厂 128 个,垃圾填埋场 77 个。通过对 128 个污水处理厂的处理能力与处理量进行比对分析,发现二污普数据与住建部门数据基本一致,相对偏差分别为 1.07% 和 -1.11%,数据合理。通过对 77 个垃圾填埋场的生活垃圾处理量和累计运行天数进行比对分析,相对偏差分别为 1.29% 和 -1.11%,数据合理。

对城镇生活污水处理厂治理水平的合理性分析,发现各市(州)城镇人口占比、城镇生活污水设计处理能力及实际处理量占比趋势基本一致,城镇生活污水处理厂治理水平布局基本合理,现有治理水平能满足实际需求。

对城市生活垃圾处理场(厂)治理水平的合理性分析,发现各市(州)城镇常住人口占比、生活垃圾实际处理量占比趋势基本一致,生活垃圾处理场(厂))治理水平布局合理,与城镇常住人口分布一致。

对危险废物集中处置场治理水平的合理性分析,发现各市(州)危险废物集中处置场治理水平合理,能满足实际治理需求。

区域合理性分析,发现城镇常住人口占比与二污普工业源生产总值占比基本趋于一致,经济结构合理。人均生活污水设计处理能力与人均二污普工业源生产总值趋势基本一致,区域分布基本合理。

与一污普集中式污染治理设施数量的比对分析,二污普的污水处理设施数量增加 2209 座,垃圾处理设施增加 99 座,危险废物处理设施增加 28 座。其中增量最大的为农村集中式污水处理设施,增加 1848 座。与一污普相比,各市(州)城镇生活污水设计处理能力均有所增加,城镇生活污水处理厂主要污染物处理量与去除率均提高,垃圾填埋场实际处理量除黄石市、襄阳市、鄂州市有所降低外,其余各市(州)的垃圾填埋场实际处理量均有所增加。

6 移动源数据审核结果

6.1 与统计部门数据比对

6.1.1 机动车保有量比对

《2017年湖北省统计年鉴》(以下简称"统计年鉴")中机动车保有量为10081514辆,二污普全省机动车保有量总计8666745辆,二污普数据少1414769辆,偏低14.03%。数据差异源于两类数据统计口径不一致,经进一步了解,统计年鉴数据中普通摩托车数量统计时,未删除超过年检时限规定的车辆,而二污普数据仅包含2017年底注册在用的车辆;另外,二污普缺少对挂车、其他类型车和除三轮汽车和低速货车以外的其他汽车(其他汽车包括三轮汽车、低速货车、半挂牵引车和专项作业车)的统计。去除因统计口径导致数量不一致的信息后,二污普数据与统计年鉴数据基本吻合,机动车保有量数据基本合理。湖北省机动车保有量数据与统计年鉴数量比对情况见表6.1-1。

表 6.1-1　　　　　　　　　　湖北省机动车保有量数据与统计年鉴数量比对情况　　　　　　　　单位:辆

行政区域	合计	微型客车	小型客车	中型客车	大型客车	微型货车	轻型货车	中型货车	重型货车	三轮汽车	低速货车	普通摩托车	轻便摩托车
武汉市	2558868	6359	2381768	6724	15098	20	63786	8712	47723	220	2882	2280	23296
黄石市	242422	608	169974	838	2422	7	11315	1821	4864	11	433	49899	230
十堰市	538031	637	263850	655	2418	11	38060	2147	7122	246	2742	218952	1191
宜昌市	786423	1446	478055	1861	3189	10	57589	7265	8982	413	1696	224198	1719
襄阳市	709571	2266	513815	1196	4269	14	61410	5642	37379	572	4514	77207	1287
鄂州市	156037	159	51909	536	791	3	5028	267	1108	76	300	94735	1125
荆门市	384821	830	255975	1338	1973	11	31359	2582	10433	70	833	79177	240
孝感市	549961	650	226926	2271	1895	41	15401	2631	2352	52	903	288749	8090
荆州市	539128	1097	349072	2833	2694	94	41379	4114	6300	135	1420	129321	669
黄冈市	555559	946	325684	3202	3530	28	35673	8383	12629	903	8543	154963	1075
咸宁市	286966	439	181677	1453	2540	17	13829	3351	4443	964	2565	75464	224
随州市	235561	601	149986	607	1149	22	23993	3530	12864	127	251	42321	110
恩施州	575862	68	269507	1784	1743	67	66790	5068	4890	796	1636	222694	819
仙桃市	192471	214	88394	315	1204	9	6390	636	1606	1	50	90920	2732
潜江市	160734	252	79360	514	863	7	6785	622	1728	23	165	69767	648
天门市	181722	133	69968	598	848	20	7972	1220	1047	21	217	97104	2574
神农架林区	12608	17	5990	61	158	2	1661	297	146	4	38	4200	34
湖北省	8666745	16722	5861910	26786	46784	383	488420	58288	165616	4634	29188	1921951	46063
统计年鉴	10081514	20668	5906464	29934	57771	471	505141	58597	178984	4516	31608	3165869	31826

6.1.2 农机拥有量、农机总动力、农业生产燃油消耗量、机动渔船拥有量比对分析

与 2018 年鉴[①]的农机拥有量、农机总动力、农业生产燃油消耗量、机动渔船拥有量等数据进行比对，结果如下（表 6.1-2 至表 6.1-51）。

6.1.2.1 武汉市

表 6.1-2　　　　　　　　　　农机拥有量综合表填报数据与 2018 年鉴数据比对

指标名称	数量/(万台/套/艘)		总动力/万千瓦	
	2018 年鉴	二污普	2018 年鉴	二污普
一、农机总动力	—	—	228.7100	228.7100
1. 柴油发动机动力	—	—	133.4998	133.4998
2. 汽油发动机动力	—	—	7.5054	7.5054
二、拖拉机	3.1134	3.1134	54.0692	54.0692
1. 大中型(14.7 千瓦及以上)	1.0479	1.0479	35.9648	35.9648
其中:14.7~18.4 千瓦(含 14.7 千瓦)	0.1703	0.1703	2.6490	2.6490
18.4~36.7 千瓦(含 18.4 千瓦)	0.4515	0.4515	10.6619	10.6619
36.7~58.8 千瓦(含 36.7 千瓦)	0.2908	0.2908	13.4394	13.4394
58.8 千瓦及以上	0.1353	0.1353	9.2145	9.2145
其中:轮式	1.0051	1.0051	32.3794	32.3794
2. 小型(2.2~14.7 千瓦,含 2.2 千瓦)	2.0655	2.0655	18.1044	18.1044
其中:手扶式	1.8869	1.8869	15.9550	15.9550
三、种植业机械	—	—	—	—
(一)耕整地机械				
1. 耕整机	3.4067	3.4067	20.6620	20.6620
2. 机耕船	0.5657	0.5657	8.2252	8.2252
3. 机引犁	0.9817	0.9817	—	—
4. 旋耕机	2.0930	2.0930	—	—
5. 深松机	0.0135	0.0135	—	—
6. 机引耙	0.3648	0.3648		
(二)种植施肥机械	—	—	—	—
1. 播种机	0.3322	0.3322	—	—
其中:免耕播种机	0.0394	0.0394	—	—
精少量播种机	0.0442	0.0442	—	—
2. 水稻种植机械	—	—	—	—
(1)水稻直播机	0.0049	0.0049	—	—
(2)水稻插秧机	0.1963	0.1963	0.9743	—
其中:乘坐式	0.0227	0.0227	0.1790	—

---

①《湖北农村统计年鉴》(2018)收录了 2017 年湖北省农业农村统计资料及省级部分历史年份资料,表中简称"2018 年鉴"。

指标名称	数量/(万台/套/艘)		总动力/万千瓦	
	2018 年鉴	二污普	2018 年鉴	二污普
（3）水稻浅栽机	0	0	0	0
3. 化肥深施机	0.1863	0.1863	—	—
4. 地膜覆盖机	0.0433	0.0433	—	—
（三）农用排灌机械	—	—	—	—
1. 排灌动力机械	5.4132	5.4132	67.8463	67.8463
其中：柴油机	1.6752	1.6752	15.3320	15.3320
2. 农用水泵	4.3810	4.3810	—	—
3. 节水灌溉类机械	2.1029	2.1029	—	—
（四）田间管理机械	—	—	—	—
1. 机动喷雾（粉）机	3.3679	3.3679	4.2397	4.2397
2. 茶叶修剪机	0.0563	0.0563	0.0685	0.0685
（五）收获机械	—	—	—	—
1. 联合收获机	0.1886	0.1886	9.9712	9.9712
（1）稻麦联合收割机	0.1776	0.1776	9.3271	9.3271
其中：自走式	0.1464	0.1464	—	7.5211
其中：半喂入式	0.0339	0.0339	1.8060	1.8060
（2）玉米联合收获机	0.0110	0.0110	0.6441	0.6441
其中：自走式	0.0102	0.0102	—	0.6118
2. 割晒机	0.0277	0.0277	0.1931	0.1931
3. 其他收获机械	0.1744	0.1744	1.0048	1.0048
四、渔业机械	5.2184	5.2184	8.2231	8.2231
其中：增氧机	3.0860	3.0860	6.8296	6.8296
投饵机	2.1222	2.1222	1.1887	1.1887

表 6.1-3 农机生产燃油综合表填报数据与 2018 年鉴数据比对

指标名称	单位	2018 年鉴	二污普
农业生产燃油消耗	万吨	8.6034	8.6035
其中：（1）柴油	万吨	7.1341	7.1341
（2）用于农机抗灾救灾	万吨	0.4139	0.4139
1. 农田作业	万吨	4.3028	4.3029
（1）机耕	万吨	2.7713	2.7713
（2）机播	万吨	0.2549	0.2549
（3）机收	万吨	0.7372	0.7372
（4）植保	万吨	0.1936	0.1936
（5）其他	万吨	0.3459	0.3459
2. 农田排灌	万吨	0.4191	0.4191
3. 农田基本建设	万吨	0.6676	0.6676

续表

指标名称	单位	2018 年鉴	二污普
4. 畜牧业生产	万吨	0.1323	0.1323
5. 农产品初加工	万吨	0.2274	0.2274
6. 农业运输	万吨	2.5639	2.5639
7. 其他	万吨	0.2903	0.2903

表 6.1-4　　　　　　　　机动渔船拥有量综合表填报数据与 2018 年鉴数据比对

指标名称	艘数/艘		总吨位/吨		功率/千瓦	
	2018 年鉴	二污普	2018 年鉴	二污普	2018 年鉴	二污普
渔业船舶	—	—	—	—	—	—
机动渔船合计	1288	1288	1945	1945	15924	15924
一、按用途分类	—	—	—	—	—	—
(一)生产渔船	1272	1272	1646	1646	12850	12850
1. 捕捞渔船	802	802	1076	1076	4936	4936
其中:440 千瓦以上	—	—	—	—	—	—
45~440 千瓦						
45 千瓦以下	802	802	1076	1076	4936	4936
2. 养殖渔船	470	470	570	570	7914	7914
(二)辅助渔船	16	16	299	299	3074	3074
其中:捕捞辅助船	—	—	—	—	—	—
渔业执法船	16	16	299	299	3074	3074
二、按船长分类	—	—	—	—	—	—
(一)船长 24 米以上	3	3	202	202	1493	1493
(二)船长 12~24 米	18	18	67	67	544	544
(三)船长 12 米以下	1267	1267	1676	1676	13887	13886

　　武汉市农机拥有量、农机总动力、农业生产燃油消耗量、机动渔船拥有量与 2018 年鉴的数据基本一致。

6.1.2.2　黄石市

表 6.1-5　　　　　　　　农机拥有量综合表填报数据与 2018 年鉴数据比对

指标名称	台数/(万台/套/艘)		总动力/万千瓦	
	2018 年鉴	二污普	2018 年鉴	二污普
一、农机总动力	—	—	116.5835	116.5835
1. 柴油发动机动力	—	—	57.5282	57.5280
2. 汽油发动机动力	—	—	2.5699	2.5699
二、拖拉机	0.9063	0.9063	26.5158	26.5156
1. 大中型(14.7 千瓦及以上)	0.5660	0.5660	23.6079	23.6077
其中:14.7~18.4 千瓦(含 14.7 千瓦)	0.0075	0.0075	0.1242	0.1242

续表

指标名称	台数/(万台/套/艘)		总动力/万千瓦	
	2018 年鉴	二污普	2018 年鉴	二污普
18.4～36.7 千瓦(含 18.4 千瓦)	0.1947	0.1947	4.8814	4.8814
36.7～58.8 千瓦(含 36.7 千瓦)	0.3176	0.3176	15.6543	15.6543
58.8 千瓦及以上	0.0462	0.0462	2.9478	2.9478
其中:轮式	0.3752	0.3752	12.4216	12.4216
2. 小型(2.2～14.7 千瓦,含 2.2 千瓦)	0.3403	0.3403	2.9079	2.9079
其中:手扶式	0.2219	0.2219	2.3075	2.3075
三、种植业机械	—	—	—	—
(一)耕整地机械	—	—	—	—
1. 耕整机	0.4441	0.4441	3.1573	3.1573
2. 机耕船	0.4830	0.4830	5.7039	5.7039
3. 机引犁	0.4709	0.4709	—	—
4. 旋耕机	0.5839	0.5839	—	—
5. 深松机	0.0040	0.0040	—	—
6. 机引耙	0.2891	0.2891	—	—
(二)种植施肥机械	—	—	—	—
1. 播种机	0.0269	0.0269	—	—
其中:免耕播种机	0.0013	0.0013	—	—
精少量播种机	0.0139	0.0139	—	—
2. 水稻种植机械	—	—	—	—
(1)水稻直播机	0.0505	0.0505	—	—
(2)水稻插秧机	0.1523	0.1523	0.3344	0.3344
其中:乘坐式	0.0028	0.0028	0.0327	0.0327
(3)水稻浅栽机	0	0	0	0
3. 化肥深施机	0.0201	0.0201	—	—
4. 地膜覆盖机	0.0014	0.0014	—	—
(三)农用排灌机械	—	—	—	—
1. 排灌动力机械	2.5572	2.5572	29.8128	29.8126
其中:柴油机	0.3278	0.3278	2.8977	2.8977
2. 农用水泵	2.8526	2.8526	—	—
3. 节水灌溉类机械	0.7686	0.7686	—	—
(四)田间管理机械	—	—	—	—
1. 机动喷雾(粉)机	2.7451	2.7451	1.5887	1.5887
2. 茶叶修剪机	0.0098	0.0098	0.0035	0.0035
(五)收获机械	—	—	—	—
1. 联合收获机	0.1525	0.1525	8.4533	8.4533
(1)稻麦联合收割机	0.1495	0.1495	8.2783	8.2783
其中:自走式	0.0486	0.0486	—	2.6940

续表

指标名称	台数/(万台/套/艘)		总动力/万千瓦	
	2018 年鉴	二污普	2018 年鉴	二污普
其中:半喂入式	0.0060	0.0060	0.2965	0.2965
(2)玉米联合收获机	0.0030	0.0030	0.1749	0.1749
其中:自走式	0.0003	0.0003	—	0.0175
2. 割晒机	0.0045	0.0045	0.2262	0.2262
3. 其他收获机械	0.5775	0.5775	2.7894	2.7894
四、渔业机械	2.6501	2.6501	5.4829	5.4829
其中:增氧机	1.8150	1.8150	4.4755	4.4755
投饵机	0.8351	0.8351	1.0074	1.0074

表 6.1-6　　　　　　　农机生产燃油综合表填报数据与 2018 年鉴数据比对

指标名称	单位	2018 年鉴	二污普
农业生产燃油消耗	万吨	4.7414	4.7414
其中:(1)柴油	万吨	3.9332	3.9332
(2)用于农机抗灾救灾	万吨	0.8743	0.8743
1.农田作业	万吨	3.0131	3.0131
(1)机耕	万吨	1.2086	1.2086
(2)机播	万吨	0.7120	0.7120
(3)机收	万吨	1.0218	1.0218
(4)植保	万吨	0.0467	0.0467
(5)其他	万吨	0.0240	0.0240
2.农田排灌	万吨	0.1253	0.1253
3.农田基本建设	万吨	0.7931	0.7931
4.畜牧业生产	万吨	0.0330	0.0330
5.农产品初加工	万吨	0.0371	0.0371
6.农业运输	万吨	0.6911	0.6911
7.其他	万吨	0.0487	0.0487

表 6.1-7　　　　　　　机动渔船拥有量综合表填报数据与 2018 年鉴数据比对

指标名称	艘数/艘		总吨位/吨		功率/千瓦	
	2018 年鉴	二污普	2018 年鉴	二污普	2018 年鉴	二污普
渔业船舶	—	—	—	—	—	—
机动渔船合计	1676	1637	2341	2281	12359	11979
一、按用途分类	—	—	—	—	—	—
(一)生产渔船	1669	1630	2303	2244	11747	11389
1.捕捞渔船	1122	1125	1510	1520	6488	6481
其中:440 千瓦以上	0	0	0	0	0	0
45～440 千瓦	0	0	0	0	0	0

续表

指标名称	艘数/艘		总吨位/吨		功率/千瓦	
	2018 年鉴	二污普	2018 年鉴	二污普	2018 年鉴	二污普
45 千瓦以下	1122	1125	1510	1520	6488	6481
2. 养殖渔船	547	505	793	724	5259	4908
(二)辅助渔船	7	7	38	37	612	590
其中:捕捞辅助船	0	0	0	0	0	0
渔业执法船	7	7	30	37	612	590
二、按船长分类	—	—	—	—	—	—
(一)船长 24 米以上	—	0	—	0	—	0
(二)船长 12～24 米	47	52	289	324	797	1166
(三)船长 12 米以下	1629	1585	2052	1957	11562	10813

黄石市农机拥有量、农机总动力、农业生产燃油消耗量和 2018 年鉴的数据基本一致。机动渔船拥有量与 2018 年鉴数据存在小幅偏差。

6.1.2.3 十堰市

表 6.1-8 农机拥有量综合表填报数据与 2018 年鉴数据比对

指标名称	数量/(万台/套/艘)		总动力/万千瓦	
	2018 年鉴	二污普	2018 年鉴	二污普
一、农机总动力	—	—	188.2860	188.2860
1. 柴油发动机动力			105.0619	105.0619
2. 汽油发动机动力	—		3.1597	3.1597
二、拖拉机	1.3937	1.3937	17.2459	17.2458
1. 大中型(14.7 千瓦及以上)	0.3464	0.3464	10.4171	10.4171
其中:14.7～18.4 千瓦(含 14.7 千瓦)	0.0753	0.0753	1.3709	1.3709
18.4～36.7 千瓦(含 18.4 千瓦)	0.1751	0.1751	4.6444	4.6444
36.7～58.8 千瓦(含 36.7 千瓦)	0.0832	0.0832	3.5615	3.5615
58.8 千瓦及以上	0.0128	0.0128	0.8403	0.8403
其中:轮式	0.3206	0.3206	9.2579	9.2579
2. 小型(2.2～14.7 千瓦,含 2.2 千瓦)	1.0473	1.0473	6.8287	6.8287
其中:手扶式	0.9142	0.9142	5.6869	5.6868
三、种植业机械	—	—		
(一)耕整地机械	—	—		
1. 耕整机	3.9294	3.9294	23.2910	23.2900
2. 机耕船	0.0080	0.0080	0.1196	0.1196
3. 机引犁	0.3622	0.3622	—	—
4. 旋耕机	0.8126	0.8126	—	—
5. 深松机	0.0296	0.0296	—	—
6. 机引耙	0.1481	0.1481	—	—

续表

指标名称	数量/(万台/套/艘)		总动力/万千瓦	
	2018 年鉴	二污普	2018 年鉴	二污普
(二)种植施肥机械	—	—	—	—
1. 播种机	0.1266	0.1216	—	—
其中:免耕播种机	0.0020	0.0020	—	—
精少量播种机	0.0395	0.0395	—	—
2. 水稻种植机械	—	—	—	—
(1)水稻直播机	0	0	—	—
(2)水稻插秧机	0.0446	0.0446	0.1098	0.1097
其中:乘坐式	0.0005	0.0005	0.0075	0.0075
(3)水稻浅栽机	0	0	0	0
3. 化肥深施机	0.1350	0.1350	—	—
4. 地膜覆盖机	0.0492	0.0492	—	—
(三)农用排灌机械	—	—	—	—
1. 排灌动力机械	5.4124	5.4124	45.4122	45.4122
其中:柴油机	1.1006	1.1006	20.5366	20.5366
2. 农用水泵	4.8827	4.8827	—	—
3. 节水灌溉类机械	1.2454	1.2454	—	—
(四)田间管理机械	—	—	—	—
1. 机动喷雾(粉)机	1.1817	1.1817	1.4528	1.4528
2. 茶叶修剪机	0.3169	0.3169	0.7197	0.7197
(五)收获机械	—	—	—	—
1. 联合收获机	0.0491	0.0491	1.6098	1.6098
(1)稻麦联合收割机	0.0480	0.0480	1.5569	1.5569
其中:自走式	0.0348	0.0348	—	0
其中:半喂入式	0.0178	0.0178	0.7242	0.7242
(2)玉米联合收获机	0.0011	0.0011	0.0528	0.0528
其中:自走式	0.0010	0.0010	—	0
2. 割晒机	0.0429	0.0429	0.2239	0.2239
3. 其他收获机械	0.0424	0.0424	0.2451	0.2451
四、渔业机械	0.1318	0.1318	0.5502	0.5502
其中:增氧机	0.0993	0.0993	0.2541	0.2541
投饵机	0.0106	0.0106	0.0428	0.0428

表 6.1-9　　　　　　　农机生产燃油综合表填报数据与 2018 年鉴数据比对

指标名称	单位	2018 年鉴	二污普
农业生产燃油消耗	万吨	14.3663	14.3663
其中:(1)柴油	万吨	13.3541	13.3541
(2)用于农机抗灾救灾	万吨	0.6655	0.6655

续表

指标名称	单位	2018 年鉴	二污普
1.农田作业	万吨	2.6758	2.6758
（1）机耕	万吨	1.4166	1.4166
（2）机播	万吨	0.1365	0.1365
（3）机收	万吨	0.3908	0.3908
（4）植保	万吨	0.1400	0.1400
（5）其他	万吨	0.5919	0.5919
2.农田排灌	万吨	0.1871	0.1871
3.农田基本建设	万吨	1.8567	1.8567
4.畜牧业生产	万吨	0.1558	0.1558
5.农产品初加工	万吨	0.3846	0.3846
6.农业运输	万吨	6.4573	6.4573
7.其他	万吨	2.6490	2.6490

表 6.1-10　　　　　　　　　　机动渔船拥有量综合表填报数据与 2018 年鉴数据比对

指标名称	艘数/艘		总吨位/吨		功率/千瓦	
	2018 年鉴	二污普	2018 年鉴	二污普	2018 年鉴	二污普
渔业船舶	—	—	—	—	—	—
机动渔船合计	3192	3192	16538	16538	41915	41915
一、按用途分类	—	—	—	—	—	—
（一）生产渔船	3160	3160	16201	16201	40742	40742
1.捕捞渔船	2081	2081	9790	9790	29035	29035
其中:440 千瓦以上	0	0	0	0	0	0
45~440 千瓦	0	0	0	0	0	0
45 千瓦以下	2081	2081	9790	9790	29035	29035
2.养殖渔船	1072	1079	6411	6411	11707	11707
（二）辅助渔船	32	32	337	337	1173	1173
其中:捕捞辅助船	0	0	0	0	0	0
渔业执法船	32	32	337	337	1173	1173
二、按船长分类	—	—	—	—	—	—
（一）船长 24 米以上	0	0	0	0	0	0
（二）船长 12~24 米	1035	1035	6468	6468	15608	15608
（三）船长 12 米以下	2157	2157	10070	10070	26307	26307

　　十堰市农机拥有量、农机总动力、农业生产燃油消耗量、机动渔船拥有量和 2018 年鉴的数据基本一致。

6.1.2.4 宜昌市

表 6.1-11 农机拥有量综合表填报数据与 2018 年鉴数据比对

指标名称	数量/(万台/套/艘)		总动力/万千瓦	
	2018 年鉴	二污普	2018 年鉴	二污普
一、农机总动力	—	—	292.9881	292.988
1. 柴油发动机动力	—	—	176.2321	176.2321
2. 汽油发动机动力			18.1443	18.1443
二、拖拉机	9.1865	9.1865	96.1943	96.1943
1. 大中型(14.7 千瓦及以上)	1.2658	1.2658	40.5696	40.5696
其中:14.7~18.4 千瓦(含 14.7 千瓦)	0.4293	0.4293	7.3041	7.3041
18.4~36.7 千瓦(含 18.4 千瓦)	0.3716	0.3716	9.9374	9.9374
36.7~58.8 千瓦(含 36.7 千瓦)	0.3480	0.3480	15.4637	15.4637
58.8 千瓦及以上	0.1169	0.1169	7.8645	7.8644
其中:轮式	1.1464	1.1464	32.6899	32.6899
2. 小型(2.2~14.7 千瓦,含 2.2 千瓦)	7.9207	7.9207	55.6247	55.6247
其中:手扶式	7.7876	7.7876	55.0979	55.0979
三、种植业机械	—	—	—	—
(一)耕整地机械	—	—	—	—
1. 耕整机	7.7241	7.7241	41.1682	41.1682
2. 机耕船	0.0010	0.0010	0.0166	0.0166
3. 机引犁	7.0128	7.0128	—	—
4. 旋耕机	8.1769	8.1769	—	—
5. 深松机	0.0037	0.0037	—	—
6. 机引耙	4.1968	4.1968	—	—
(二)种植施肥机械	—	—	—	—
1. 播种机	0.3658	0.3658	—	—
其中:免耕播种机	0.0133	0.0133	—	—
精少量播种机	0.2160	0.2160	—	—
2. 水稻种植机械	—	—	—	—
(1)水稻直播机	0.0019	2.0019	—	—
(2)水稻插秧机	0.1425	0.1425	0.4542	0.4542
其中:乘坐式	0.0083	0.0083	0.0831	0.0831
(3)水稻浅栽机	—	—	—	—
3. 化肥深施机	0.3144	0.3144	—	—
4. 地膜覆盖机	0.1582	0.1582	—	—
(三)农用排灌机械	—	—	—	—
1. 排灌动力机械	10.4421	10.7721	34.4983	34.4983
其中:柴油机	0.5647	0.5647	4.2673	4.2673
2. 农用水泵	13.5321	13.5321	—	—

指标名称	数量/(万台/套/艘)		总动力/万千瓦	
	2018年鉴	二污普	2018年鉴	二污普
3. 节水灌溉类机械	0.8045	0.8045	—	—
(四)田间管理机械	—	—	—	—
1. 机动喷雾(粉)机	9.7647	9.7647	10.6612	10.6612
2. 茶叶修剪机	4.3276	4.3276	4.2415	4.2415
(五)收获机械	—	—	—	—
1. 联合收获机	0.3209	0.3209	13.5817	13.5817
(1)稻麦联合收割机	0.3029	0.3029	12.9846	12.9846
其中:自走式	0.2895	0.2895	—	—
其中:半喂入式	0.0406	0.0406	1.5423	1.5423
(2)玉米联合收获机	0.0180	0.0180	0.5970	0.5970
其中:自走式	0.0104	0.0104		
2. 割晒机	0.3747	0.3747	2.6003	2.6003
3. 其他收获机械	1.2342	1.2342	3.6186	3.6186
四、渔业机械	—	1.5802	—	3.9238
其中:增氧机	—	1.1315	—	3.2939
投饵机	—	0.4430	—	0.6146

表 6.1-12　　　　　农机生产燃油综合表填报数据与 2018 年鉴数据比对

指标名称	单位	2018年鉴	二污普
农业生产燃油消耗	万吨	19.0934	19.0934
其中:(1)柴油	万吨	18.2616	18.2616
(2)用于农机抗灾救灾	万吨	0.8810	0.8810
1.农田作业	万吨	10.6132	10.6132
(1)机耕	万吨	6.0223	6.0223
(2)机播	万吨	0.5767	0.5767
(3)机收	万吨	2.3263	2.3263
(4)植保	万吨	1.1276	1.1276
(5)其他	万吨	0.5603	0.5603
2.农田排灌	万吨	0.1882	0.1882
3.农田基本建设	万吨	3.2205	3.2205
4.畜牧业生产	万吨	0.0582	0.0582
5.农产品初加工	万吨	0.1117	0.1117
6.农业运输	万吨	4.5734	4.5734
7.其他	万吨	0.3282	0.3282

表 6.1-13　　　　　　　　　　机动渔船拥有量综合表填报数据与 2018 年鉴数据比对

指标名称	艘数/艘		总吨位/吨		功率/千瓦	
	2018 年鉴	二污普	2018 年鉴	二污普	2018 年鉴	二污普
渔业船舶	—	—	—	—	—	—
机动渔船合计	2169	2169	5356	5356	14274	14274
一、按用途分类	—	—	—	—	—	—
(一)生产渔船	2123	2123	4976	4976	12125	12125
1. 捕捞渔船	2020	2020	4766	4766	11396	11396
其中:440 千瓦以上	—	—	—	—	—	—
45～440 千瓦	—	—	—	—	—	—
45 千瓦以下	2020	2020	4766	4766	11396	11396
2. 养殖渔船	103	103	210	210	729	729
(二)辅助渔船	46	46	380	380	2149	2149
其中:捕捞辅助船	32	32	96	96	193	193
渔业执法船	14	14	284	284	1956	1956
二、按船长分类	—	—	—	—	—	—
(一)船长 24 米以上	—	—	—	—	—	—
(二)船长 12～24 米	120	120	457	457	2133	2133
(三)船长 12 米以下	2049	2049	4899	4899	12141	12141

宜昌市农机拥有量、农机总动力、农业生产燃油消耗量、机动渔船拥有量和 2018 年鉴的数据基本一致。

6.1.2.5　襄阳市

表 6.1-14　　　　　　　　　　农机拥有量综合表填报数据与 2018 年鉴数据比对

指标名称	数量/(万台/套/艘)		总动力/万千瓦	
	2018 年鉴	二污普	2018 年鉴	二污普
一、农机总动力	—	—	646.0702	646.0701
1. 柴油发动机动力	—	—	537.4182	537.4180
2. 汽油发动机动力	—	—	22.6595	7.1621
二、拖拉机	38.5422	38.5422	387.255	387.2548
1. 大中型(14.7 千瓦及以上)	4.3905	4.3905	169.693	169.6929
其中:14.7～18.4 千瓦(含 14.7 千瓦)	0.3603	0.3603	6.0389	6.0389
18.4～36.7 千瓦(含 18.4 千瓦)	1.6505	1.6505	46.4355	46.4355
36.7～58.8 千瓦(含 36.7 千瓦)	1.9779	1.9779	90.0292	90.0292
58.8 千瓦及以上	0.4018	0.4018	27.1893	27.1893
其中:轮式	4.2591	4.2591	165.2131	165.2131
2. 小型(2.2～14.7 千瓦,含 2.2 千瓦)	34.1517	34.1517	217.5619	217.5619
其中:手扶式	32.0314	32.0314	197.3452	197.3452

续表

指标名称	数量/(万台/套/艘)		总动力/万千瓦	
	2018 年鉴	二污普	2018 年鉴	二污普
三、种植业机械	—	—	—	—
(一)耕整地机械	—	—	—	—
1. 耕整机	1.4963	1.4963	7.7177	7.7177
2. 机耕船	0.0035	0.0035	0.0527	0.0527
3. 机引犁	29.7105	29.7105		
4. 旋耕机	15.2728	15.2728		
5. 深松机	0.0676	0.0676		
6. 机引耙	20.9689	20.9689		
(二)种植施肥机械	—	—	—	—
1. 播种机	3.0482	3.0482		
其中:免耕播种机	0.1472	0.1472		
精少量播种机	1.7064	1.7064		
2. 水稻种植机械	—	—	—	—
(1)水稻直播机	0.0179	0.0179		
(2)水稻插秧机	0.9650	0.9650	2.9939	2.9939
其中:乘坐式	0.0178	0.0178	0.1779	0.1779
(3)水稻浅栽机	0	0	0	0
3. 化肥深施机	0.5850	0.5850	—	—
4. 地膜覆盖机	0.1220	0.1220		
(三)农用排灌机械	—	—	—	—
1. 排灌动力机械	4.2303	4.2303	53.8976	53.8976
其中:柴油机	1.1664	1.1664	13.8083	13.8083
2. 农用水泵	5.8531	5.8531	—	—
3. 节水灌溉类机械	0.9354	0.9354		
(四)田间管理机械	—	—	—	—
1. 机动喷雾(粉)机	2.7342	2.7342	3.7924	3.7924
2. 茶叶修剪机	0.1566	0.1566	0.3240	0.3240
(五)收获机械	—	—	—	—
1. 联合收获机	2.3936	2.3936	117.4871	117.4871
(1)稻麦联合收割机	2.2665	2.2665	110.9699	110.9699
其中:自走式	2.2374	2.2374	—	109.9005
其中:半喂入式	0.0205	0.0200	0.9898	0.9898
(2)玉米联合收获机	0.1271	0.1271	6.5172	6.5172
其中:自走式	0.1132	0.1132	—	6.3739
2. 割晒机	0.0850	0.0850	0.1361	0.1361
3. 其他收获机械	1.7921	1.7921	5.0521	5.0521
四、渔业机械	0.5340	0.5340	0.8888	0.8888
其中:增氧机	0.3689	0.3689	0.6941	0.6941
投饵机	0.1651	0.1651	0.1947	0.1947

表 6.1-15　　　　　　　　　　　农机生产燃油综合表填报数据与 2018 年鉴数据比对

指标名称	单位	2018 年鉴	二污普
农业生产燃油消耗	万吨	14.3484	14.3484
其中:(1)柴油	万吨	13.1112	13.1112
(2)用于农机抗灾救灾	万吨	1.4010	1.4010
1.农田作业	万吨	9.6347	9.6347
(1)机耕	万吨	3.9531	3.9531
(2)机播	万吨	1.0561	1.0561
(3)机收	万吨	3.2135	3.2135
(4)植保	万吨	0.6950	0.6950
(5)其他	万吨	0.7170	0.7170
2.农田排灌	万吨	1.0654	1.0654
3.农田基本建设	万吨	0.9011	0.9011
4.畜牧业生产	万吨	0.6234	0.6234
5.农产品初加工	万吨	0.3524	0.3524
6.农业运输	万吨	1.4728	1.4728
7.其他	万吨	0.2966	0.2986

表 6.1-16　　　　　　　　　　　机动渔船拥有量综合表填报数据与 2018 年鉴数据比对

指标名称	艘数/艘		总吨位/吨		功率/千瓦	
	2018 年鉴	二污普	2018 年鉴	二污普	2018 年鉴	二污普
渔业船舶	—	—	—	—	—	—
机动渔船合计	2224	2190	4935	4563	37248	34433
一、按用途分类	—	—	—	—	—	—
(一)生产渔船	2095	2182	5307	4431	36815	33494
1.捕捞渔船	1350	1116	3062	2266	25311	19634
其中:440 千瓦以上	0	0	0	0	0	0
45~440 千瓦	14	0	78	0	3029	0
45 千瓦以下	1336	1116	2980	2266	22282	19634
2.养殖渔船	745	1066	2245	2165	11504	13860
(二)辅助渔船	129	8	267	132	911	939
其中:捕捞辅助船	123	0	249	0	720	0
渔业执法船	6	8	18	132	191	939
二、按船长分类	—	—	—	—	—	—
(一)船长 24 米以上	0	1	0	86	0	240
(二)船长 12~24 米	54	126	438	835	1028	2586
(三)船长 12 米以下	2170	2063	4497	3642	36220	31607

　　襄阳市农机拥有量、农机总动力、农业生产燃油消耗量和 2018 年鉴的数据基本一致。机动渔船拥有量与 2018 年鉴数据存在偏差。

6.1.2.6　鄂州市

表 6.1-17　　　　　　　　　　　农机拥有量综合表填报数据与 2018 年鉴数据比对

指标名称	数量/(万台/套/艘)		总动力/万千瓦	
	2018 年鉴	二污普	2018 年鉴	二污普
一、农机总动力	—	—	59.2751	59.2750
1. 柴油发动机动力	—	—	28.2889	28.2888
2. 汽油发动机动力	—	—	1.8127	1.8126
二、拖拉机	0.7060	0.7060	10.4891	10.4890
1. 大中型(14.7 千瓦及以上)	0.2282	0.2282	6.1666	6.1663
其中:14.7～18.4 千瓦(含 14.7 千瓦)	0.1279	0.1279	2.0557	2.0557
18.4～36.7 千瓦(含 18.4 千瓦)	0.0499	0.0499	1.3072	1.3073
36.7～58.8 千瓦(含 36.7 千瓦)	0.0323	0.0323	1.3927	1.3928
58.8 千瓦及以上	0.0181	0.0181	1.4105	1.4105
其中:轮式	0.2090	0.2090	5.2254	5.2250
2. 小型(2.2～14.7 千瓦,含 2.2 千瓦)	0.4778	0.4778	4.3227	4.3227
其中:手扶式	0.3302	0.3302	2.8341	2.8341
三、种植业机械	—	—	—	—
(一)耕整地机械	—	—	—	—
1. 耕整机	0.3026	0.3026	1.8954	1.8954
2. 机耕船	0.1218	0.1218	1.7701	1.7701
3. 机引犁	0.1842	0.1842	—	—
4. 旋耕机	0.4578	0.4578	—	—
5. 深松机	0.0104	0.0104	—	—
6. 机引耙	0.0719	0.0719	—	—
(二)种植施肥机械	—	—	—	—
1. 播种机	0.0254	0.0254	—	—
其中:免耕播种机	0.0134	0.0134	—	—
精少量播种机	0.0119	0.0119	—	—
2. 水稻种植机械	—	—	—	—
(1)水稻直播机	0.0035	0.0035	—	—
(2)水稻插秧机	0.0801	0.0801	0.1926	0.1926
其中:乘坐式	0.0022	0.0022	0.0145	0.0145
(3)水稻浅栽机	0	0	0	0
3. 化肥深施机	0.0011	0.0011	—	—
4. 地膜覆盖机	0.0002	0.0002	—	—
(三)农用排灌机械	—	—	—	—
1. 排灌动力机械	1.0332	1.0332	13.4892	13.4892
其中:柴油机	0.2810	0.2810	2.1830	2.1830
2. 农用水泵	1.5959	1.5959	—	—

指标名称	数量/(万台/套/艘)		总动力/万千瓦	
	2018年鉴	二污普	2018年鉴	二污普
3.节水灌溉类机械	0.1439	0.1439	—	—
(四)田间管理机械	—	—	—	—
1.机动喷雾(粉)机	1.1455	1.1455	1.1883	1.1883
2.茶叶修剪机	0.0092	0.0092	0.0218	0.0220
(五)收获机械	—	—	—	—
1.联合收获机	0.0271	0.0271	1.5498	1.5498
(1)稻麦联合收割机	0.0271	0.0271	1.5498	1.5498
其中:自走式	0.0138	0.0138	—	1.2594
其中:半喂入式	0.0054	0.0054	0.2904	0.2904
(2)玉米联合收获机	0	0	0	0
其中:自走式	0	0	0	0
2.割晒机	0.0012	0.0012	0.0099	0.0099
3.其他收获机械	0.1397	0.1397	0.2783	0.2783
四、渔业机械	2.0909	2.0909	4.4639	4.4639
其中:增氧机	1.0440	1.0440	3.2469	3.2469
投饵机	1.0227	1.0227	1.1958	1.1958

表 6.1-18　　　　　农机生产燃油综合表填报数据与 2018 年鉴数据比对

指标名称	单位	2018年鉴	二污普
农业生产燃油消耗	万吨	1.6325	1.5924
其中:(1)柴油	万吨	1.3114	1.2414
(2)用于农机抗灾救灾	万吨	0.2449	0.2449
1.农田作业	万吨	1.2642	1.2240
(1)机耕	万吨	0.6260	0.6060
(2)机播	万吨	0.2161	0.2161
(3)机收	万吨	0.3245	0.3045
(4)植保	万吨	0.0583	0.0583
(5)其他	万吨	0.0392	0.0391
2.农田排灌	万吨	0.0493	0.0493
3.农田基本建设	万吨	0.0343	0.0343
4.畜牧业生产	万吨	0.0078	0.0078
5.农产品初加工	万吨	0.0096	0.0096
6.农业运输	万吨	0.2412	0.2412
7.其他	万吨	0.0261	0.0261

表 6.1-19 机动渔船拥有量综合表填报数据与 2018 年鉴数据比对

指标名称	艘数/艘		总吨位/吨		功率/千瓦	
	2018 年鉴	二污普	2018 年鉴	二污普	2018 年鉴	二污普
渔业船舶	—	—	—	—	—	—
机动渔船合计	479	313	1245	1131	2173	2912
一、按用途分类	—	—	—	—	—	—
（一）生产渔船	433	313	1074	1131	1830	2912
1. 捕捞渔船	366	265	878	1035	1518	2688
其中：440 千瓦以上	0	0	0	0	0	0
45～440 千瓦	0	1	0	18	0	57
45 千瓦以下	366	264	878	1017	1518	2631
2. 养殖渔船	77	48	196	96	312	224
（二）辅助渔船	0	0	0	0	0	0
其中：捕捞辅助船	0	0	0	0	0	0
渔业执法船	0	0	0	0	0	0
二、按船长分类	—	—	—	—	—	—
（一）船长 24 米以上	0	0	0	0	0	0
（二）船长 12～24 米	280	45	945	401	1573	976
（三）船长 12 米以下	199	268	300	730	600	1936

鄂州市农机拥有量、农机总动力、农业生产燃油消耗量和 2018 年鉴的数据基本一致；机动渔船拥有量与 2018 年鉴数据存在偏差。

6.1.2.7 荆门市

表 6.1-20 农机拥有量综合表填报数据与 2018 年鉴数据比对

指标名称	数量/（万台/套/艘）		总动力/万千瓦	
	2018 年鉴	二污普	2018 年鉴	二污普
一、农机总动力	—	—	476.4736	476.4736
1. 柴油发动机动力	—	—	420.3747	420.3747
2. 汽油发动机动力	—	—	12.5682	12.5682
二、拖拉机	29.9030	29.9030	306.5289	306.5289
1. 大中型（14.7 千瓦及以上）	2.4189	2.4189	100.5087	100.5087
其中：14.7～18.4 千瓦（含 14.7 千瓦）	0.1146	0.1146	2.0463	2.0463
18.4～36.7 千瓦（含 18.4 千瓦）	0.4336	0.4336	12.3115	12.3115
36.7～58.8 千瓦（含 36.7 千瓦）	1.6016	1.6016	68.0372	68.0372
58.8 千瓦及以上	0.2691	0.2691	18.1137	18.1137
其中：轮式	2.4088	2.4088	99.5262	99.5262
2. 小型（2.2～14.7 千瓦，含 2.2 千瓦）	27.4841	27.4841	206.0202	206.0202
其中：手扶式	27.2784	27.2784	204.4792	204.4792

指标名称	数量/(万台/套/艘)		总动力/万千瓦	
	2018 年鉴	二污普	2018 年鉴	二污普
三、种植业机械	—	—	—	—
（一）耕整地机械	—	—	—	—
1. 耕整机	0.2569	0.2569	0.6202	0.6202
2. 机耕船	0.0068	0.0068	0.0725	0.0725
3. 机引犁	18.3596	18.3596	—	—
4. 旋耕机	15.9456	15.9456	—	—
5. 深松机	0.0186	0.0186	—	—
6. 机引耙	13.7679	13.7679	—	—
（二）种植施肥机械	—	—	—	—
1. 播种机	0.9787	0.9787	—	—
其中：免耕播种机	0.1360	0.1360	—	—
精少量播种机	0.5772	0.5772	—	—
2. 水稻种植机械	—	—	—	—
（1）水稻直播机	0.0201	0.0201	—	—
（2）水稻插秧机	2.2068	2.2068	7.1456	7.1456
其中：乘坐式	0.0275	0.0275	0.2958	0.2958
（3）水稻浅栽机	0	0	0	0
3. 化肥深施机	0.0113	0.0113	—	—
4. 地膜覆盖机	0.0021	0.0021	—	—
（三）农用排灌机械	—	—	—	—
1. 排灌动力机械	2.5971	2.5971	24.6870	24.6870
其中：柴油机	0.3480	0.3480	3.5575	3.5575
2. 农用水泵	6.7941	6.7941	—	—
3. 节水灌溉类机械	0.0422	0.0422	—	—
（四）田间管理机械	—	—	—	—
1. 机动喷雾（粉）机	3.2201	3.2201	5.4147	5.4147
2. 茶叶修剪机	0.0006	0.0006	0.0045	0.0045
（五）收获机械	—	—	—	—
1. 联合收获机	1.6976	1.6976	90.8052	90.8052
（1）稻麦联合收割机	1.6820	1.6820	89.7329	89.7329
其中：自走式	1.6137	1.6137	—	88.0242
其中：半喂入式	0.0311	0.0311	1.7087	1.7087
（2）玉米联合收获机	0.0156	0.0156	1.0724	1.0723
其中：自走式	0.0156	0.0156	—	1.0723
2. 割晒机	—	—	—	—
3. 其他收获机械	1.2640	1.2640	4.9071	4.9071
四、渔业机械	4.3154	4.3154	7.0775	7.0775
其中：增氧机	2.4645	2.4645	5.2561	5.2561
投饵机	1.8439	1.8439	1.7565	1.7565

表 6.1-21 农机生产燃油综合表填报数据与 2018 年鉴数据比对

指标名称	单位	2018 年鉴	二污普
农业生产燃油消耗	万吨	9.2942	9.2900
其中:(1)柴油	万吨	8.1088	8.1088
(2)用于农机抗灾救灾	万吨	0.4908	0.4908
1.农田作业	万吨	7.3144	7.3144
(1)机耕	万吨	3.4132	3.4132
(2)机播	万吨	0.6476	0.6476
(3)机收	万吨	2.3250	2.3250
(4)植保	万吨	0.5107	0.5107
(5)其他	万吨	0.4179	0.4179
2.农田排灌	万吨	0.1924	0.1924
3.农田基本建设	万吨	0.7111	0.7111
4.畜牧业生产	万吨	0.0623	0.0623
5.农产品初加工	万吨	0.0500	0.0500
6.农业运输	万吨	0.7360	0.7360
7.其他	万吨	0.2281	0.2281

表 6.1-22 机动渔船拥有量综合表填报数据与 2018 年鉴数据比对

指标名称	艘数/艘		总吨位/吨		功率/千瓦	
	2018 年鉴	二污普	2018 年鉴	二污普	2018 年鉴	二污普
渔业船舶	—	—	—	—	—	—
机动渔船合计	1416	1048	1504	1263	14499	12418
一、按用途分类	—	—	—	—	—	—
(一)生产渔船	1404	1033	2024	1352	13713	11182
1.捕捞渔船	545	640	801	844	6429	7752
其中:440 千瓦以上	0	0	0	0	0	0
45～440 千瓦	0	0	0	0	0	0
45 千瓦以下	545	640	801	844	6429	7752
2.养殖渔船	859	393	1223	508	7284	3430
(二)辅助渔船	12	15	95	152	786	1236
其中:捕捞辅助船	5	0	31	0	80	0
渔业执法船	7	10	64	121	706	1156
二、按船长分类	—	—	—	—	—	—
(一)船长 24 米以上	0	0	0	0	0	0
(二)船长 12～24 米	27	25	174	196	723	745
(三)船长 12 米以下	1389	1023	1945	1308	13776	11673

荆门市农机拥有量、农机总动力、农业生产燃油消耗量和 2018 年鉴的数据基本一致。机动渔船拥有量与 2018 年鉴数据存在小幅差异。

6.1.2.8 孝感市

表 6.1-23　　　　　　　　　　　农机拥有量综合表填报数据与 2018 年鉴数据比对

指标名称	数量/(万台/套/艘)		总动力/万千瓦	
	2018 年鉴	二污普	2018 年鉴	二污普
一、农机总动力	—	—	260.8629	260.8629
1. 柴油发动机动力	—	—	173.8293	173.8293
2. 汽油发动机动力	—	—	11.2855	11.2855
二、拖拉机	5.9265	5.9265	107.3560	107.3560
1. 大中型(14.7 千瓦及以上)	1.7461	1.7461	68.7985	68.7985
其中:14.7～18.4 千瓦(含 14.7 千瓦)	0.3156	0.3156	5.3443	5.3443
18.4～36.7 千瓦(含 18.4 千瓦)	0.5122	0.5122	15.8667	15.8667
36.7～58.8 千瓦(含 36.7 千瓦)	0.8176	0.8176	41.1559	41.1559
58.8 千瓦及以上	0.1007	0.1007	6.4316	6.4316
其中:轮式	1.7136	1.7136	66.0892	66.0892
2. 小型(2.2～14.7 千瓦,含 2.2 千瓦)	4.1804	4.1804	38.5575	38.5575
其中:手扶式	4.0597	4.0597	37.3297	37.3297
三、种植业机械	—	—	—	—
(一)耕整地机械	—	—	—	—
1. 耕整机	1.8638	1.8638	10.8091	10.8091
2. 机耕船	0.2846	0.2846	3.0470	3.0470
3. 机引犁	1.7324	1.7324	—	—
4. 旋耕机	4.8378	4.8378	—	—
5. 深松机	0.0020	0.0020	—	—
6. 机引耙	0.8491	0.8491	—	—
(二)种植施肥机械	—	—	—	—
1. 播种机	0.2094	0.2094	—	—
其中:免耕播种机	0.0371	0.0371	—	—
精少量播种机	0.1437	0.1437	—	—
2. 水稻种植机械	—	—	—	—
(1)水稻直播机	0.0222	0.0222	—	—
(2)水稻插秧机	0.5064	0.5064	1.5472	1.5472
其中:乘坐式	0.0276	0.0276	0.2456	0.2456
(3)水稻浅栽机	0	0	0	0
3. 化肥深施机	0.2500	0.2500	—	—
4. 地膜覆盖机	0.0014	0.0014	—	—
(三)农用排灌机械	—	—	—	—
1. 排灌动力机械	19.0051	19.0051	60.8565	60.8565
其中:柴油机	2.6421	2.6421	18.9193	18.9193
2. 农用水泵	19.4779	19.4779	—	—

续表

指标名称	数量/(万台/套/艘)		总动力/万千瓦	
	2018 年鉴	二污普	2018 年鉴	二污普
3. 节水灌溉类机械	1.6245	1.6245	—	—
(四)田间管理机械	—	—	—	—
1. 机动喷雾(粉)机	3.5475	3.5475	4.5047	4.5047
2. 茶叶修剪机	0.0637	0.0637	0.0669	0.0669
(五)收获机械	—	—	—	—
1. 联合收获机	0.6739	0.6739	27.0698	27.0698
(1)稻麦联合收割机	0.6635	0.6635	26.6174	26.6174
其中:自走式	0.5393	0.5393	0	0
其中:半喂入式	0.1261	0.1261	5.0740	5.0740
(2)玉米联合收获机	0.0104	0.0104	0.4524	0.4524
其中:自走式	0.0101	0.0101	0	0
2. 割晒机	0	0	0	0
3. 其他收获机械	0.2658	0.2658	3.0582	3.0582
四、渔业机械	2.6482	2.6482	5.0758	5.0758
其中:增氧机	1.7607	1.7607	4.0192	4.0192
投饵机	0.8735	0.8735	0.7189	0.7189

表 6.1-24　　　　　　　农机生产燃油综合表填报数据与 2018 年鉴数据比对

指标名称	单位	2018 年鉴	二污普
农业生产燃油消耗	万吨	10.3571	10.3571
其中:(1)柴油	万吨	8.6944	8.6944
(2)用于农机抗灾救灾	万吨	1.1563	1.1563
1. 农田作业	万吨	6.0418	6.0418
(1)机耕	万吨	2.4355	2.4355
(2)机播	万吨	0.4926	0.4926
(3)机收	万吨	2.0873	2.0873
(4)植保	万吨	0.4655	0.4655
(5)其他	万吨	0.5609	0.5609
2. 农田排灌	万吨	1.2169	1.2169
3. 农田基本建设	万吨	1.2450	1.2450
4. 畜牧业生产	万吨	0.0739	0.0739
5. 农产品初加工	万吨	0.1990	0.1990
6. 农业运输	万吨	1.3122	1.3122
7. 其他	万吨	0.2683	0.2683

表 6.1-25　　　　　　　　机动渔船拥有量综合表填报数据与 2018 年鉴数据比对

指标名称	艘数/艘		总吨位/吨		功率/千瓦	
	2018 年鉴	二污普	2018 年鉴	二污普	2018 年鉴	二污普
渔业船舶	—	—	—	—	—	—
机动渔船合计	1209	1209	1666	1666	8937	8937
一、按用途分类	—	—	—	—	—	—
（一）生产渔船	1193	1193	1603	1603	8102	8102
1. 捕捞渔船	666	666	846	846	5016	5016
其中：440 千瓦以上	0	0	0	0	0	0
45～440 千瓦	0	0	0	0	0	0
45 千瓦以下	666	666	846	846	5016	5016
2. 养殖渔船	527	527	757	757	3086	3086
（二）辅助渔船	16	16	63	63	835	835
其中：捕捞辅助船	—	0	—	0	—	0
渔业执法船	16	16	63	63	835	835
二、按船长分类	—	—	—	—	—	—
（一）船长 24 米以上	0	0	0	0	0	0
（二）船长 12～24 米	14	14	136	136	363	363
（三）船长 12 米以下	1195	1195	1530	1530	8574	8574

　　孝感市农机拥有量、农机总动力、农业生产燃油消耗量和机动渔船拥有量和 2018 年鉴的数据基本一致。

6.1.2.9　荆州市

表 6.1-26　　　　　　　　农机拥有量综合表填报数据与 2018 年鉴数据比对

指标名称	数量/（万台/套/艘）		总动力/万千瓦	
	2018 年鉴	二污普	2018 年鉴	二污普
一、农机总动力	—	—	625.5874	625.5693
1. 柴油发动机动力	—	—	486.9912	489.8416
2. 汽油发动机动力	—	—	17.8904	17.9328
二、拖拉机	13.9375	13.9345	218.4024	218.2370
1. 大中型（14.7 千瓦及以上）	2.6467	2.6437	130.5638	130.3983
其中：14.7～18.4 千瓦（含 14.7 千瓦）	0.0298	0.0298	0.4412	0.4412
18.4～36.7 千瓦（含 18.4 千瓦）	0.2622	0.2622	6.8972	6.8972
36.7～58.8 千瓦（含 36.7 千瓦）	1.5588	1.5558	72.4714	72.3060
58.8 千瓦及以上	0.7959	0.7959	50.7539	50.7539
其中：轮式	2.1668	2.1668	110.6422	110.6422
2. 小型（2.2～14.7 千瓦，含 2.2 千瓦）	11.2908	11.2908	87.8387	87.8387
其中：手扶式	10.5784	10.5748	81.2386	81.2386

续表

指标名称	数量/(万台/套/艘)		总动力/万千瓦	
	2018 年鉴	二污普	2018 年鉴	二污普
三、种植业机械	—	—	—	—
（一）耕整地机械	—	—	—	—
1. 耕整机	8.5089	8.5089	33.9931	33.9931
2. 机耕船	1.5099	1.5099	9.2822	9.2822
3. 机引犁	8.7331	8.7331		
4. 旋耕机	10.6187	10.6187		
5. 深松机	0.0068	0.0068		
6. 机引耙	4.4332	4.4332		
（二）种植施肥机械	—	—		
1. 播种机	0.2697	0.2700		
其中：免耕播种机	0.1081	0.1100		
精少量播种机	0.1616	0.1600		
2. 水稻种植机械	—	—		
（1）水稻直播机	0.1919	0.1900		
（2）水稻插秧机	1.0358	1.0300	3.2102	3.2000
其中：乘坐式	0.1187	0.1200	0.9266	0.9300
（3）水稻浅栽机	0	0	0	0
3. 化肥深施机	0.3229	0.3200		
4. 地膜覆盖机	0.0016	0.0020		
（三）农用排灌机械	—	—		
1. 排灌动力机械	12.8186	12.8200	136.7006	136.7000
其中：柴油机	5.6929	5.6900	51.2759	51.3000
2. 农用水泵	13.5321	12.9500	—	—
3. 节水灌溉类机械	0.8045	0.1500		
（四）田间管理机械	—	—		
1. 机动喷雾（粉）机	14.2336	14.2300	17.1232	17.1000
2. 茶叶修剪机	0.0036	0.0040	0.0036	0.0040
（五）收获机械	—	—		
1. 联合收获机	2.0154	2.0250	100.6284	100.6200
（1）稻麦联合收割机	1.9903	2	99.8089	99.8000
其中：自走式	1.7312	1.7300	—	92.9000
其中：半喂入式	0.1662	0.1700	6.9117	6.9000
（2）玉米联合收获机	0.0251	0.0250	0.8194	0.8200
其中：自走式	0.0150	0.0150	—	0.8200
2. 割晒机	0.0372	0.0370	0.6505	0.6500
3. 其他收获机械	0.6485	0.6500	11.1476	11.1000
四、渔业机械	12.1882	12.1900	14.1759	14.2000
其中：增氧机	6.7664	6.7700	13.2918	13.3000
投饵机	5.4218	5.4200	0.7960	0.8000

表 6.1-27　　　　　　　　　　　农机生产燃油综合表填报数据与 2018 年鉴数据比对

指标名称	单位	2018 年鉴	二污普
农业生产燃油消耗	万吨	10.3796	10.3800
其中:(1)柴油	万吨	9.1224	9.1200
(2)用于农机抗灾救灾	万吨	0.3148	0.3100
1.农田作业	万吨	7.1144	7.1100
(1)机耕	万吨	3.9541	3.9500
(2)机播	万吨	0.4839	0.4800
(3)机收	万吨	2.6013	2.6000
(4)植保	万吨	0.0393	0.0400
(5)其他	万吨	0.0359	0.0400
2.农田排灌	万吨	0.4476	0.4500
3.农田基本建设	万吨	0.3950	0.3900
4.畜牧业生产	万吨	0.1715	0.1700
5.农产品初加工	万吨	0.0476	0.0500
6.农业运输	万吨	1.8351	1.8400
7.其他	万吨	0.3684	0.3700

表 6.1-28　　　　　　　　　　机动渔船拥有量综合表填报数据与 2018 年鉴数据比对

指标名称	艘数/艘		总吨位/吨		功率/千瓦	
	2018 年鉴	二污普	2018 年鉴	二污普	2018 年鉴	二污普
渔业船舶	—	—	—	—	—	—
机动渔船合计	22610	22610	35815	35815	150907	150907
一、按用途分类	—	—	—	—	—	—
(一)生产渔船	22460	22460	35400	35400	148128	148128
1. 捕捞渔船	6406	6406	10299	10299	39502	39502
其中:440 千瓦以上	0	0	0	0	0	0
45～440 千瓦	0	0	0	0	0	0
45 千瓦以下	6406	6406	10299	10229	39502	39502
2. 养殖渔船	16054	16054	25101	25101	108626	108626
(二)辅助渔船	150	150	415	415	2779	2779
其中:捕捞辅助船	115	115	169	169	973	973
渔业执法船	35	35	246	246	1806	1806
二、按船长分类	—	—	—	—	—	—
(一)船长 24 米以上	0	0	0	0	0	0
(二)船长 12～一24 米	1370	1370	3282	3282	8657	8657
(三)船长 12 米以下	21240	21240	32533	32533	142250	142250

　　荆州市农机拥有量、农机总动力、农业生产燃油消耗量和机动渔船拥有量和 2018 年鉴的数据基本一致。

6.1.2.10 黄冈市

表 6.1-29　　　　　　　　　　　　农机拥有量综合表填报数据与 2018 年鉴数据比对

指标名称	数量/(万台/套/艘)		总动力/万千瓦	
	2018 年鉴	二污普	2018 年鉴	二污普
一、农机总动力	—	—	353.4213	353.4213
1. 柴油发动机动力			206.6946	206.6946
2. 汽油发动机动力	—	—	22.4608	22.4609
二、拖拉机	3.9782	3.9782	63.0742	63.0744
1. 大中型(14.7 千瓦及以上)	1.1731	1.1731	38.1923	38.1924
其中:14.7~18.4 千瓦(含 14.7 千瓦)	0.2310	0.2310	3.9181	3.9181
18.4~36.7 千瓦(含 18.4 千瓦)	0.4775	0.4775	10.6081	10.6082
36.7~58.8 千瓦(含 36.7 千瓦)	0.3132	0.3132	13.9603	13.9603
58.8 千瓦及以上	0.1514	0.1514	9.7057	9.7057
其中:轮式	1.0775	1.0775	31.6517	31.6518
2. 小型(2.2~14.7 千瓦,含 2.2 千瓦)	2.8051	2.8051	24.8819	24.8820
其中:手扶式	2.2447	2.2447	18.9205	18.9205
三、种植业机械	—	—	—	—
(一)耕整地机械	—	—	—	—
1. 耕整机	8.3540	8.3540	44.6283	44.6284
2. 机耕船	0.6331	0.6331	6.2756	6.2757
3. 机引犁	1.2270	1.2270	—	—
4. 旋耕机	4.1179	4.1179		
5. 深松机	0.0355	0.0355		
6. 机引耙	0.7548	0.7548		
(二)种植施肥机械	—	—	—	—
1. 播种机	0.4806	0.4806		
其中:免耕播种机	0.1641	0.1641		
精少量播种机	0.3131	0.3131		
2. 水稻种植机械	—	—		
(1)水稻直播机	0.1176	0.1176		
(2)水稻插秧机	0.7207	0.7207	2.5106	2.5106
其中:乘坐式	0.0398	0.0398	0.3179	0.3179
(3)水稻浅栽机	0	0	0	0
3. 化肥深施机	0.1077	0.1077	—	—
4. 地膜覆盖机	0.0011	0.0011	—	—
(三)农用排灌机械	—	—	—	—
1. 排灌动力机械	8.7666	8.7666	76.1881	76.1881
其中:柴油机	2.4215	2.4215	25.6958	25.6958
2. 农用水泵	8.0217	8.0217	—	—

续表

指标名称	数量/(万台/套/艘)		总动力/万千瓦	
	2018 年鉴	二污普	2018 年鉴	二污普
3. 节水灌溉类机械	1.2573	1.2573	—	—
(四)田间管理机械	—	—	—	—
1. 机动喷雾(粉)机	10.3420	10.3420	10.2586	10.2587
2. 茶叶修剪机	0.5118	0.5118	1.2008	1.2008
(五)收获机械	—	—	—	—
1. 联合收获机	0.5935	0.5935	24.6711	24.6711
(1)稻麦联合收割机	0.5896	0.5896	24.4485	24.4486
其中:自走式	0.5108	0.5108	—	0
其中:半喂入式	0.0814	0.0814	3.5444	3.5445
(2)玉米联合收获机	0.0039	0.0039	0.2225	0.2225
其中:自走式	0.0037	0.0037	—	0
2. 割晒机	1.2695	1.2695	1.7865	1.7865
3. 其他收获机械	1.2736	1.2736	3.8524	3.8525
四、渔业机械	5.3032	5.3032	10.3582	10.3583
其中:增氧机	3.5944	3.5944	8.0433	8.0433
投饵机	1.6818	1.6818	2.2541	2.2541

表 6.1-30　　　　　　　农机生产燃油综合表填报数据与 2018 年鉴数据比对

指标名称	单位	2018 年鉴	二污普
农业生产燃油消耗	万吨	12.3024	12.3000
其中:(1)柴油	万吨	10.7071	10.7071
(2)用于农机抗灾救灾	万吨	0.9694	0.9694
1. 农田作业	万吨	6.8321	6.8300
(1)机耕	万吨	3.1510	3.1510
(2)机播	万吨	0.9111	0.9112
(3)机收	万吨	2.0064	2.0065
(4)植保	万吨	0.4682	0.4682
(5)其他	万吨	0.2952	0.2952
2. 农田排灌	万吨	0.7709	0.7710
3. 农田基本建设	万吨	0.7168	0.7168
4. 畜牧业生产	万吨	0.2208	0.2208
5. 农产品初加工	万吨	0.6759	0.6759
6. 农业运输	万吨	2.7157	2.7157
7. 其他	万吨	0.3702	0.3702

表 6.1-31 　　　　　　　　　　机动渔船拥有量综合表填报数据与 2018 年鉴数据比对

指标名称	艘数/艘		总吨位/吨		功率/千瓦	
	2018 年鉴	二污普	2018 年鉴	二污普	2018 年鉴	二污普
渔业船舶	—	—	—	—	—	—
机动渔船合计	1375	1376	2316	2251	12288	11614
一、按用途分类	—	—	—	—	—	—
（一）生产渔船	1337	1376	2118	2251	10721	11614
1. 捕捞渔船	639	634	909	1035	4084	4077
其中：440 千瓦以上	0	0	0	0	0	0
45～440 千瓦	0	0	0	0	0	0
45 千瓦以下	639	634	909	1035	4084	4077
2. 养殖渔船	698	742	1209	1216	6637	7537
（二）辅助渔船	38	0	343	0	2458	0
其中：捕捞辅助船	15	0	30	0	0	0
渔业执法船	23	0	313	0	2458	0
二、按船长分类	—	—	—	—	—	—
（一）船长 24 米以上	1	1	81	81	225	225
（二）船长 12～24 米	78	82	406	423	1465	1266
（三）船长 12 米以下	1296	1293	1829	1747	10598	10123

　　黄冈市农机拥有量、农机总动力、农业生产燃油消耗量和 2018 年鉴的数据基本一致。机动渔船拥有量与 2018 年鉴数据存在小幅差异。

6.1.2.11　咸宁市

表 6.1-32 　　　　　　　　　农机拥有量综合表填报数据与 2018 年鉴数据比对

指标名称	数量/（万台/套/艘）		总动力/万千瓦	
	2018 年鉴	二污普	2018 年鉴	二污普
一、农机总动力	—	—	183.0785	183.0785
1. 柴油发动机动力	—	—	100.0701	100.0701
2. 汽油发动机动力	—	—	7.0410	7.0410
二、拖拉机	1.9591	1.9591	35.0304	35.0304
1. 大中型（14.7 千瓦及以上）	0.5256	0.5256	21.8803	21.8803
其中：14.7～18.4 千瓦（含 14.7 千瓦）	0.0791	0.0791	1.3774	1.3774
18.4～36.7 千瓦（含 18.4 千瓦）	0.1016	0.1016	2.8910	2.8910
36.7～58.8 千瓦（含 36.7 千瓦）	0.3085	0.3085	15.3597	15.3597
58.8 千瓦及以上	0.0364	0.0364	2.2522	2.2522
其中：轮式	0.5122	0.5122	20.9939	20.9939
2. 小型（2.2～14.7 千瓦，含 2.2 千瓦）	1.4335	1.4335	13.1501	13.1501
其中：手扶式	1.3291	1.3291	12.1087	12.1087

指标名称	数量/(万台/套/艘)		总动力/万千瓦	
	2018 年鉴	二污普	2018 年鉴	二污普
三、种植业机械	—	—	—	—
（一）耕整地机械	—	—	—	—
1. 耕整机	3.1195	3.1195	15.7851	15.7851
2. 机耕船	0.4612	0.4612	5.4119	5.4119
3. 机引犁	0.7762	0.7762	—	—
4. 旋耕机	1.7463	1.7463	—	—
5. 深松机	0.0005	0.0005	—	—
6. 机引耙	0.2920	0.2920	—	—
（二）种植施肥机械	—	—	—	—
1. 播种机	0.0558	0.0558	—	—
其中：免耕播种机	0.0079	0.0079	—	—
精少量播种机	0.0460	0.0460	—	—
2. 水稻种植机械	—	—	—	—
（1）水稻直播机	0.0264	0.0264	—	—
（2）水稻插秧机	0.1791	0.1791	0.7690	0.7690
其中：乘坐式	0.0188	0.0188	0.1554	0.1554
（3）水稻浅栽机	0	0	0	0
3. 化肥深施机	0.0085	0.0085	—	—
4. 地膜覆盖机	0.0027	0.0027	—	—
（三）农用排灌机械	—	—	—	—
1. 排灌动力机械	6.9348	6.9348	48.9597	48.9597
其中：柴油机	0.7769	0.7769	9.3920	9.3920
2. 农用水泵	7.6011	7.6011	—	—
3. 节水灌溉类机械	0.6345	0.6345	—	—
（四）田间管理机械	—	—	—	—
1. 机动喷雾（粉）机	1.9570	1.9570	2.9942	2.9942
2. 茶叶修剪机	0.1271	0.1271	0.1833	0.1833
（五）收获机械	—	—	—	—
1. 联合收获机	0.4047	0.4047	17.1463	17.1463
（1）稻麦联合收割机	0.3970	0.3970	16.6785	16.6785
其中：自走式	0.2640	0.2640		14.6187
其中：半喂入式	0.0459	0.0459	2.0598	2.0598
（2）玉米联合收获机	0.0077	0.0077	0.4678	0.4678
其中：自走式	0.0074	0.0074	—	0
2. 割晒机	0.0539	0.0539	0.0615	0.0615
3. 其他收获机械	0.4089	0.4089	1.7941	1.7941
四、渔业机械	1.9555	1.9555	5.4464	5.4464
其中：增氧机	1.3782	1.3782	3.1857	3.1857
投饵机	0.5713	0.5713	1.9825	1.9825

表 6.1-33   农机生产燃油综合表填报数据与 2018 年鉴数据比对

指标名称	单位	2018 年鉴	二污普
农业生产燃油消耗	万吨	4.6859	4.6857
其中:(1)柴油	万吨	4.4178	4.4178
(2)用于农机抗灾救灾	万吨	0.0403	0.0403
1.农田作业	万吨	2.5256	2.5255
(1)机耕	万吨	1.3383	1.3383
(2)机播	万吨	0.1554	0.1554
(3)机收	万吨	0.9573	0.9573
(4)植保	万吨	0.0575	0.0575
(5)其他	万吨	0.0170	0.0170
2.农田排灌	万吨	0.1882	0.1882
3.农田基本建设	万吨	0.7228	0.7228
4.畜牧业生产	万吨	0.0282	0.0282
5.农产品初加工	万吨	0.0559	0.0559
6.农业运输	万吨	1.1090	1.1090
7.其他	万吨	0.0561	0.0561

表 6.1-34   机动渔船拥有量综合表填报数据与 2018 年鉴数据比对

指标名称	艘数/艘		总吨位/吨		功率/千瓦	
	2018 年鉴	二污普	2018 年鉴	二污普	2018 年鉴	二污普
渔业船舶	—	—	—	—	—	—
机动渔船合计	3664	3024	4912	6645	23217	20059
一、按用途分类						
(一)生产渔船	3597	2995	4718	6452	20876	16742
1.捕捞渔船	2231	2495	3226	5130	12898	14058
其中:440 千瓦以上	—	0	—	0	0	0
45~440 千瓦	—	0	—	0	0	0
45 千瓦以下	2231	2495	3226	5130	12898	14058
2.养殖渔船	1366	500	1492	1322	7978	2684
(二)辅助渔船	67	29	189	193	2860	3317
其中:捕捞辅助船	54	12	69	24	288	288
渔业执法船	13	17	120	169	2572	3029
二、按船长分类	—	—	—	—	—	—
(一)船长 24 米以上		0		0		0
(二)船长 12~24 米	21	0	97	0	211	0
(三)船长 12 米以下	3643	3024	4815	6645	23006	20059

咸宁市农机拥有量、农机总动力、农业生产燃油消耗量和 2018 年鉴的数据基本一致。而机动渔船拥有量与 2018 年鉴数据存在小幅差异。

6. 1. 2. 12　随州市

表 6.1-35　　　　　　　　　　　　　　农机拥有量综合表填报数据与 2018 年鉴数据比对

指标名称	数量/(万台/套/艘)		总动力/万千瓦	
	2018 年鉴	二污普	2018 年鉴	二污普
一、农机总动力	—	—	213.7092	213.7092
1. 柴油发动机动力	—	—	175.7959	175.7959
2. 汽油发动机动力	—	—	8.1431	8.1431
二、拖拉机	13.1943	13.1943	103.4827	103.4823
1. 大中型(14.7 千瓦及以上)	0.7883	0.7883	27.6048	27.6045
其中:14.7~18.4 千瓦(含 14.7 千瓦)	0.1651	0.1651	2.9964	2.9964
18.4~36.7 千瓦(含 18.4 千瓦)	0.2905	0.2905	7.8002	7.8002
36.7~58.8 千瓦(含 36.7 千瓦)	0.2841	0.2841	13.6175	13.6175
58.8 千瓦及以上	0.0486	0.0486	3.1904	3.1904
其中:轮式	0.7692	0.7692	26.3222	26.3222
2. 小型(2.2~14.7 千瓦,含 2.2 千瓦)	12.4060	12.4060	75.8778	75.8778
其中:手扶式	12.3744	12.3744	75.5218	45.5218
三、种植业机械	—	—	—	—
(一)耕整地机械	—	—	—	—
1. 耕整机	3.8489	3.8489	23.4082	23.4082
2. 机耕船	0.0089	0.0089	0.0320	0.0320
3. 机引犁	11.2188	11.2201	—	—
4. 旋耕机	0.5028	0.5028	—	—
5. 深松机	0.0046	0.0046	—	—
6. 机引耙	11.4298	11.4298	—	—
(二)种植施肥机械	—	—	—	—
1. 播种机	0.0304	0.0304	—	—
其中:免耕播种机	0.0074	0.0074	—	—
精少量播种机	0.0145	0.0145	—	—
2. 水稻种植机械	—	—	—	—
(1)水稻直播机	0.0045	0.0045	—	—
(2)水稻插秧机	0.3405	0.3405	0.9742	0.9742
其中:乘坐式	0.0136	0.0136	0.1415	0.1415
(3)水稻浅栽机	0	0	0	0
3. 化肥深施机	0.0054	0.0054	—	—
4. 地膜覆盖机	0.0001	0.0001	—	—
(三)农用排灌机械	—	—	—	—
1. 排灌动力机械	10.2122	10.2120	26.2452	26.2452
其中:柴油机	0.9046	0.9046	7.8790	7.8790
2. 农用水泵	4.3344	4.3344	—	—

续表

指标名称	数量/(万台/套/艘)		总动力/万千瓦	
	2018 年鉴	二污普	2018 年鉴	二污普
3. 节水灌溉类机械	1.0529	1.0529	—	—
（四）田间管理机械	—	—	—	—
1. 机动喷雾（粉）机	1.2406	1.2406	1.6083	1.6083
2. 茶叶修剪机	0.0223	0.0223	0.0251	0.0251
（五）收获机械	—	—	—	—
1. 联合收获机	0.4899	0.4899	20.7968	20.7968
（1）稻麦联合收割机	0.4868	0.4868	20.6241	20.6241
其中：自走式	0.4362	0.4362	—	17.3909
其中：半喂入式	0.0837	0.0837	3.2332	3.2332
（2）玉米联合收获机	0.0031	0.0031	0.1726	0.1726
其中：自走式	0.0027	0.0027	—	0.1564
2. 割晒机	0.0954	0.0954	0.5400	0.5400
3. 其他收获机械	0.0931	0.0931	0.5537	0.5537
四、渔业机械	0.6226	0.6226	1.1873	1.1873
其中：增氧机	0.4336	0.4336	0.8346	0.8346
投饵机	0.1890	0.1890	0.3526	0.3526

表 6.1-36　　　　　　　　农机生产燃油综合表填报数据与 2018 年鉴数据比对

指标名称	单位	2018 年鉴	二污普
农业生产燃油消耗	万吨	19.8075	19.8075
其中：（1）柴油	万吨	16.3769	16.3769
（2）用于农机抗灾救灾	万吨	1.5069	1.5069
1. 农田作业	万吨	7.6394	7.6349
（1）机耕	万吨	3.6737	3.6737
（2）机播	万吨	0.0434	0.0434
（3）机收	万吨	3.2537	3.2537
（4）植保	万吨	0.3627	0.3627
（5）其他	万吨	0.3059	0.3059
2. 农田排灌	万吨	0.6811	0.6811
3. 农田基本建设	万吨	2.3237	2.3237
4. 畜牧业生产	万吨	0.3028	0.3028
5. 农产品初加工	万吨	4.2283	4.2283
6. 农业运输	万吨	3.5065	3.5065
7. 其他	万吨	1.1257	1.1257

表 6.1-37　　　　　　　　　机动渔船拥有量综合表填报数据与 2018 年鉴数据比对

指标名称	艘数/艘		总吨位/吨		功率/千瓦	
	2018 年鉴	二污普	2018 年鉴	二污普	2018 年鉴	二污普
渔业船舶	—	—	—	—	—	—
机动渔船合计	669	669	1122	1122	5668	5668
一、按用途分类	—	—	—	—	—	—
（一）生产渔船	665	665	1106	1106	5504	5504
1. 捕捞渔船	196	196	320	320	1696	1696
其中：440 千瓦以上	0	0	0	0	0	0
45～440 千瓦	0	0	0	0	0	0
45 千瓦以下	196	196	320	320	1696	1696
2. 养殖渔船	469	469	786	786	3808	3808
（二）辅助渔船	4	4	16	16	164	164
其中：捕捞辅助船	0	0	0	0	0	0
渔业执法船	4	4	16	16	164	164
二、按船长分类	—	—	—	—	—	—
（一）船长 24 米以上	0	0	0	0	0	0
（二）船长 12～24 米	0	0	0	0	0	0
（三）船长 12 米以下	669	669	1122	1122	5668	5668

随州市农机拥有量、农机总动力、农业生产燃油消耗量机动渔船拥有量和 2018 年鉴的数据基本一致。

6.1.2.13　恩施州

表 6.1-38　　　　　　　　　农机拥有量综合表填报数据与 2018 年鉴数据比对

指标名称	数量/（万台/套/艘）		总动力/万千瓦	
	2018 年鉴	二污普	2018 年鉴	二污普
一、农机总动力	—	—	237.9105	237.9105
1. 柴油发动机动力			96.9686	96.9686
2. 汽油发动机动力	—	—	22.7402	22.7402
二、拖拉机	0.8651	0.8651	13.9203	13.9201
1. 大中型（14.7 千瓦及以上）	0.2953	0.2953	7.0494	7.0493
其中：14.7～18.4 千瓦（含 14.7 千瓦）	0.0909	0.0909	1.5214	1.5214
18.4～36.7 千瓦（含 18.4 千瓦）	0.1876	0.1876	4.8142	4.8142
36.7～58.8 千瓦（含 36.7 千瓦）	0.0166	0.0166	0.7011	0.7011
58.8 千瓦及以上	0.0002	0.0002	0.0126	0.0126
其中：轮式	0.1890	0.1890	4.7751	4.7751
2. 小型（2.2～14.7 千瓦，含 2.2 千瓦）	0.5698	0.5698	6.8708	6.8708
其中：手扶式	0.0985	0.0985	0.9390	0.9390

指标名称	数量/(万台/套/艘)		总动力/万千瓦	
	2018 年鉴	二污普	2018 年鉴	二污普
三、种植业机械	—	—	—	—
（一）耕整地机械	—	—	—	—
1. 耕整机	5.2418	5.2418	31.4523	31.4523
2. 机耕船	0.0003	0.0003	0.0061	0.0061
3. 机引犁	0.1685	0.1685		
4. 旋耕机	0.7095	0.7095		
5. 深松机	0.0020	0.0020		
6. 机引耙	0.0734	0.0734		
（二）种植施肥机械	—	—	—	—
1. 播种机	0.0059	0.0059		
其中:免耕播种机	0	0		
精少量播种机	0.0023	0.0023		
2. 水稻种植机械	—	—	—	—
（1）水稻直播机	0.0010	0.0010	—	—
（2）水稻插秧机	0.0551	0.0551	0.1803	0.1803
其中:乘坐式	0.0003	0.0003	0.0025	0.0025
（3）水稻浅栽机	0	0	0	0
3. 化肥深施机	0	0	—	—
4. 地膜覆盖机	0.0400	0.0400		
（三）农用排灌机械	—	—	—	—
1. 排灌动力机械	6.2372	6.2372	26.1344	26.1344
其中:柴油机	1.4421	1.4421	7.5674	7.5674
2. 农用水泵	3.6140	3.6140	—	—
3. 节水灌溉类机械	1.0517	1.0517		
（四）田间管理机械	—	—	—	—
1. 机动喷雾（粉）机	6.9195	6.9195	3.4173	3.4173
2. 茶叶修剪机	3.5416	3.5416	2.5625	2.5625
（五）收获机械	—	—	—	—
1. 联合收获机	0.0448	0.0448	1.0400	1.0400
（1）稻麦联合收割机	0.0442	0.0442	1.0115	1.0115
其中:自走式	0.0438	0.0438		
其中:半喂入式	0.0071	0.0071	0.1443	0.1443
（2）玉米联合收获机	0.0006	0.0006	0.0284	0.0284
其中:自走式	0.0004	0.0004	—	—
2. 割晒机	0.1383	0.1383	0.1960	0.1960
3. 其他收获机械	1.8826	1.8826	1.4446	1.4446
四、渔业机械	1.7348	1.7348	2.6141	2.6140
其中:增氧机	1.7254	1.7254	2.5937	2.5937
投饵机	0.0094	0.0094	0.0203	0.0203

表 6.1-39 农机生产燃油综合表填报数据与 2018 年鉴数据比对

指标名称	单位	2018 年鉴	二污普
农业生产燃油消耗	万吨	4.6006	4.6006
其中:(1)柴油	万吨	3.4600	3.4600
(2)用于农机抗灾救灾	万吨	0.2149	0.2149
1.农田作业	万吨	1.3672	1.3672
(1)机耕	万吨	0.9933	0.9933
(2)机播	万吨	0.0254	0.0254
(3)机收	万吨	0.2290	0.2290
(4)植保	万吨	0.0593	0.0593
(5)其他	万吨	0.0602	0.0602
2.农田排灌	万吨	0.0952	0.0952
3.农田基本建设	万吨	0.4550	0.4550
4.畜牧业生产	万吨	0.0487	0.0487
5.农产品初加工	万吨	0.1960	0.1960
6.农业运输	万吨	2.3291	2.3291
7.其他	万吨	0.1094	0.1094

表 6.1-40 机动渔船拥有量综合表填报数据与 2018 年鉴数据比对

指标名称	艘数/艘		总吨位/吨		功率/千瓦	
	2018 年鉴	二污普	2018 年鉴	二污普	2018 年鉴	二污普
渔业船舶	—	—	—	—	—	—
机动渔船合计	210	210	591	591	3190	3190
一、按用途分类	—	—	—	—	—	—
(一)生产渔船	195	195	463	469	1634	1634
1.捕捞渔船	195	195	463	469	1634	1634
其中:440 千瓦以上	0	0	0	0	0	0
45~440 千瓦	0	0	0	0	0	0
45 千瓦以下	195	195	463	469	1634	1634
2.养殖渔船	0	0	0	0	0	0
(二)辅助渔船	15	15	128	147	1556	1556
其中:捕捞辅助船	0	0	0	0	0	0
渔业执法船	15	15	128	147	1556	1556
二、按船长分类	—	—	—	—	—	—
(一)船长 24 米以上	0	0	0	0	0	0
(二)船长 12~24 米	87	87	325	325	1601	1601
(三)船长 12 米以下	123	123	266	266	1589	1589

　　恩施州农机拥有量、农机总动力、农业生产燃油消耗量和机动渔船拥有量和 2018 年鉴的数据基本一致。

6.1.2.14 仙桃市

表 6.1-41　　　　　　　　　　农机拥有量综合表填报数据与 2018 年鉴数据比对

指标名称	数量/(万台/套/艘)		总动力/万千瓦	
	2018 年鉴	二污普	2018 年鉴	二污普
一、农机总动力	—	—	140.5420	140.5420
1. 柴油发动机动力	—	—	80.5276	85.7916
2. 汽油发动机动力	—	—	6.5541	6.5541
二、拖拉机	2.2385	2.2385	38.6634	38.6634
1. 大中型(14.7 千瓦及以上)	0.4504	0.4504	24.6249	24.6249
其中:14.7~18.4 千瓦(含 14.7 千瓦)	0	0	0	0
18.4~36.7 千瓦(含 18.4 千瓦)	0.0434	0.0434	0.8743	0.8743
36.7~58.8 千瓦(含 36.7 千瓦)	0.2573	0.2573	13.8547	13.8547
58.8 千瓦及以上	0.1497	0.1497	9.8959	9.8959
其中:轮式	0.4474	0.4474	24.3897	24.3897
2. 小型(2.2~14.7 千瓦,含 2.2 千瓦)	1.7881	1.7881	14.0385	14.0385
其中:手扶式	1.7871	1.7871	14.0267	14.0267
三、种植业机械	—	—	—	—
(一)耕整地机械	—	—	—	—
1. 耕整机	0.3395	0.3395	1.9970	1.9970
2. 机耕船	0.6218	0.6218	5.5549	5.5549
3. 机引犁	0.4395	0.4395	—	—
4. 旋耕机	0.8935	0.8935	—	—
5. 深松机	0.0028	0.0028	—	—
6. 机引耙	0.0920	0.0920	—	—
(二)种植施肥机械	—	—	—	—
1. 播种机	0.1166	0.1166	—	—
其中:免耕播种机	0.0008	0.0008	—	—
精少量播种机	0.1158	0.1158	—	—
2. 水稻种植机械	—	—	—	—
(1)水稻直播机	0.1120	0.1120	—	—
(2)水稻插秧机	0.1015	0.1015	0.3343	0.3343
其中:乘坐式	0.0058	0.0058	0.0480	0.0480
(3)水稻浅栽机	0	0	0	0
3. 化肥深施机	0	0	—	—
4. 地膜覆盖机	0	0	—	—
(三)农用排灌机械	—	—	—	—
1. 排灌动力机械	5.5418	5.5418	55.0053	55.0053
其中:柴油机	3.3395	3.3395	24.1149	24.1149
2. 农用水泵	11.5150	11.5150	—	—

续表

指标名称	数量/(万台/套/艘)		总动力/万千瓦	
	2018 年鉴	二污普	2018 年鉴	二污普
3. 节水灌溉类机械	0	0	—	—
(四)田间管理机械	—	—	—	—
1. 机动喷雾(粉)机	2.9888	2.9888	4.1828	4.1828
2. 茶叶修剪机	0	0	—	—
(五)收获机械	—	—	—	—
1. 联合收获机	0.2187	0.2187	9.2953	9.2953
(1)稻麦联合收割机	0.2131	0.2131	8.8515	8.8515
其中:自走式	0.2121	0.2121	—	8.2115
其中:半喂入式	0.0126	0.0126	0.6400	0.6400
(2)玉米联合收获机	0.0056	0.0056	0.4438	0.4438
其中:自走式	0.0056	0.0056	—	0.4438
2. 割晒机	0	0	0	0
3. 其他收获机械	0.0487	0.0485	0.0654	0.0654
四、渔业机械	3.5440	3.5440	13.7180	13.7180
其中:增氧机	1.9330	1.9330	4.9076	4.9076
投饵机	1.5780	1.5780	7.8540	7.8540

表 6.1-42　　　　　农机生产燃油综合表填报数据与 2018 年鉴数据比对

指标名称	单位	2018 年鉴	二污普
农业生产燃油消耗	万吨	3.4035	3.4300
其中:(1)柴油	万吨	3.1021	3.1000
(2)用于农机抗灾救灾	万吨	0.0850	0.0900
1.农田作业	万吨	1.3300	1.3400
(1)机耕	万吨	0.7850	0.7900
(2)机播	万吨	0.0800	0.0800
(3)机收	万吨	0.3600	0.3600
(4)植保	万吨	0.0200	0.0200
(5)其他	万吨	0.0850	0.0900
2.农田排灌	万吨	0.1850	0.1900
3.农田基本建设	万吨	0.0700	0.0700
4.畜牧业生产	万吨	0.0050	0.0100
5.农产品初加工	万吨	0.0185	0.0200
6.农业运输	万吨	1.7500	1.7500
7.其他	万吨	0.0450	0.0500

表 6.1-43   机动渔船拥有量综合表填报数据与 **2018** 年鉴数据比对

指标名称	艘数/艘		总吨位/吨		功率/千瓦	
	2018 年鉴	二污普	2018 年鉴	二污普	2018 年鉴	二污普
渔业船舶	—	—	—	—	—	—
机动渔船合计	452	452	905	905	3828	3828
一、按用途分类	—	—	—	—	—	—
（一）生产渔船	451	451	897	897	3723	3723
1. 捕捞渔船	451	451	897	897	3723	3723
其中：440 千瓦以上	0	0	0	0	0	0
45～440 千瓦	451	451	897	897	3723	3723
45 千瓦以下	451	451	897	897	3723	3723
2. 养殖渔船	0	0	0	0	0	0
（二）辅助渔船	1	1	8	8	105	105
其中：捕捞辅助船	0	0	0	0	0	0
渔业执法船	1	1	8	8	105	105
二、按船长分类	—	—	—	—	—	—
（一）船长 24 米以上	0	0	0	0	0	0
（二）船长 12～24 米	1	1	8	8	105	105
（三）船长 12 米以下	451	451	897	897	3723	3723

仙桃市农机拥有量、农机总动力、农业生产燃油消耗量机动渔船拥有量和 2018 年鉴的数据基本一致。

6.1.2.15 潜江市

表 6.1-44   农机拥有量综合表填报数据与 **2018** 年鉴数据比对

指标名称	数量/（万台/套/艘）		总动力/万千瓦	
	2018 年鉴	二污普	2018 年鉴	二污普
一、农机总动力	—	—	143.6454	143.6000
1. 柴油发动机动力	—	—	98.5150	98.5150
2. 汽油发动机动力	—	—	7.5698	7.5698
二、拖拉机	4.0970	4.0970	55.1730	55.1730
1. 大中型（14.7 千瓦及以上）	0.4045	0.4045	23.0113	23.0113
其中：14.7～18.4 千瓦（含 14.7 千瓦）	0.0092	0.0092	0.1375	0.1375
18.4～36.7 千瓦（含 18.4 千瓦）	0.0344	0.0344	0.7723	0.7723
36.7～58.8 千瓦（含 36.7 千瓦）	0.1277	0.1277	6.4616	6.4616
58.8 千瓦及以上	0.2332	0.2332	15.6399	15.6399
其中：轮式	0.3646	0.3646	18.2774	18.2774
2. 小型（2.2～14.7 千瓦，含 2.2 千瓦）	3.6925	3.6925	32.1617	32.1617
其中：手扶式	3.6099	3.6099	27.8322	27.8322

指标名称	数量/(万台/套/艘)		总动力/万千瓦	
	2018 年鉴	二污普	2018 年鉴	二污普
三、种植业机械	—	—	—	—
(一)耕整地机械	—	—	—	—
1. 耕整机	0.2679	0.2679	1.7414	1.7414
2. 机耕船	0.0386	0.0386	0.6578	0.6578
3. 机引犁	1.6147	1.6147		
4. 旋耕机	2.4950	2.4950		
5. 深松机	0.0018	0.0018		
6. 机引耙	0.8821	0.8821		
(二)种植施肥机械	—	—	—	—
1. 播种机	0.0234	0.0234		
其中:免耕播种机	0.0019	0.0019		
精少量播种机	0.0215	0.0215		
2. 水稻种植机械	—	—	—	—
(1)水稻直播机	—	—	—	—
(2)水稻插秧机	0.0905	0.0905	0.5882	0.5882
其中:乘坐式	0.0386	0.0386	0.4632	0.4632
(3)水稻浅栽机	—	—	—	0
3. 化肥深施机	0.0215	0.0215		
4. 地膜覆盖机	0.0159	0.0159	—	—
(三)农用排灌机械	—	—	—	—
1. 排灌动力机械	1.8939	1.8939	21.6593	21.6593
其中:柴油机	0.8734	0.8734	10.6379	10.6379
2. 农用水泵	1.5981	1.5781	—	—
3. 节水灌溉类机械	0.0597	0.0597	—	—
(四)田间管理机械	—	—	—	—
1. 机动喷雾(粉)机	2.8805	2.8805	7.0572	7.0572
2. 茶叶修剪机	—	—	—	—
(五)收获机械	—	—	—	—
1. 联合收获机	0.1935	0.1935	11.4495	11.4495
(1)稻麦联合收割机	0.1870	0.1870	11.0595	11.0595
其中:自走式	0.1688	0.1688		0.0103
其中:半喂入式	0.0087	0.0087	0.3335	0.3335
(2)玉米联合收获机	0.0065	0.0065	0.3900	0.3900
其中:自走式	0.0065	0.0065		0.3900
2. 割晒机	—	—	—	—
3. 其他收获机械	0.3947	0.3947	5.7178	5.7178
四、渔业机械	0.6659	0.6659	1.6966	1.6966
其中:增氧机	0.3615	0.3615	0.5400	0.5400
投饵机	0.3044	0.3044	0.4566	0.4566

表 6.1-45　　　　　　　　　　农机生产燃油综合表填报数据与 2018 年鉴数据比对

指标名称	单位	2018 年鉴	二污普
农业生产燃油消耗	万吨	0.7680	0.7500
其中:(1)柴油	万吨	0.6980	0.7000
(2)用于农机抗灾救灾	万吨	0.0850	0.0800
1.农田作业	万吨	0.3265	0.3300
(1)机耕	万吨	0.1145	0.1100
(2)机播	万吨	0.0225	0.0200
(3)机收	万吨	0.1145	0.1100
(4)植保	万吨	0.0374	0.0400
(5)其他	万吨	0.3760	0.0400
2.农田排灌	万吨	0.0990	0.0900
3.农田基本建设	万吨	0.0520	0.0500
4.畜牧业生产	万吨	0.0338	0.0300
5.农产品初加工	万吨	0.0890	0.0900
6.农业运输	万吨	0.1430	0.1400
7.其他	万吨	0.0247	0.0200

表 6.1-46　　　　　　　　　　机动渔船拥有量综合表填报数据与 2018 年鉴数据比对

指标名称	艘数/艘		总吨位/吨		功率/千瓦	
	2018 年鉴	二污普	2018 年鉴	二污普	2018 年鉴	二污普
渔业船舶	—	—	—	—	—	—
机动渔船合计	392	392	366	501	2494	2993
一、按用途分类	—	—	—	—	—	—
(一)生产渔船	390	390	488	488	2799	2799
1.捕捞渔船	315	315	413	413	2484	2484
其中:440 千瓦以上	—	—	—	—	—	—
45~440 千瓦						
45 千瓦以下	315	315	413	413	2484	2484
2.养殖渔船	75	75	75	75	315	315
(二)辅助渔船	2	2	13	13	194	194
其中:捕捞辅助船	—	—	—	—	—	—
渔业执法船	2	2	13	13	194	194
二、按船长分类	—	—	—	—	—	—
(一)船长 24 米以上	—	—	—	—	—	—
(二)船长 12~24 米	29	29	57	57	410	410
(三)船长 12 米以下	363	363	444	444	2583	2583

　　潜江市农机拥有量、农机总动力、农业生产燃油消耗量和机动渔船拥有量和 2018 年鉴的数据基本一致。

6.1.2.16 天门市

表 6.1-47　　　　　　　　　　　农机拥有量综合表填报数据与 2018 年鉴数据比对

指标名称	数量/(万台/套/艘)		总动力/万千瓦	
	2018 年鉴	二污普	2018 年鉴	二污普
一、农机总动力	—	—	159.8467	159.8467
1. 柴油发动机动力	—	—	118.7535	118.7535
2. 汽油发动机动力	—	—	7.2508	7.2508
二、拖拉机	4.0995	4.0995	59.1933	59.1933
1. 大中型(14.7 千瓦及以上)	0.6513	0.6513	29.1316	29.1316
其中:14.7~18.4 千瓦(含 14.7 千瓦)	0.0260	0.0260	0.3914	0.3914
18.4~36.7 千瓦(含 18.4 千瓦)	0.1779	0.1779	5.3284	5.3284
36.7~58.8 千瓦(含 36.7 千瓦)	0.2866	0.2866	13.0434	13.0434
58.8 千瓦及以上	0.1608	0.1608	10.3684	10.3684
其中:轮式	0.6355	0.6355	29.1293	29.1293
2. 小型(2.2~14.7 千瓦,含 2.2 千瓦)	3.4482	3.4482	30.0617	30.0617
其中:手扶式	3.2463	3.2463	29.6745	29.6745
三、种植业机械	—	—	—	—
(一)耕整地机械	—	—	—	—
1. 耕整机	0.2342	0.2342	1.4282	1.4282
2. 机耕船	0.0508	0.0508	0.4920	0.4920
3. 机引犁	1.2870	1.2870	—	—
4. 旋耕机	2.2374	2.2374	—	—
5. 深松机	0.0227	0.0227	—	—
6. 机引耙	0.3912	0.3912	—	—
(二)种植施肥机械	—	—	—	—
1. 播种机	0.4037	0.4037	—	—
其中:免耕播种机	0.0283	0.0283	—	—
精少量播种机	0.3754	0.3754	—	—
2. 水稻种植机械	—	—	—	—
(1)水稻直播机	0.0272	0.0272	—	—
(2)水稻插秧机	0.3299	0.3299	1.5744	1.5744
其中:乘坐式	0.0210	0.0210	0.2209	0.2209
(3)水稻浅栽机	0	0	0	0
3. 化肥深施机	0.3534	0.3534	—	—
4. 地膜覆盖机	0.0508	0.0508	—	—
(三)农用排灌机械	—	—	—	—
1. 排灌动力机械	3.3689	3.3689	41.7595	41.7595
其中:柴油机	1.9698	1.9698	18.1196	18.1196
2. 农用水泵	2.3591	2.3591	—	—

续表

指标名称	数量/(万台/套/艘)		总动力/万千瓦	
	2018 年鉴	二污普	2018 年鉴	二污普
3. 节水灌溉类机械	0.1345	0.1345	—	—
(四)田间管理机械	—	—	—	—
1. 机动喷雾(粉)机	2.6716	2.6716	5.0284	5.0284
2. 茶叶修剪机	0	0	0	0
(五)收获机械	—	—	—	—
1. 联合收获机	0.4794	0.4794	29.7544	29.7564
(1)稻麦联合收割机	0.4783	0.4783	29.6612	29.6612
其中:自走式	0.4700	0.4700	—	29.3541
其中:半喂入式	0.2077	0.2077	9.5941	9.5941
(2)玉米联合收获机	0.0011	0.0011	0.0952	0.0952
其中:自走式	0.0006	0.0006	—	0.0559
2. 割晒机	0.0142	0.0142	0.0792	0.0792
3. 其他收获机械	0.1724	0.1724	4.1337	4.1337
四、渔业机械	0.6599	0.6599	0.7999	0.7999
其中:增氧机	0.1736	0.1736	0.1559	0.1559
投饵机	0.4859	0.4859	0.6436	0.6436

表 6.1-48　　　　　　　　　农机生产燃油综合表填报数据与 2018 年鉴数据比对

指标名称	单位	2018 年鉴	二污普
农业生产燃油消耗	万吨	4.4985	4.4985
其中:(1)柴油	万吨	3.9988	3.9988
(2)用于农机抗灾救灾	万吨	0.0516	0.0516
1.农田作业	万吨	2.1641	2.1641
(1)机耕	万吨	0.9487	0.9487
(2)机播	万吨	0.3724	0.3724
(3)机收	万吨	0.6944	0.6944
(4)植保	万吨	0.1273	0.1273
(5)其他	万吨	0.0213	0.0213
2.农田排灌	万吨	0.0281	0.0281
3.农田基本建设	万吨	0.0387	0.0387
4.畜牧业生产	万吨	0.0142	0.0142
5.农产品初加工	万吨	0.0241	0.0241
6.农业运输	万吨	2.1823	2.1823
7.其他	万吨	0.0470	0.0470

表 6.1-49　　　　　　　　　　　机动渔船拥有量综合表填报数据与 2018 年鉴数据比对

指标名称	艘数/艘		总吨位/吨		功率/千瓦	
	2018 年鉴	二污普	2018 年鉴	二污普	2018 年鉴	二污普
渔业船舶	—	—	—	—	—	—
机动渔船合计	346	343	366	353	2494	2204
一、按用途分类	—	—	—	—	—	—
（一）生产渔船	343	343	353	353	2205	2204
1. 捕捞渔船	135	135	137	137	1188	1188
其中:440 千瓦以上	—	0	—	0	—	0
45～440 千瓦	—	0	—	0	—	0
45 千瓦以下	135	135	137	137	1188	1188
2. 养殖渔船	208	208	216	216	1017	1016
（二）辅助渔船	3	0	13	0	289	0
其中:捕捞辅助船	—	0	—	0	—	0
渔业执法船	3	0	13	0	289	0
二、按船长分类	—	0	—	—	—	—
（一）船长 24 米以上	—	0	—	0	—	0
（二）船长 12～24 米	—	0	—	0	—	0
（三）船长 12 米以下	346	343	366	353	2494	2204

天门市农机拥有量、农机总动力、农业生产燃油消耗量和 2018 年鉴的数据基本一致。机动渔船拥有量与 2018 年鉴数据相比,存在小幅差异。

6.1.2.17　神农架林区

表 6.1-50　　　　　　　　　　　农机拥有量综合表填报数据与 2018 年鉴数据比对

指标名称	数量/(万台/套/艘)		总动力/万千瓦	
	2018 年鉴	二污普	2018 年鉴	二污普
一、农机总动力	—	—	8.4794	8.4794
1. 柴油发动机动力	—	—	0.9831	0.9830
2. 汽油发动机动力	—	—	1.0275	1.0275
二、拖拉机	0.0360	0.0360	0.4298	0.4298
1. 大中型(14.7 千瓦及以上)	0.0203	0.0203	0.3042	0.3042
其中:14.7～18.4 千瓦(含 14.7 千瓦)	0.0200	0.0200	0.2942	0.2942
18.4～36.7 千瓦(含 18.4 千瓦)	0.0002	0.0002	0.0055	0.0055
36.7～58.8 千瓦(含 36.7 千瓦)	0.0001	0.0001	0.0045	0.0045
58.8 千瓦及以上	—	0	—	—
其中:轮式	—	0	—	—
2. 小型(2.2～14.7 千瓦,含 2.2 千瓦)	0.0157	0.0157	0.1256	0.1256
其中:手扶式	0.0121	0.0121	0.0968	0.0968

续表

指标名称	数量/(万台/套/艘)		总动力/万千瓦	
	2018 年鉴	二污普	2018 年鉴	二污普
三、种植业机械	—	—	—	—
（一）耕整地机械	—	0	—	—
1. 耕整机	0.0324	0.0324	1.1349	1.1349
2. 机耕船	—	0	—	—
3. 机引犁	—	0	—	—
4. 旋耕机	—	0	—	—
5. 深松机	—	0	—	—
6. 机引耙	—	0	—	—
（二）种植施肥机械	—	0	—	—
1. 播种机	—	0	—	—
其中:免耕播种机	—	0	—	—
精少量播种机	—	0	—	—
2. 水稻种植机械	—	0	—	—
（1）水稻直播机	—	0	—	—
（2）水稻插秧机	—	0	—	—
其中:乘坐式	—	0	—	—
（3）水稻浅栽机	—	0	—	—
3. 化肥深施机	—	0	—	—
4. 地膜覆盖机	—	0	—	—
（三）农用排灌机械	—	—	—	—
1. 排灌动力机械	0.0892	0.0892	0.2562	0.2562
其中:柴油机	0.0091	0.0091	0.0800	0.0800
2. 农用水泵	0.0142	0.0142	—	—
3. 节水灌溉类机械	0.0141	0.0141		
（四）田间管理机械	—	—		
1. 机动喷雾（粉）机	0.1402	0.1402	0.1402	0.1402
2. 茶叶修剪机	0.0786	0.0786		
（五）收获机械	—	—		
1. 联合收获机	—	0	—	0
（1）稻麦联合收割机	—	0	—	0
其中:自走式	—	0	—	0
其中:半喂入式	—	0	—	0
（2）玉米联合收获机	—	0	—	0
其中:自走式	—	0	—	0
2. 割晒机	—	0	—	0
3. 其他收获机械	—	0	—	0
四、渔业机械	—	0	—	0
其中:增氧机	—	0	—	0
投饵机	—	0	—	0

表 6.1-51   农机生产燃油综合表填报数据与 2018 年鉴数据比对

指标名称	单位	2018 年鉴	二污普
农业生产燃油消耗	万吨	0.0180	0.0180
其中:(1)柴油	万吨	0.0100	0.0100
(2)用于农机抗灾救灾	万吨	0.0030	0.0030
1.农田作业	万吨	0.0100	0.1000
(1)机耕	万吨	0.0090	0.0090
(2)机播	万吨	0	0
(3)机收	万吨	0	0
(4)植保	万吨	0.0005	0.0005
(5)其他	万吨	0.0005	0.0005
2.农田排灌	万吨	0.0010	0.0010
3.农田基本建设	万吨	0.0010	0.0010
4.畜牧业生产	万吨	0.0010	0.0010
5.农产品初加工	万吨	0.0010	0.0010
6.农业运输	万吨	0.0030	0.0030
7.其他	万吨	0.0010	0.0010

神农架林区农机拥有量、农机总动力、农业生产燃油消耗量机动渔船拥有量和 2018 年鉴的数据基本一致。

由上述分析可知,湖北省农机拥有量、农机总动力、农业生产燃油消耗量、机动渔船拥有量二污普、2018 年鉴数据基本一致,但是部分市(州)农业生产燃油消耗量和机动渔船拥有量与 2018 年鉴数据存在差异(差异率小于 5%),填报单位均出具了填报说明。

6.1.3 加油站、油品销量比对分析

各市(州)二污普加油站数量与商务部门数据基本一致,具体情况见表 6.1-52。

表 6.1-52   湖北省各市(州)加油站名录比对整改情况

行政区域	加油站数量/座	
	商务部门数据	二污普
武汉市	401	438
十堰市	182	184
恩施州	217	222
鄂州市	68	71
荆门市	361	370
黄石市	156	142
随州市	155	152
襄阳市	355	364
荆州市	364	356
孝感市	162	232

行政区域	加油站数量/座	
	商务部门数据	二污普
宜昌市	374	388
黄冈市	361	368
潜江市	78	76
神农架林区	12	12
咸宁市	242	236
天门市	82	79
仙桃市	84	84
湖北省	3654	3774

湖北省汽油销售量数据与商务部门成品油销售量统计数据相比,偏低52.9975万吨,柴油销售量数据偏低192.8535万吨(表6.1-53)。

表 6.1-53 湖北省各市(州)油品销售量统计结果比对

行政区域	加油站油品销售量/万吨	
	汽油	柴油
武汉市	137.9226	56.6198
十堰市	24.0551	18.1073
恩施州	30.8841	26.1861
鄂州市	9.2702	7.2586
荆门市	20.4268	23.7355
黄石市	17.5119	12.5605
随州市	15.4494	11.4664
襄阳市	36.6752	37.9567
荆州市	35.3637	25.1835
孝感市	24.4410	25.2183
宜昌市	35.9703	37.7824
黄冈市	37.1169	35.8846
潜江市	8.0971	6.2659
神农架林区	0.5777	1.0247
咸宁市	19.3818	17.8003
天门市	7.0656	5.7204
仙桃市	8.5831	7.6555
湖北省	468.7925	356.4265
商务部门数据	521.7900	549.2800

6.2 氮氧化物、颗粒物、挥发性有机物排放情况

湖北省移动源氮氧化物排放量为 306044.1224 吨,其中机动车排放量 186249.8600 吨,占比 60.86%,农机与工程机械排放量 114961.3284 吨,占比 37.56%,铁路排放量 2150.9822 吨,占比 0.70%,民航飞机排放量 2681.9518 吨,占比 0.88%;颗粒物排放量为 8341.1371 吨,其中机动车排放量 2540.8000 吨,占比 30.46%,农机与工程机械排放量 5631.6392 吨,占比 67.52%,铁路排放量 80.2546 吨,占比 0.96%,民航飞机排放量 88.4433 吨,占比 1.06%;挥发性有机物 64922.8973 吨,其中机动车排放量 51000.4800 吨,占比 78.56%,农机与工程机械排放量 13623.7599 吨,占比 20.98%,铁路排放量 117.2035 吨,占比 0.18%,民航飞机排放量 181.4539 吨,占比 0.28%。湖北省移动源污染物排放情况见表 6.2-1 和图 6.2-1 至图 6.2-3。

表 6.2-1　　　　　　　　　　　　湖北省移动源污染物排放情况

类型	氮氧化物/吨	颗粒物/吨	挥发性有机物/吨
一、机动车	186249.8600	2540.8000	51000.4800
二、非道路移动机械	119794.2624	5800.3371	13922.4173
其中:1. 农机	62693.1925	3143.9772	7446.0683
2. 工程机械	52268.1359	2487.6620	6177.6916
3. 船舶	—	—	—
4. 铁路	2150.9822	80.2546	117.2035
5. 民航飞机	2681.9518	88.4433	181.4539
合计	306044.1224	8341.1371	64922.8973

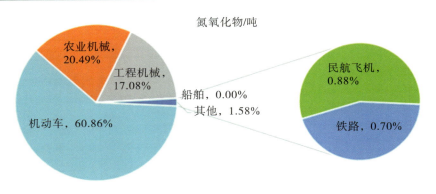

图 6.2-1　湖北省移动源氮氧化物排放情况

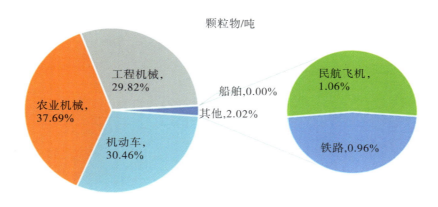

图 6.2-2　湖北省移动源颗粒物排放情况

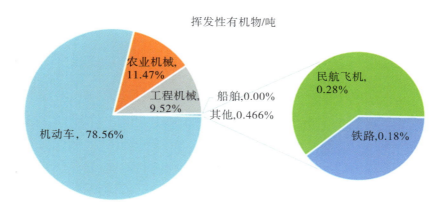

图 6.2-3　湖北省移动源挥发性有机物排放情况

　　机动车、农机与工程机械氮氧化物排放量居前五的为：武汉市（18.19％），襄阳市（15.38％），荆门市（8.27％），荆州市（7.90％），黄冈市（7.51％）。

　　机动车、农机与工程机械颗粒物排放量居前五的为：武汉市（14.25％），襄阳市（11.62％），荆州市（11.28％），黄冈市（9.74％），宜昌市（6.75％）。

　　机动车、农机与工程机械挥发性有机物排放量居前五的为：武汉市（27.98％），襄阳市（10.15％），宜昌市（7.69％），荆州市（7.37％），黄冈市（6.73％）。

　　湖北省各市（州）移动源污染物排放情况见表 6.2-2。

表 6.2-2

湖北省各市（州）移动源污染物排放情况

行政区域	机动车			工程机械			农机			飞机			铁路		
	氮氧化物/吨	颗粒物/吨	挥发性有机物/吨	氮氧化物/吨	颗粒物/吨	挥发性有机物/吨	氮氧化物/吨	颗粒物/吨	挥发性有机物/吨	氮氧化物/吨	颗粒物/吨	挥发性有机物/吨	氮氧化物/吨	颗粒物/吨	挥发性有机物/吨
武汉市	43000.1100	551.3800	16658.7500	8843.4758	420.8885	1045.2308	2954.1971	192.1899	379.3144	1732.1779	57.0037	110.3298			
黄石市	7325.2400	84.2000	1405.7600	2195.4602	104.4912	259.4865	1312.2050	67.9797	159.0255						
十堰市	9846.3300	142.0600	2723.2600	3019.2209	143.6975	356.8487	2246.5924	216.2005	322.2216	47.6431	1.5848	3.5658			
宜昌市	11362.7500	168.6100	4073.4500	3668.9209	174.6195	433.6382	3781.5128	208.5817	463.9291	374.8634	12.3158	28.0955			
襄阳市	30256.9500	395.3400	4788.1900	4970.8515	236.5639	587.5164	11106.1461	317.9468	1180.9403	429.3887	14.2832	32.1372			
鄂州市	2056.6200	21.8800	789.7800	947.7541	45.1076	112.0172	612.5162	40.7683	81.1296						
荆门市	14001.7300	159.1300	2330.0500	2597.0830	123.6062	306.9552	8316.9629	230.2443	886.2876						
孝感市	5217.1900	66.6300	2857.1800	4351.0653	207.0856	514.2625	3887.8958	158.7201	443.3128						
荆州市	8198.4400	123.4800	2939.9300	5143.8277	244.8165	607.9609	10153.6508	553.5416	1217.9133						
黄冈市	12714.6700	212.2800	3117.9900	5568.9479	265.0498	658.2068	4325.9633	318.9704	569.8400						
咸宁市	7251.9700	107.3700	1657.7000	2225.5548	105.9236	263.0435	2069.7362	135.4080	262.3441						
随州市	15961.6100	161.4100	1574.0900	1954.0707	93.0025	230.9561	3542.7391	178.4575	423.0139						
恩施州	9440.6000	151.6300	2859.6900	2973.5819	141.5254	351.4545	2049.3803	201.7778	297.8300	96.3299	3.2043	7.2097			
仙桃市	2841.1000	40.1500	932.5000	1413.0004	67.2507	167.0058	1863.6055	101.9121	234.0493						
潜江市	3300.2900	93.7100	1062.6100	869.3997	41.3784	102.7564	2076.1797	106.6884	249.0973						
天门市	2749.7900	55.2900	1158.9700	1454.3014	69.2164	171.8872	2370.9145	113.0236	272.8459						
神农架	424.4700	6.2500	70.5800	71.6197	3.4087	8.4649	22.9948	1.5665	2.9736	1.5488	0.0515	0.1159			
全省	188249.8600	2540.8000	51000.4800	52268.1359	2487.6620	6177.6916	62693.1925	3143.9772	7446.0683	2681.9518	88.4433	181.4539	2150.9822	80.2546	117.2035

6.3　其他移动源二污普审核情况

6.3.1　机动车保有量与国内生产总值和常住人口比对

机动车数量能够反映地区社会经济发展水平,而人口是影响当地机动车保有量的关键因素。市(州)机动车保有量、国内生产总值(GDP)和常住人口三者之间具有极强的正相关关系。湖北省各市(州)机动车保有量、国内生产总值和常住人口统计见图 6.3-1。

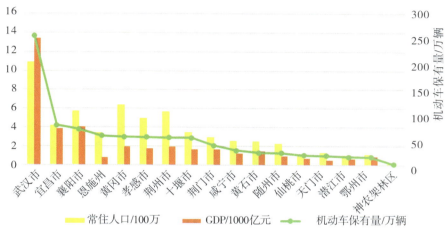

图 6.3-1　各市(州)机动车保有量、国内生产总值和常住人口统计

市(州)机动车保有量由常住人口和 GDP 两个因素共同影响。从图 6.3-1 来看,各市(州)机动车保有量随着常住人口与 GDP 的起伏而波动。市(州)常住人口或 GDP 快速增长将带动机动车保有量的增加。如武汉市是以 GDP 带动形式产生较高值机动车保有量;而恩施州的常住人口和 GDP 与荆州市相比均较低,但其机动车保有量相对较大,经分析,恩施州摩托车保有量明显高于荆州市,该现象主要是由于恩施州地处山区,交通条件受限,使用摩托车出行更为便利。

6.3.2　人均机动车保有量与人均 GDP 比对

湖北省各市(州)人均机动车保有量和人均 GDP 统计见图 6.3-2,由该图可知,各市(州)人均机动车保有量和人均 GDP 总体保持一致,数据基本合理。

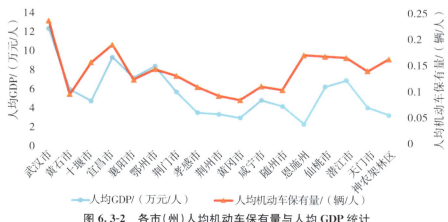

图 6.3-2　各市(州)人均机动车保有量与人均 GDP 统计

6.3.3 油品销售量占比与污染物排放量占比合理性分析

通过绘制各市(州)油品销售量占比图与污染物排放量占比图,可以直观地比较二者在各市(州)之间的分布,由图 6.3-3、图 6.3-4 可知,全省各市(州)总体对应一致。

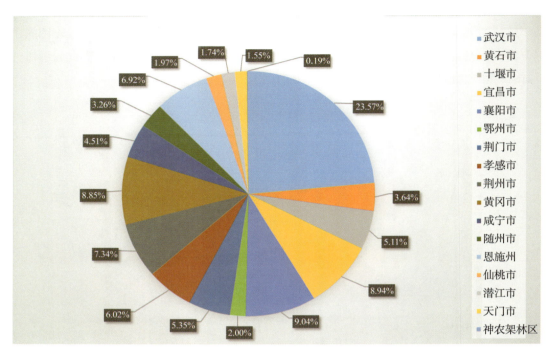

图 6.3-3 各市(州)油品销售量占比

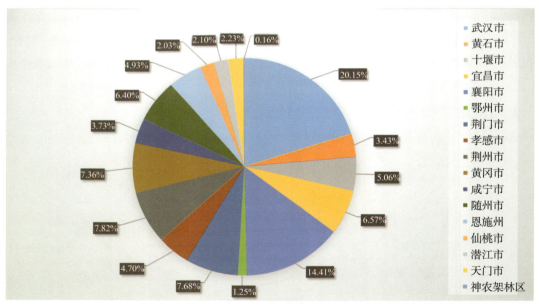

图 6.3-4 各市(州)污染物排放量占比

6.3.4 机动车保有量与机动车污染物排放量合理性分析

绘制湖北省各市(州)机动车保有量和污染物排放量组合图,结合机动车保有量与污染物排放量的关联关系,反映二污普的合理性。由图 6.3-5 可知,湖北省大部分市(州)机动车保有量和机动车污染物排放量在数量关系上总体保持一致。通过比对,襄阳市、随州市机动车保有量和污染物排放量相对偏差较大,根据数据分析,这 2 个市排放量大的原因主要是载货汽车数量较多。

图 6.3-5　湖北省各市(州)机动车保有量与污染物排放量统计

6.3.5　市(州)污染物排放量比对合理性分析

对各市(州)污染物排放量进行排序,作污染物排放量折线图以及对应的柱状图,从图 6.3-6 可以明显看出,武汉市和襄阳市移动源污染物排放量明显高于其他市(州)。

图 6.3-6　各市(州)污染物排放量

6.3.6　农机拥有量与污染物排放量合理性分析

农机污染物中包含氮氧化物、挥发性有机物和颗粒物,绘制各市(州)农机拥有量和污染物总量组合图,结合农机拥有量与污染物排放量的关联关系,反映二污普的合理性。通过图 6.3-7 可以看出,湖北省各市(州)农机拥有量和污染物排放量在数量关系上总体保持一致。

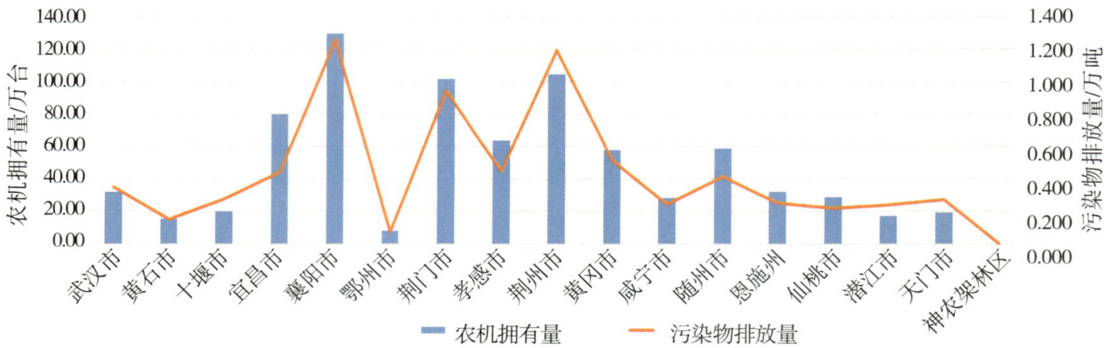

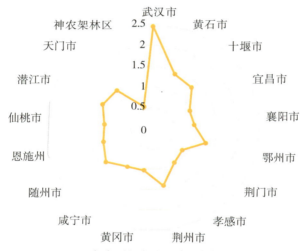

图 6.3-7 各市（州）农机拥有量与污染物排放量统计

6.3.7 汽油与柴油年销售量合理性分析

社会经济发展促使机动车特别是私家小轿车数量激增。一般而言，地区汽油销量要高于柴油。绘制全省各市（州）汽油与柴油年销售量比值图，见图 6.3-8，由该图可知，除神农架林区的比值接近 0.5 以外，其他大部分市（州）接近于 1 或为 1～1.5，同时，武汉市将近 2.5，与地区经济水平成正比。

图 6.3-8 各市（州）汽油和柴油年销售量之比

6.4 与一污普数据比对

6.4.1 机动车保有量比对分析

二污普机动车保有量为 8666745 辆，一污普填报数据为 4765715 辆。通过比对，湖北省二污普机动车保有量中，摩托车相比一污普数量减少 1406653 辆（增减比例－41.68%），三轮及低速货车相比一污普数量减少 166002 辆（增减比例－83.07%），载客车相比一污普数量增加 5127940 辆（增减比例 622.13%），载货车相比一污普数量增加 345745 辆（增减比例 94.22%），湖北省机动车保有量比一污普数量增加 3901030 辆（增减比例 81.86%）。湖北省各市（州）一污普、二污普机动车保有量占比排序见表 6.4-1，分布见图 6.4-1，湖北省各市（州）机动车车型分类分布比对见表 6.4-2。

表 6.4-1　　　　　　　　湖北省各市(州)一污普、二污普机动车保有量占比排序

行政区域	机动车保有量(一污普)/辆	占比	排序	机动车保有量(二污普)/辆	占比	排序
武汉市	694159	14.57%	1	2558868	29.53%	1
宜昌市	541251	11.36%	2	786423	9.07%	2
襄阳市	385237	8.08%	5	709571	8.19%	3
恩施州	276469	5.80%	9	575862	6.64%	4
黄冈市	516522	10.84%	3	555559	6.41%	5
孝感市	351855	7.38%	6	549961	6.35%	6
荆州市	479851	10.07%	4	539128	6.22%	7
十堰市	249124	5.23%	10	538031	6.21%	8
荆门市	311307	6.53%	7	384821	4.44%	9
咸宁市	282486	5.93%	8	286966	3.31%	10
黄石市	153476	3.22%	12	242422	2.80%	11
随州市	222061	4.66%	11	235561	2.72%	12
仙桃市	69101	1.45%	15	192471	2.22%	13
天门市	77216	1.62%	14	181722	2.10%	14
潜江市	58902	1.24%	16	160734	1.85%	15
鄂州市	86074	1.81%	13	156037	1.80%	16
神农架林区	10624	0.22%	17	12608	0.15%	17

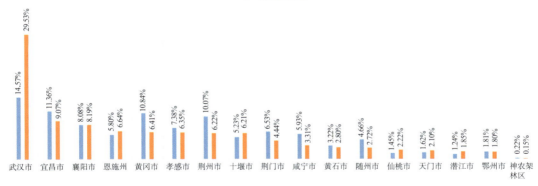

图 6.4-1　湖北省一污普、二污普各市(州)机动车保有量占比分布

231

表 6.4-2

湖北省各市(州)机动车车型分类分布比对

行政区域	载客车/辆			载货车/辆			三轮及低速货车/辆			摩托车/辆			机动车保有量/辆			机动车保有辆增减比例%
	一污普	二污普	增值	一污普	二污普	增值	一污普	二污普	增值	一污普	二污普	增值	一污普	二污普	增值	
武汉市	351266	2409949	2058683	98893	120241	21348	19666	3102	-16564	224334	25576	-198758	694159	2558868	1864709	268.63
黄石市	26922	173842	146920	14137	18007	3870	4317	444	-3873	108100	50129	-57971	153476	242422	88946	57.95
十堰市	54361	267560	213199	16218	47340	31122	13397	2988	-10409	165148	220143	54995	249124	538031	288907	115.97
宜昌市	62040	484551	422511	57060	73846	16786	13900	2109	-11791	408251	225917	-182334	541251	786423	245172	45.30
襄阳市	57676	521546	463870	32447	104445	71998	49028	5086	-43942	246086	78494	-167592	385237	709571	324334	84.19
鄂州市	10079	53395	43316	4203	6406	2203	2050	376	-1674	69742	95860	26118	86074	156037	69963	81.28
荆门市	28632	260116	231484	18100	44385	26285	15203	903	-14300	249372	79417	-169955	311307	384821	73514	23.61
孝感市	27881	231742	203861	11301	20425	9124	11082	955	-10127	301591	296839	-4752	351855	549961	198106	56.30
荆州市	52037	355696	303659	30115	51887	21772	13005	1555	-11450	384694	129990	-254704	479851	539128	59277	12.35
黄冈市	42616	333362	290746	19730	56713	36983	14235	9446	-4789	439941	156038	-283903	516522	555559	39037	7.56
咸宁市	26578	186109	159531	13455	21640	8185	16708	3529	-13179	225745	75688	-150057	282486	286966	4480	1.59
随州市	16581	152343	135762	10767	40409	29642	4802	378	-4424	189911	42431	-147480	222061	235561	13500	6.08
恩施州	32622	273102	240480	27095	76815	49720	15986	2432	-13554	200766	223513	22747	276469	575862	299393	108.29
仙桃市	15278	90127	74849	587	8641	8054	269	51	-218	52967	93652	40685	69101	192471	123370	178.54
潜江市	10721	80989	70268	6196	9142	2946	1610	188	-1422	40375	70415	30040	58902	160734	101832	172.88
天门市	5221	71547	66326	3742	10259	6517	4145	238	-3907	64108	99678	35570	77216	181722	104506	135.34
神农架林区	3751	6226	2475	2916	2106	-810	421	42	-379	3536	4234	698	10624	12608	1984	18.67
湖北省	824262	5952202	5127940	366962	712707	345745	199824	33822	-166002	3374667	1968014	-1406653	4765715	8666745	3901030	81.86

注：增值为二污普数据与一污普数据的差值。

6.4.2 机动车污染物排放量比对分析

2017年,湖北省机动车污染物排放量分别为:氮氧化物186249.8600吨、颗粒物2540.8000吨、挥发性有机物51000.4800吨;2007年,湖北省机动车污染物排放量分别为:氮氧化物160943.8800吨、颗粒物13528.1700吨、一氧化碳1233524.8200吨、碳氢化合物145108.8800吨。从表6.4-3可看出,与一污普数据相比,二污普移动源氮氧化物排放量增加了15.72%,总颗粒物排放量减少了81.22%。从单位机动车污染物排放量来计算(摩托车无颗粒物),一污普污染物排放量为:氮氧化物0.0338吨/辆、颗粒物0.0097吨/辆,二污普污染物排放量为:氮氧化物0.0215吨/辆、颗粒物0.0004吨/辆,由数据变化可见,国家不断加严机动车排放标准,提倡节能环保的效果有所呈现。

湖北省机动车污染物排放数据比对见表6.4-3。湖北省各类机动车一污普、二污普污染物排放情况见表6.4-4和图6.4-2。结合表6.4-4和图6.4-2,以各类机动车污染物排放量占比排序为依据计算相对偏差,湖北省二污普与一污普各类机动车污染物排放占比排序基本一致。

表 6.4-3　　　　　　　　　　　　湖北省机动车污染物排放数据比对

污染物	一污普	二污普	增减比例/%
氮氧化物/吨	160943.8800	186249.8600	15.72
颗粒物/吨	13528.1700	2540.8000	−81.22

表 6.4-4　　　　　　　　　湖北省各类机动车一污普、二污普污染物排放占比排序

一污普	氮氧化物/吨	占比/%	排序	颗粒物/吨	占比/%	排序
载客车	68460.5500	42.54	2	4961.7500	36.68	2
载货车	83259.1400	51.73	1	8188.8900	60.53	1
三轮及低速货车	5980.8900	3.72	3	377.5300	2.79	3
摩托车	3243.2900	2.02	4	0	0.00	4
二污普	氮氧化物/吨	占比/%	排序	颗粒物/吨	占比/%	排序
载客车	41856.4700	22.47	2	315.7800	12.43	2
载货车	140371.7200	75.37	1	2078.9500	81.82	1
三轮及低速货车	2379.1900	1.28	3	146.0700	5.75	3
摩托车	1642.4800	0.88	4	0	0.00	4

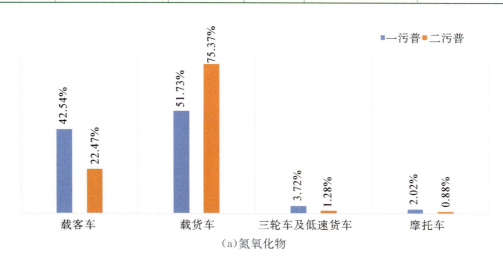

(a)氮氧化物

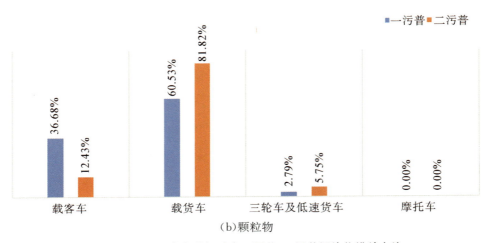

（b）颗粒物

图 6.4-2　湖北省各类机动车一污普、二污普污染物排放占比

6.5　本章小结

1)《2017年湖北省统计年鉴》中机动车保有量为 10081514 辆，二污普机动车保有量总计 8666745 辆，二污普数据少 1414769 辆，偏低 14.03％。

2) 湖北省各市（州）农机拥有量、农机总动力、农业生产燃油消耗量、机动渔船拥有量与《湖北农村统计年鉴》(2018) 比对分析，数据基本合理。

3) 湖北省移动源氮氧化物排放量为 306044.1224 吨，其中机动车排放量 186249.8600 吨，占比 60.86％，农机与工程机械排放量 114961.3284 吨，占比 37.56％，铁路排放量 2150.9822 吨，占比 0.70％，民航飞机排放量 2681.9518 吨，占比 0.88％；颗粒物排放量为 8341.1371 吨，其中机动车排放量 2540.8000 吨，占比 30.46％，农机与工程机械排放量 5631.6392 吨，占比 67.52％，铁路排放量 80.2546 吨，占比 0.96％，民航飞机排放量 88.4433 吨，占比 1.06％；挥发性有机物 64922.8973 吨，其中机动车排放量 51000.4800 吨，占比 78.56％，农机与工程机械排放量 13623.7599 吨，占比 20.98％，铁路排放量 117.2035 吨，占比 0.18％，民航飞机排放量 181.4539 吨，占比 0.28％。

4) 与一污普相比，湖北省二污普机动车保有量中，摩托车数量减少 1406653 辆（增减比例－41.68％），三轮及低速货车数量减少 166002 辆（增减比例－83.07％），载客车数量增加 5127940 辆（增减比例 622.13％），载货车数量增加 345745 辆（增减比例 94.22％），湖北省机动车保有量数量增加 3901030 辆（增减比例 81.86％）。

图书在版编目（CIP）数据

湖北省第二次全国污染源普查数据审核报告 / 湖北省第二次全国
污染源普查领导小组办公室编 . —武汉 ： 长江出版社，2020.9
（湖北省第二次全国污染源普查资料文集）
ISBN 978-7-5492-7228-0

Ⅰ . ①湖… Ⅱ . ①湖… Ⅲ . ①污染源调查 – 统计数据 – 调查报告 – 湖北 Ⅳ . ① X508.263

中国版本图书馆 CIP 数据核字 (2020) 第 187997 号

湖北省第二次全国污染源普查数据审核报告
HUBEISHENGDIERCIQUANGUOWURANYUANPUCHASHUJUSHENHEBAOGAO
湖北省第二次全国污染源普查领导小组办公室　编

责任编辑： 高婕妤
装帧设计： 王聪
出版发行： 长江出版社
地　　址： 武汉市江岸区解放大道 1863 号
邮　　编： 430010
网　　址： http://www.cjpress.com.cn
电　　话： 027-82926557（总编室）
　　　　　　027-82926806（市场营销部）
经　　销： 各地新华书店
印　　刷： 武汉科源印刷设计有限公司
规　　格： 880mm×1230mm
开　　本： 16
印　　张： 15.25
字　　数： 429 千字
版　　次： 2020 年 9 月第 1 版
印　　次： 2021 年 5 月第 1 次
书　　号： ISBN 978-7-5492-7228-0
定　　价： 98.00 元